全国高职高专教育"十二五"规划教材

计算机基础实训教程

（Windows 7+Office 2010）

蒋年华　主　编

杨晓洁　副主编

韦婉辰　粟圣森　陆利丘　参　编

中国铁道出版社有限公司
CHINA RAILWAY PUBLISHING HOUSE CO., LTD.

内 容 简 介

本书参考全国计算机等级考试一级 MS Office 考试大纲编写而成，简要介绍了计算机的基本常识，详细介绍了目前流行的操作系统 Windows 7 和 Word 2010、Excel 2010、PowerPoint 2010 的使用方法。此外还介绍了计算机网络的基本知识和信息获取与发布的方法等。

本书案例具有很强的代表性，理论联系实际，深入浅出，循序渐进，具有一定的广度和深度。实训内容包括验证型、设计型、综合型，大部分案例附有案例效果图，有利于教师对不同程度的学生进行施教，也有利于社会各界人士的自学。

本书适合作为计算机一级等级考试的配套教材，也可作为计算机文化基础课程的教材以及社会各界人员的自学用书。

图书在版编目（CIP）数据

计算机基础实训教程：Windows 7+Office 2010/蒋年华主编. —北京：中国铁道出版社，2014.3（2021.8重印）
全国高职高专教育"十二五"规划教材
ISBN 978-7-113-18073-7

Ⅰ.①计… Ⅱ.①蒋… Ⅲ.①Windows 操作系统-高等职业教育- 教材②办公自动化-应用软件-高等职业教育- 教材 Ⅳ.①TP3

中国版本图书馆 CIP 数据核字(2014)第 029754 号

书　　名：计算机基础实训教程（Windows 7+Office 2010）
作　　者：蒋年华

策　　划：尹　鹏　王春霞　　　　　　　编辑部电话：(010) 63551006
责任编辑：王春霞　冯彩茹
封面设计：付　巍
封面制作：白　雪
责任印制：樊启鹏

出版发行：中国铁道出版社有限公司（100054，北京市西城区右安门西街 8 号）
网　　址：http://www.tdpress.com/51eds/
印　　刷：三河市宏盛印务有限公司
版　　次：2014 年 3 月第 1 版　　　　2021 年 8 月第 17 次印刷
开　　本：787 mm×1 092 mm　1/16　印张：14.5　字数：370 千
书　　号：ISBN 978-7-113-18073-7
定　　价：39.80 元

本书简要介绍了计算机的基本常识，详细介绍了目前流行的操作系统 Windows 7 和 Word 2010、Excel 2010、PowerPoint 2010 的使用方法。此外还介绍了计算机网络的基本知识和信息获取与发布的方法等。

本书案例具有很强的代表性，理论联系实际，深入浅出，循序渐进，具有一定的广度和深度。实训内容包括验证型、设计型、综合型，大部分案例附有案例效果图，有利于教师对不同程度的学生进行施教，也有利于社会各界人士的自学。

本书共包括 6 个项目，各项目主要内容如下：

项目一：介绍 Windows 7 操作系统的基本操作方法；键盘输入的指法，并配有中英文打字练习题。本项目包含 4 个基础实训及 1 个综合实训，涵盖计算机基础的知识点及技能。内容主要涉及中英文打字、Windows 7 的个性化设置、Windows 7 资源管理器的使用及简单应用程序的使用。

项目二：文字处理软件 Word 2010 是 Microsoft Office 2010 的一个重要组件，主要用于文档的编辑和排版，是常用的办公软件。本项目包含 5 个基础实训及 1 个综合实训，每个实训精选了编辑排版的典型案例，帮助读者掌握文字处理的基本排版方法，以及表格、图文混排等综合应用的高级排版方法。实训内容深入浅出，理论联系实际，为读者提高办公质量和办公效率有很大的帮助。

项目三：电子表格 Excel 2010 也是 Microsoft Office 2010 的一个重要组件，主要用于表格数据处理、计算、分析与统计。本项目包含 4 个基础实训及 1 个综合实训，每个实训精选了实际工作中的典型案例，帮助读者掌握用 Excel 制作表格的方法，美化表格，根据表格的数据进行计算处理、统计和分析，利用表格数据生成图表等，为读者在工作和学习中提供帮助。

项目四：计算机网络基础。本项目包括 2 个实训，内容包括 IE 浏览器的使用、网络信息的保存方法及 Internet 网络基本配置、电子邮件的收发等。通过实训，使读者掌握 Internet 接入的操作技能，更好地利用 Internet 的资源。

项目五：多媒体技术基础。本项目主要介绍演示文稿软件 PowerPoint 2010 的使用。PowerPoint 2010 主要用于制作电子幻灯片，通常专家报告、老师上课、产品展示、广告宣传等都制成幻灯片演示文稿，通过计算机进行投影演示。本项目包括 4 个实训，内容包括幻灯片的基本编辑、美化、创建图表、设置动画和放映方式等。

项目六：信息获取与发布。本项目包括 1 个实训，主要内容是介绍用搜索引擎来查找计算机信息的方法。

附录是对计算机等级考试的过级指导。包括高校计算机等级考试大纲及样题。读者可针对性地进行考级训练，能顺利通过计算机一级考试。

本书由蒋年华任主编，杨晓洁任副主编，参加编写的人员还有韦婉辰、粟圣森、陆利丘。具体分工如下：实训一至实训五由杨晓洁编写，实训六至实训十一由蒋年华编写，实训十二至实训十六由韦婉辰编写，实训十七至实训二十三由粟圣森编写，附录由陆利丘编写。

限于编者水平，书中难免存在疏漏和不足之处，恳请广大读者批评指正。

编　者

2014 年 2 月

目 录

CONTENTS

项目一　Windows 7 操作系统及应用 1

实训一　观察 Windows 7 的启动、退出和打字练习 1

实训二　汉字输入练习 8

实训三　Windows 7 系统的个性化设置 25

实训四　Windows 7 文件及文件夹操作 32

实训五　Windows 7 综合应用 39

项目二　Word 2010 的使用 45

实训六　Word 2010 基本操作 45

实训七　Word 2010 文本编辑 51

实训八　Word 2010 文本格式化 58

实训九　Word 2010 表格制作与编辑 69

实训十　Word 2010 图文混排 85

实训十一　Word 2010 综合实训 95

项目三　Excel 2010 的使用 108

实训十二　Excel 工作表的建立 108

实训十三　Excel 工作表的美化与编辑 112

实训十四　Excel 2010 工作表计算与数据管理 121

实训十五　Excel 2010 工作表数据图表化 131

实训十六　Excel 2010 综合实训 141

项目四　计算机网络基础 147

实训十七　Windows 网络基本操作 147

实训十八　电子邮箱的申请与使用 155

项目五　多媒体技术基础 158

实训十九　PowerPoint 2010 的基本操作 158

实训二十　PowerPoint 2010 基本编辑 161

实训二十一　PowerPoint 2010 的美化和放映 164

实训二十二　PowerPoint 2010 综合训练 168

项目六　信息获取与发布 174

实训二十三　搜索引擎的使用 174

附录 A　全国计算机等级考试大纲及样题 177

全国计算机等级考试一级 MS Office 考试大纲 177

全国计算机等级考试一级 MS Office 考试样题 179

试题一 179

計算機基础实训教程
（Windows 7+Office 2010）

试题二...182

试题三...185

试题四...188

附录B 理论试题...192

理论试题一..192

理论试题二..199

理论试题三..206

理论试题四..212

附录C 实训及计算机等级考试试题参考答案...220

实训一　观察 Windows 7 的启动、退出和打字练习

一、实训目的

1. 观察 Windows 7 的启动过程。
2. 了解注销和待机的作用和意义。
3. 观察 Windows 7 的热启动过程。
4. 掌握键盘操作的基本指法。
5. 使用金山打字软件进行键盘指法练习。

二、实训准备

1. 硬件：PC 一台。
2. 软件：Windows 7、金山打字通。

三、实训概述

观察从按下计算机启动键启动计算机，到登录桌面完成启动，一共经过了几个阶段？计算机硬件、操作系统、软件都做了哪些事情？

训练正确使用计算机的好习惯。测试中英文的打字速度（即每分钟打多少个字）。

四、实训内容

1. 观察 Windows 7 的启动过程。
2. 计算机开机后，注销和待机的作用和意义。
3. 关闭 Windows 7 系统。
4. 键盘的使用及金山打字软件的使用。
5. 进行英文、中文打字测试。

五、实训步骤

操作①

观察 Windows 7 的启动过程。

Windows 7 的启动过程包括 3 个步骤：

第一步，预启动。首先计算机通电进行自检，由 BIOS（即基本输入/输出系统）扫描硬件并完成基本硬件配置，然后读取硬盘的引导分区信息，并将引导分区上的操作系统调入内存中执行。

学生观察：

（1）进入机房就坐好后，先观察：①主机和显示器的电源线是否连接到市电插座，显示器的信号线是否与主机相连，键盘、鼠标是否正确接入主机箱背面的接口，若发现未接好，则应报告老师；②USB 口是否插有 U 盘。

（2）打开显示器，再开主机箱的电源开关，冷启动 Windows 7 系统。

（3）加电自检，显示系统配置信息，如图 1-1 所示。

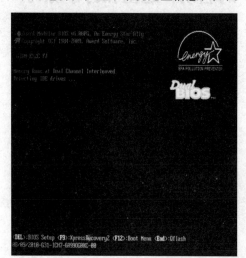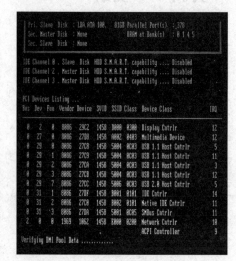

图 1-1　Windows 自检信息

第二步，启动 Windows 7 操作系统。加电自检完成后，将操作系统文件读到 RAM 中，运行其中的程序，会看到 Windows 7 的启动徽标，接着出现"正在启动 Windows"的界面，如图 1-2 所示。

图 1-2　Windows 7 启动界面

第三步，用户登录。初始化相关部件后，显示 Windows 登录界面，如图 1-3 所示。

图 1-3　Windows 7 用户登录界面

　　在启动 Windows 操作系统过程中，计算机配置不同，安装的软件不同，启动的时间也不同。计算机配置高，内存大，启动的时间就短；安装的软件越多，所占用的计算机硬件资源就越多，开机时计算机对自身硬件的自检所花费的时间也就越长。

　　计算机启动完成后，即进入正常工作状态，显示图 1-4 所示的桌面。

图 1-4　Windows 7 桌面

操作②

　　了解计算机注销和待机的作用和意义。

　　（1）注销。Windows 操作系统，自从 Windows 2000 版本之后，便提供多用户多任务的功能，方便用户在同一台计算机上设置不同的用户名和操作权限，实现在同一计算机上，在不同的时间，多用户同时访问同一台计算机。注销功能是允许用户在不重新启动计算机的情况下，从当前用户快速切换到另一个用户，如图 1-5 所示。

　　（2）待机。待机是将当前记录、当前运行状态的数据保存在内存中，机器硬盘、屏幕和 CPU 等部件停止供电，只有内存在继续供电。待机作用有：①省电；②减少计算机的损耗。

操作③

关闭 Windows 7 系统。

（1）保存各个窗口中需要保存并能保存的数据。

（2）关闭所有打开的窗口。

（3）单击"开始"按钮，在弹出的菜单中单击"关机"按钮，如图 1-5 所示。

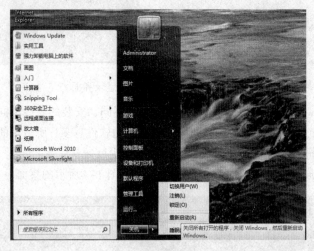

图 1-5　关机操作

（4）如需要重启或注销等操作，单击"开始"按钮，再将鼠标指针移到"关机"按钮右侧的箭头上，在弹出的菜单中选择相应命令。

操作④

键盘的使用及金山打字软件的使用。

（1）认识键盘，如图 1-6 所示。

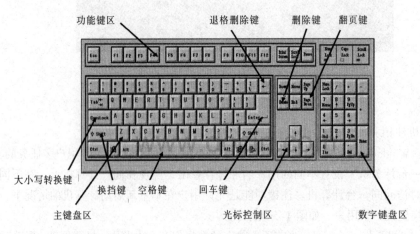

图 1-6　键盘

（2）键盘上的常用功能键，如表 1-1 所示。

表 1-1　键盘上的常用功能键

类　型	键　名	符号及功能
字符键	字母键	26 个英文字母（A~Z）
	数字键	10 个数字（0~9），每个数字键和一个特殊字符共用一个键
	回车键（Enter）	按下此键，标志着命令或语句输入结束
	退格键（Backspace）	使光标向左退回一个字符位置
	空格键（Space）	位于键盘下方的一个长键，用于输入空格
	制表键（Tab）	每按一次，光标向右移动一个制表位
编辑键	Home 键	将光标移到屏幕的左上角或本行首字符
	End 键	将光标移到本行最后一个字符的右侧
	PgUp 和 PgDn 键	上移一屏和下移一屏
	插入键（Ins）	插入编辑方式的开关键，按一下处于插入状态，再按一次解除插入状态
	删除键（Del）	删除光标所在处的字符，右侧字符自动向右移动
控制键	Ctrl 键	此键必须和其他键配合使用才起作用
	Alt 键	此键一般用于程序菜单控制、汉字方式转换
	换挡键（Shift）	此键一般用于输入上挡字符或字母大小写转换
	Esc 键	用于退出当前状态或进行另一状态或返回系统
	Caps Lock 键	大写或小写字母的切换键
	Print Screen 键	将当前屏幕信息直接输出到打印机上打印

（3）运行"金山打字通"软件。

① 双击桌面上的快捷图标，即打开"金山打字通"软件界面，如图 1-7 所示。

图 1-7　"金山打字通"软件界面

② 单击"新手入门"按钮，可进行指法练习，如图 1-8 所示。

英文练习提供键盘布局练习、单词练习和文章练习，每个练习从简单到复杂。英文练习是盲打的基础练习，主要是帮助练习者提高打字速度，进一步对反应的灵敏性以及手指的灵活性、准确性进行练习。

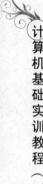

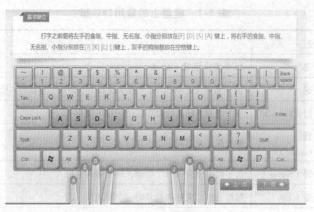

图1-8　金山打字指法界面

要求：

① 了解 PC 标准键盘的布局和键盘上各键区的位置。

② 上机练习时，一定要按图示法进行练习，养成良好的习惯。

③ 进行指法练习时，要熟记各键的键位，逐步实现盲打。

④ 练习字母键和数字键的使用，击键速度达到 150 次/min，然后再学习汉字的录入练习。

⑤ 每次键盘练习时间不低于 30 min，在课程结束后，打字速度要求达到 60 汉字/min。

操作⑤

进行英文、中文打字测试。英文练习"Anne's best friend"，中文练习"桃花源记"，如图 1-9 所示。

图1-9　金山打字测试练习选择

六、课后实训

1. 计算机"死机"了怎么办？

2. 为什么在关闭计算机之前，要求先关闭所有的应用程序？

七、理论习题

单项选择题

1. 启动计算机的顺序是（　　）。

A. 先外设后主机　　　　　　　　　　　B. 先主机后外设

C. 先硬盘后外设　　　　　　　　　　　　D. 先外设后硬盘

2. 计算机死机通常是指（　　　　）。
　　A. CPU 不运行状态　　　　　　　　　　B. 计算机在死循环状态
　　C. CPU 损坏状态　　　　　　　　　　　D. 计算机不自检状态

3. 计算机启动时出现的提示信息 "CMOS battery failed" 表示（　　　　）。
　　A. CMOS 电池失效　　　　　　　　　　B. CMOS 坏了
　　C. 主机坏了　　　　　　　　　　　　　D. 系统出错了

4. 计算机启动和运行速度缓慢，最常见的原因是（　　　　）。
　　A. 病毒或硬件负担过重　　　　　　　　B. 计算机质量差
　　C. 软件过旧　　　　　　　　　　　　　D. 网络不通

5. 要输入双字符键的上半部字符，操作是（　　　　）。
　　A. 先按住【Ctrl】键，再按该双字符键
　　B. 先按住【Alt】键，再按该双字符键
　　C. 先按住【Shift】键，再按该双字符键
　　D. 先按住【Caps Lock】键，再按该双字符键

6. 【Delete】键又称（　　　　）。
　　A. 换挡键　　　　　　　　　　　　　　B. 回车键
　　C. 大小写字母锁定键　　　　　　　　　D. 删除键

7. 【Shift】键又称（　　　　）。
　　A. 插入键　　　　　　　　　　　　　　B. 换挡键
　　C. 大小写字母锁定键　　　　　　　　　D. 删除键

8. 【Backspace】键（←）的作用是：按一下这个键，删除（　　　　）。
　　A. 光标后面的字符　　　　　　　　　　B. 没有作用
　　C. 光标前面的字符　　　　　　　　　　D. 跳到文章开头

9. 键盘可以分为 5 个区，26 个字母键属于（　　　　）。
　　A. 主键盘区　　　　　　　　　　　　　B. 功能键区
　　C. 操作者　　　　　　　　　　　　　　D. 键盘生产厂家

10. 键盘的基准键有（　　　　）。
　　A. 左手 4 个键：A、S、D、F　　　右手 4 个键：J、K、L、；
　　B. 左手 3 个键：A、S、F　　　右手 3 个键：J、K、L
　　C. 左手 5 个键：A、S、D、F、G　　右手 5 个键：H、J、K、L、；
　　D. 左手 1 个键：F　　　右手 1 个键：J

11. 在计算机键盘上不能单独使用的控制键有（　　　　）。
　　A.【Caps Lock】和【Alt】　　　　　　B.【Caps Lock】、【Shift】和【Alt】
　　C.【Shift】、【Alt】和【Ctrl】　　　　D.【Pause/Break】、【Shift】和【Alt】

12. 当按了【Num Lock】键使 Num Lock 灯亮时，按小键盘中的数字键【8】的作用是（　　　　）。
　　A. 输入数字　　　　　　　　　　　　　B. 翻页
　　C. 光标移动　　　　　　　　　　　　　D. 以上三项都可完成

13. 目前很多（　　）都将键盘上的【Esc】键定义为退出键。

    A. 软件   B. 文件

    C. 操作者   D. 键盘生产厂家

实训二　汉字输入练习

一、实训目的

1. 初步掌握输入法的基本设置。
2. 熟练掌握搜狗拼音输入法。
3. 初步掌握五笔字型输入法。
4. 利用指法练习软件规范使用键盘，以提高字符输入速度。

二、实训准备

1. 硬件：PC 一台。
2. 软件：Windows 7、金山打字练习软件。

三、实训概述

　　熟练掌握一种汉字输入法很重要。作为公司职员，使用正确的指法对键盘进行熟练的操作，能快速准确地进行中英文输入，及时完成工作任务。

四、实训内容

1. 了解 Windows 的汉字输入法。
2. 练习汉字输入法的选择和转换。
3. 全角/半角的转换及中英文字符的转换。
4. 中英文切换按钮。
5. 全角/半角切换按钮。
6. 输入中英文标点及特殊符号。
7. 几种输入法的编码方法。
8. 选定搜狗拼音输入法，在编辑状态下练习输入汉字。
9. 用搜狗拼音与五笔输入法输入一篇文章。
10. 测试汉字输入速度。

五、实训步骤

操作①

　　了解 Windows 的汉字输入法。

　　中文 Windows 提供了多种汉字输入法。在系统安装时已预装了智能 ABC、微软拼音、全拼、双拼、郑码等输入法。在使用中可以根据需要任意安装或卸载输入法。目前使用最为广泛的汉字输入法是搜狗拼音输入法和五笔字型输入法。

操作②

练习汉字输入法的选择和转换。

（1）单击任务栏上的"语言文字栏" ▬▬ 的按钮，选择输入法，如图 2-1 所示。

（2）按【Ctrl+Space】组合键实现中英文输入的转换。

（3）反复按【Ctrl+Shift】组合键，选择所需的输入法。

图 2-1　输入法选择菜单

操作③

全角/半角的转换及中英文字符的转换。

（1）单击 五♪ 上的半月形或圆形按钮，可实现半角与全角的转换。

（2）单击 五♪ 上的标点符号按钮，可实现英文标点符号与中文标点符号的转换。

操作④

中英文切换按钮。

单击 英 五 上的按钮或按大小写转换键【Caps Lock】，可在中英文输入法之间切换，输入汉字前应将键盘调整为小写状态。

操作⑤

全角/半角切换按钮。

对于 ASCII 码字符，在全角状态下 五● ，符号与汉字的宽度相同，占两个字节的空间。在半角状态下 五♪ ，符号占一个字节的空间。如"ABCD"为在半角状态下输入的字母，"Ａ Ｂ Ｃ Ｄ"为在全角状态下输入的字母。

操作⑥

输入中英文标点及特殊符号。

（1）中英文标点切换。在中文标点状态下，可以输入汉语中习惯使用的标点符号，如""，、''：《……》·——等。在英文标点状态下，输入的是英语中习惯使用的标点符号，如，. <>"。等。中文标点键位与相应键位对照如表 2-1 所示。

表 2-1　中文标点符号与键位对照表

键　位	中文标点	键　位	中文标点
.	。	<	《
,	，	>	》
:	：	^	……
;	；	_	——
?	？	"	""
!	！	'	''

键　位	中 文 标 点	键　位	中 文 标 点
(	（	@	·
)	）	&	——
\	、	$	￥

（2）软键盘激活/取消按钮。单击 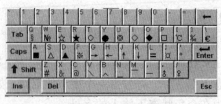 上的软键盘按钮可以打开或取消屏幕上的软键盘。

使用软键盘可以方便地输入汉字序号以及其他各种特殊符号。例如输入"★"符号的操作步骤如下：

① 把鼠标指针指向软键盘按钮，右击，弹出快捷菜单，如图2-2所示，选择"特殊符号"命令，弹出特殊符号软键盘，如图2-3所示。

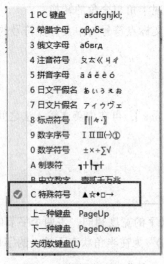

图2-2　软键盘右键菜单　　　　图2-3　软键盘示意图

② 屏幕显示相应的软键盘，如图2-3所示，单击软键盘上的"★"键，即完成这个特殊符号的输入。

操作⑦

几种输入法的编码方法。

（1）全拼输入法。只要熟悉汉语拼音，就可以使用全拼输入法。全拼输入法是按规范的汉语拼音输入外码，即用26个小写英文字母作为26个拼音字母的输入外码。其中 ü 的输入外码为 v。

（2）智能ABC输入法。智能ABC输入法功能十分强大，不仅支持人们熟悉的全拼输入、简拼输入，还提供混拼输入、笔形输入、音形混合输入、双打输入等多种输入法。此外，智能ABC输入法还具有一个约6万词条的基本词库，且支持动态词库。

如果单击"标准"按钮，切换到"双打智能 ABC"输入法状态。再单击"双打"按钮，又回到"标准智能 ABC"输入法状态。

输入规则：在智能ABC输入法状态下，用户可以使用以下几种方式输入汉字：全拼输入法、简拼输入法和混拼输入法。

（3）搜狗拼音输入法。狗拼音输入法是当前较流行、用户好评率最高、功能最强大的拼音输入法。

搜狗输入法支持全拼、简拼、双拼和模糊音输入。全拼输入是拼音输入法中最基本的输入方式。切换到搜狗输入法，在输入窗口输入拼音，然后依次选择所要的字或词即可。简拼输入是声母简拼和声母的首字母简拼。例如，想输入"张靓颖"，输入"zhly"或者"zly"都可以实现。同时，搜狗输入法支持简拼全拼的混合输入，例如，输入"srf""sruf""shrfa"都可以得到"输入法"。

输入法默认按【Shift】键切换到英文输入状态，再按一下【Shift】键就会返回中文状态。

（4）五笔字型输入法。

① 输入方法。五笔字型输入法将汉字笔画拆分成横（包括提笔）、竖（包括竖钩）、撇、捺（包括点）、折（包括除竖钩以外的各种带转折笔画）5 种基本笔画。

五笔字型输入法以字根为基本单位。字根是由若干基本笔画组成的相对不变的结构。对应键盘分布在各字母键上，如图 2-4 所示。

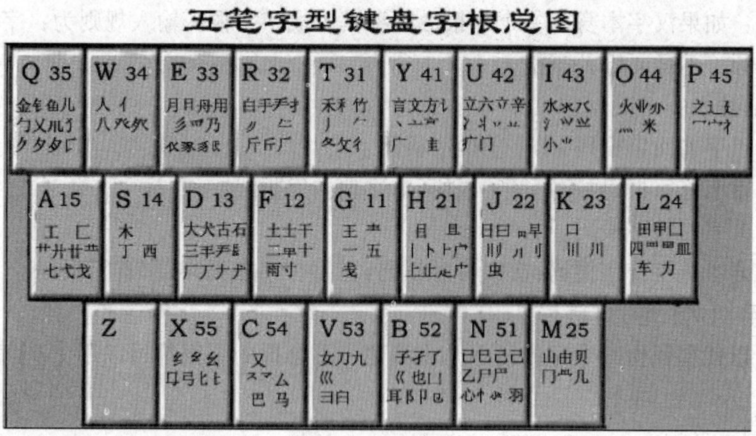

五笔字型键盘字根总图

图 2-4　字根表

● 五笔输入法中，字根间的位置结构关系有单、散、连、交 4 种。

单：指汉字本身可单独成为字根。如金、木、人、口等。

散：指汉字由多个字根构成，且字根之间不粘连、穿插。如"好"字由女、子构成。

连：指汉字的某一笔画与一基本字根相连（包括带点结构）。如"天"字为一与大相连。

交：指汉字由两个或多个基本字根交叉套叠构成。如"夫"字由二与人套叠而成。

● 汉字分解为字根的拆分原则。

取大优先：指尽量将汉字拆分成结构最大的字根。

兼顾直观：指在拆分时应尽量按照汉字的书写顺序。

能散不连：指如果能将汉字的字根拆分成散的关系，就不要拆分成连的关系。

能连不交：指如果能将汉字拆分成连的关系，就不要拆分成交的关系。

● 识别码：全称为"末笔字型交叉识别码"，由这个汉字的最后一笔的代码与该汉字的字型结构代码相组合而成，如表 2-2 所示。

表 2-2　识别码

	左 右 型	上 下 型	杂 合 型
横	11　G	12　F	13　D
竖	21　H	22　J	23　K
撇	31　T	32　R	33　E
捺	41　Y	42　U	43　I
折	51　N	52　B	53　V

② 输入规则：

● 单字输入：按汉字的书写顺序将汉字拆分成字根，依次按字根所在的键。全码为 4 键，不足 4 键补识别码（+空格）。此外，还有几种特殊的汉字输入：

一级简码：首字根 + 空格，对应于英文 a～y 共 25 个字。

二级简码：首字根 + 次字键 + 空格，有 625 个字。

三级简码：首字根 + 次字键 + 第三字根 + 空格，有 15 625 个字。

成字字根：如果汉字本身为一个字根，则称其为成字字根，输入规则为：字根码+首笔画+次笔画+末笔画（不足 4 键补空格）。

● 词组的输入：

两字词：首字前两字根码+末字前两字根码。

三字词：首字首字根码+次字首字根码+末字前两字根码。

四字词：各字的首字根码。

四字以上词：首字首字根码+次字首字根码+三字首字根码+末字首字根码。

● 学习键（【Z】键）

【Z】键可以代替任何一个字根码，凡不清楚、不会拆的字根都可以用【Z】键代替。

A 操作⑧

选定搜狗拼音输入法，在编辑状态下练习输入汉字。

（1）练习输入 26 个字母对应的简码字。

（2）输入下面的单字：

这 真 字 中 兑 则 守 自 奋 后 怎 兵 森 层 将 框 绛 娘 谋 论 随 序 困 彩
喜 整 均 辊 浑 瘾 官 制 雄 扫 伴 主 脉 足 偿 还 催 软 参 者 僧 损 航 霞
垦 坑 冷 热 箱 资 着 算 争 赋 测 辆 凑 匆 斜 校 写 出 屡 灵 芬 淡 意 锦
封 老 霄 精 细 观 宽 环 桑 恋 们 宁 回 学 薪 秀 粗 逗 训 谢 横 合 市 添
总 程 佩 微 全 狠 嫩 动 准 以 硬 同 骤 输 法 利 职 相 系 进 换 掼 剪 汉

（3）输入下面的双字词：

民族 光明 人民 姓名 命令 拼音 英语 教室 相似 想象 相识 期望 希望 明年 正常
合同 死亡 司令 奚落 冼礼 思路 智慧 自豪 知识 姿势 字符 增加 真假 震惊 汪洋
方法 程序 怎么 操作 抄写 总结 中心 总算 组织 师傅 助手 排队 推动 包办 跑步
软件 硬件 思想 西装 芬芳 丰富 关系 广西 坚强 装束 庄严 创业 周到 走动 经济

综合 便衣 团结 星期 鼓掌 事迹 企业 法律 盛况 数学 语言 评议 输入 青春 农业

（4）输入下面三字词：

办公室 计算机 半导体 收音机 意大利 出版社 星期天 自治区 全世界 图书馆

消防员 无线电 联合国 科学家 奥运会 火车站 锦标赛 武术队 一下子 自行车

发言权 复印件 许可证 条形码 经济学 不定期 天安门 维生素 增长率 飞行员

秘书处 企业家 运动员 联欢会 俗话说 微型机 公务员 运动场

（5）输入下面多字词

翻天覆地 栩栩如生 炎黄子孙 千载难逢 西装革履 水落石出 飞黄腾达 一箭双雕

能工巧匠 同甘共苦 自欺欺人 四面八方 生龙活虎 工商银行

操作⑨

用搜狗五笔输入法输入下列文字：

钱伟长（1912—2010），江苏无锡人，中国近代力学之父，著名的科学家、教育家。

钱伟长早年攻读物理学，留学加拿大期间已经显露出非凡才华。28 岁时，他的一篇论文已经让爱因斯坦大受震动，并迅速成为国际物理学的明星。

抗战结束后，钱伟长坚持回到祖国，在艰苦的条件下，拒绝美国科学界的诱惑，忠于祖国，坚持实现"科学救国"的抱负。为新中国开创了力学科学教育体系。他学贯中外，对中国科学事业的发展做出了巨大的贡献。

1957 年，钱伟长被错划为"右派"，受到不公正待遇，但是他仍然没有放弃科研和对祖国的忠诚。1977 年以后，他不辞辛劳，去祖国各地做了数百次讲座和报告，提倡科学和教育，宣传现代化，为富民强国出谋划策。1990 年以后，他为香港、澳门回归祖国及和平统一祖国的大业奔走。

有人说，钱伟长太全面了，他在科学、政治、教育每个领域取得的成就都是常人无法企及的。钱伟长说："我没有专业，国家需要就是我的专业；我从不考虑自己的得与失，祖国和人民的忧就是我的忧，祖国和人民的乐就是我的乐。"他用六十多年的报国路诠释了自己一直坚持的专业：爱国。

操作⑩

测试汉字输入速度。

使用金山打字通软件进行打字练习，指法正确，坐姿正确，刻苦训练之后打字速度才会有很大程度的提高。测试打字速度，在保证时间（10 分钟）和正确率（98%）情况下，测试结果为 30 字/min 以上成绩评定为及格；测试结果为 40 字/min 以上成绩评定为中等；测试结果为 50 字/min 以上成绩评定为良好；测试结果为 60 字/min 以上成绩评定为优秀。并将成绩页面保存，以备教师考评。

（1）启动金山打字通，选择"打字测试"。

（2）选择拼音测试或五笔测试。

（3）进行课程选择和测试时间设定。开始打字时，记时开始，如图 2-5 所示。

图 2-5　测试要求设置

（4）测试结束后，弹出图 2-6 所示的测试成绩，按【Print Screen】键，将屏幕复制到"画图"程序中，另存为图片文件。多次练习后，可以查看进步曲线，如图 2-7 所示。

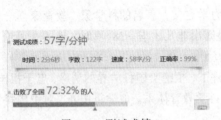

图 2-6　测试成绩

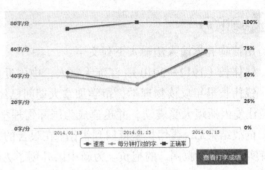

图 2-7　测试进步曲线

六、课后实训

1. 你认为哪一种输入方法输入汉字最快？你常用哪一种输入方法来输入汉字？
2. 你觉得本书介绍的五笔字型输入法容易理解吗？

七、理论习题

单项选择题（一）

1. 在中文 Windows 中，中/英文切换的快捷键是（　　　）。
   A.【Ctrl+Space】　　　B.【Shift+Space】　　C.【Ctrl+Shift】　　　D.【Ctrl+.】
2. 在中文 Windows，全角/半角切换的快捷键是（　　　）。
   A.【Ctrl+Space】　　　B.【Shift+Space】　　C.【Ctrl+Shift】　　　D.【Ctrl+.】
3. 在中文 Windows 中，中/英文标点切换的快捷键是（　　　）。
   A.【Ctrl+Space】　　　B.【Shift+Space】　　C.【Ctrl+Shift】　　　D.【Ctrl+.】
4. 在汉字编码输入法中，以汉字字形特征来编码的称为（　　　）。
   A. 音码　　　　　　　B. 输入码　　　　　C. 区位码　　　　　D. 形码
5. 在中文 Windows 中，使用软键盘可以快速地输入各种特殊符号，为了撤销弹出的软键盘，正确的操作是（　　　）。
   A. 双击软键盘上的【Esc】键　　　　　　　B. 右击软键盘
   C. 右击中文输入法状态窗口中的软键盘按钮　D. 单击软键盘上的【Esc】键
6. 在中文 Windows 中，要输入中文标点符号顿号（、），应按（　　　）键。

A. 【～】　　　　　　B. 【\】　　　　　　C. 【&】　　　　　　D. 【/】

7. 在中文 Windows 中，要输入中文标点符号句号（。），应按（　　　）键。

　　A. 【@】　　　　　　B. 【.】　　　　　　C. 【$】　　　　　　D. 【^】

8. 重码是指同一个输入编码对应（　　　）个汉字。

　　A. 多　　　　　　　B. 3　　　　　　　　C. 2　　　　　　　　D. 1

9. 下列汉字输入法中无重码的是（　　　）。

　　A. 微软拼音输入法　　　　　　　　　　　B. 区位码输入法

　　C. 智能 ABC 输入法　　　　　　　　　　D. 五笔型输入法

10. 微型计算机键盘上的【Backspace】键称为（　　　）。

　　A. 控制键　　　　　　B. 上挡键　　　　　C. 退格键　　　　　D. 交替换挡键

11. 在半角方式下，显示一个 ASCII 字符要占用（　　　）个汉字的显示位置。

　　A. 半　　　　　　　B. 2　　　　　　　　C. 3　　　　　　　　D. 1

12. 在全角方式下，显示一个 ASCII 字符要占用（　　　）个汉字的显示位置。

　　A. 半　　　　　　　B. 2　　　　　　　　C. 3　　　　　　　　D. 1

单项选择题（二）

1. 装有 Windows 7 系统的计算机启动要经过 3 个步骤，下列（　　　）不是计算机启动的过程。

　　A. 预启动　　　　　　B. 启动操作系统　　C. 进入 CMOS　　　D. 用户登录

2. 要让同一台计算机做不同的工作，只要输入不同的（　　　）数据，就可以改变计算机的行为。

　　A. 代码　　　　　　　B. 程序　　　　　　C. 命令　　　　　　D. 指令

3. 当用户接通主机箱的电源时，CPU 首先执行的程序是（　　　）。

　　A. 操作系统　　　　　B. COMS　　　　　　C. BIOS　　　　　　D. Windows

4. 微型计算机的发展史可以看作是的（　　　）发展历史。

　　A. 微处理器　　　　　B. 主板　　　　　　C. 存储器　　　　　D. 电子芯片

5. 计算机对信息表示形式和处理方式的不同可以分为（　　　）和电子模拟计算机两大类。

　　A. 电子数字计算机　　B. 巨型计算机　　　C. 通用计算机　　　D. 专用计算机

6. 按计算机的应用领域来划分，专家系统属于（　　　）。

　　A. 人工智能　　　　　B. 数据处理　　　　C. 辅助设计　　　　D. 实时控制

7. 火车票售票系统程序属于（　　　）。

　　A. 工具软件　　　　　B. 应用软件　　　　C. 系统软件　　　　D. 文字处理软件

8. 计算机辅助设计的英文缩写是（　　　）。

　　A. CAI　　　　　　　B. CAM　　　　　　　C. CAD　　　　　　　D. CAT

9. 目前普遍使用的微型计算机属于（　　　）。

　　A. 模拟计算机　　　　B. 特殊计算机　　　C. 数字计算机　　　D. 混合计算机

10. 财务软件属于计算机在（　　　）中的应用。

　　A. 计算机辅助设计　　B. 工程计算　　　　C. 人工智能　　　　D. 数据处理

11. 电子计算机工作最重要的特征是（　　　）。

　　A. 高精度　　　　　　　　　　　　　　　B. 存储程序与自动控制

C. 记忆力强   D. 高速度

12. 计算机的功能中不包括（   ）。

     A. 数值计算   B. 创造发明   C. 自动控制   D. 辅助设计

13. 大规模和超大规模集成电路芯片组成的微型计算机属于现代计算机阶段的（   ）。

     A. 第二代   B. 第三代   C. 第四代   D. 第五代

14. 用计算机控制"神舟十号"飞船的发射，按计算机应用的分类，这属于（   ）。

     A. 科学计算   B. 实时控制   C. 数据处理   D. 辅助设计

15. 为实现计算机资源共享，计算机正朝（   ）方向发展。

     A. 自动化   B. 智能化   C. 网络化   D. 高速度

16. 在计算机内部，所有信息和数据的存取、处理和传送都是以（   ）的形式进行的。

     A. 二进制   B. 十进制   C. 八进制   D. 十六进制

17. 以下数据中，表示有错误的是（   ）。

     A. $(101111)_2$ B. $(1011)_{10}$ C. $(6682)_8$ D. $(ABCD)_{16}$

18. 我们平常所说的"裸机"是指（   ）。

     A. 无显示器的计算机系统   B. 无软件系统的计算机系统

     C. 无输入输出系统的计算机系统   D. 无硬件系统的计算机系统

19. 下列 4 个数中，数值最小的是（   ）。

     A. $(11001)_2$ B. $(17)_{10}$ C. $(10111)_2$ D. $(00011)_2$

20. 在计算机中，英文字符的比较就是比较它们的（   ）。

     A. 大小写   B. 输出码值   C. 输入码值   D. ASCII 码值

21. 在建造大型桥梁时，利用计算机进行桥梁的结构分析、计算及仿真，这属于计算机（   ）的方面的应用。

     A. 科学计算   B. 数据处理   C. 实时控制   D. 辅助制造

22. 用计算机按事先存储的控制程序来实现对一台或多台机械设备动作控制的技术，称为（   ）。

     A. CAI   B. CAD   C. CAM   D. CAT

23. 在计算机辅助下进行的各种教学活动，以对话方式与学生讨论教学内容、安排教学进程、进行教学训练的方法与技术称为（   ）。

     A. CAI   B. CAD   C. CAM   D. CAT

24. 下列最能准确反映计算机主要功能的表述是（   ）。

     A. 计算机可以替代人的脑力劳动   B. 计算机可以存储大量信息

     C. 计算机是一种信息处理机   D. 计算机可以实现高速运算

25. 现代计算机之所以能自动地连续进行数据处理，主要是因为（   ）。

     A. 采用了开关电路   B. 采用了半导体器件

     C. 具有存储程序的功能   D. 采用了二进制

26. 计算机的应用范围广、自动化程度高是由于计算机（   ）。

     A. 设计先进，元件质量高   B. CPU 速度快，功能强

     C. 内部采用了二进制方式工作   D. 采用程序控制工作方式

27. 以二进制和程序控制为基础的计算机结构是由（   ）最早提出的。

A. 布尔　　　　　　B. 巴贝奇　　　　　C. 冯·诺依曼　　　D. 图灵

28. 虽然计算机具有强大的功能，但它不可能（　　　）。
    A. 高速准确地进行大量数值运算　　　　B. 高速准确地进行大量逻辑运算
    C. 对事件做出决策分析　　　　　　　　D. 取代人类的智力活动

29. 计算机之所以有相当的灵活性和通用性，能解决许多不同的问题，主要是因为（　　　）。
    A. 配备了各种不同功能的输入和输出设备
    B. 硬件性能卓越，功能强大
    C. 能执行不同的程序，实现程序安排的不同
    D. 使用者灵活熟悉的操作

30. 计算机中的数据是指（　　　）。
    A. 一批数字形式的信息　　　　　　　　B. 一个数据分析
    C. 程序、文稿、数字、图像、声音等信息　D. 程序及其有关的说明资料

31. 计算机的发展阶段通常是按计算机采用的（　　　）来划分的。
    A. 内存容量　　　　B. 电子器件　　　　C. 程序设计语言　　D. 操作系统

32. 计算机目前已经发展到（　　　）阶段。
    A. 晶体管计算机　　　　　　　　　　　B. 集成电路计算机
    C. 大规模和超大规模集成电路计算机　　D. 人工智能计算机

33. 巨型计算机的特点是（　　　）。
    A. 重量大　　　　　B. 体积大　　　　　C. 功能强　　　　　D. 耗电量大

34. 个人计算机属于（　　　）。
    A. 小巨型机　　　　B. 小型计算机　　　C. 微型计算机　　　D. 中型计算机

35. 许多企事业单位现在都使用计算机计算、管理职工工资，这属于计算机的（　　　）
应用领域。
    A. 科学计算　　　　B. 数据处理　　　　C. 过程控制　　　　D. 辅助工程

36. 用计算机进行语言翻译和语音识别，按计算机应用的分类，它应属于（　　　）。
    A. 科学计算　　　　B. 辅助设计　　　　C. 人工智能　　　　D. 实时控制

37. CAD 的含义是（　　　）。
    A. 计算机科学计算　　　　　　　　　　B. 办公自动化
    C. 计算机辅助设计　　　　　　　　　　D. 管理信息系统

38. 对船舶、飞机、汽车、机械、服装进行设计、绘图属于（　　　）。
    A. 计算机科学计算　　　　　　　　　　B. 计算机辅助制造
    C. 计算机辅助设计　　　　　　　　　　D. 实时控制

39. 数控机床、柔性制造系统、加工中心都是（　　　）的例子。
    A. CAI　　　　　　B. CAD　　　　　　C. CAM　　　　　　D. CAT

40. 智能机器人不属于计算机在（　　　）方面的应用。
    A. 科学计算　　　　B. 计算机辅助设计　C. 过程控制　　　　D. 人工智能

41. 计算机与一般计算机装置的本质区别是它具有（　　　）。
    A. 大容量和高速度　　　　　　　　　　B. 自动控制功能
    C. 程序控制功能　　　　　　　　　　　D. 存储程序和程序控制功能

42. 目前我国具有自主知识产权的 CPU 型号为（　　　）。
    A. 长城　　　　　　　B. AMD3000　　　　C. 酷睿 2　　　　　D. 龙芯 2

43. 将二进制数 10000001 转换为十进制数应该是（　　　）。
    A. 127　　　　　　　B. 129　　　　　　　C. 126　　　　　　D. 128

44. 将十进制的整数化为二进制整数的方法是（　　　）。
    A. 乘以二取整法　　　　　　　　　　　B. 除以二取整法
    C. 乘以二取余法　　　　　　　　　　　D. 除以二取余法

45. 下列数值中，（　　　）肯定是十六进制数。
    A. 1011　　　　　　B. 12A　　　　　　　C. 74　　　　　　　D. 125

46. 与十进制数 97 等值的二进制数是（　　　）。
    A. 1011111　　　　B. 1100001　　　　　C. 1101111　　　　　D. 1100011

47. 在计算机中表示英文字符的 ASCII 码（　　　）。
    A. 使用 8 位二进制代码，最右边一位为 1
    B. 使用 8 位二进制代码，最左边一位为 0
    C. 使用 8 位二进制代码，最右边一位为 0
    D. 使用 8 位二进制代码，最左边一位为 1

48. 英文字符编码 ASCII 码，是用（　　　）表示。
    A. 1 个字节　　　　B. 1 位二进制位　　C. 2 个字节　　　　D. 4 个字节

49. 计算机的汉字系统中，以下说法正确的是（　　　）。
    A. 汉字内码与所用的输入法有关
    B. 汉字的内码与字型有关
    C. 汉字内码的长度是有标准的
    D. 汉字的内码与汉字字体大小有关

50. 在微型计算机的汉字系统中，一个汉字的内码占（　　　）字节。
    A. 1　　　　　　　　B. 2　　　　　　　　C. 3　　　　　　　D. 4

51. 关于计算机的非数值计算，下面不正确的是（　　　）。
    A. 1 AND 1=1　　　B. 1 OR 1=1　　　　C. NOT (1 AND 0)=1　　D. NOT(1 OR 0)=1

52. 下列属于逻辑运算符的是（　　　）。
    A. 真、假、否　　　B. 加、减、乘　　　C. 与、或、非　　　D. 交、并、反

53. 关于计算机的编码，下列叙述正确的是（　　　）。
    A. 计算机不能直接识别十进制数，但能直接识别二进制数和十六进制数
    B. ASCII 码和国标码都是对符号的编码
    C. 一个 ASCII 码由 7 位二进制数组成
    D. ASCII 码是用每 4 位一组表示一位十进制数的

54. 把英文大写字母 A 的 ASCII 码当作二进制数，转换成十进制数，其值是 65，若将英文大写字母 E 的 ASCII 码如法转换成十进制数，其值是（　　　）。
    A. 67　　　　　　　B. 68　　　　　　　C. 69　　　　　　　D. 70

55. 按对应的 ASCII 码值来比较，下列不正确的是（　　　）。
    A. b 比 a 大　　　　B. f 比 Q 大　　　　C. 逗号比空格大　　D. H 比 h 大

56. 已知 a=00101010B 和 b=40D，下列关系式成立的是（　　　）。

    A. a＞b   B. a=b   C. a＜b   D. 不能比较

57. 下列英文缩写和中文名字的对照中，错误的是（　　　）。

    A. CAD——计算机辅助设计   B. CAM——计算机辅助制造

    C. CIMS——计算机集成管理系统   D. CAI——计算机辅助教育

58. 以下算式中，相减后结果得到十进制数 0 的是（　　　）。

    A. $(4)_{10}-(011)_2$ B. $(5)_{10}-(110)_2$ C. $(6)_{10}-(100)_2$ D. $(7)_{10}-(111)_2$

59. ASCII 是（　　　）的简称。

    A. 国际码   B. 二进制编码

    C. 十进制编码   D. 美国标准信息交换码

60. 在 16×16 点阵的字库中，"网"字的字模和"葳"字的字模所占的存储单元个数是（　　　）。

    A. "网"字占得多   B. 两个字一样多   C. "葳"字占得多   D. 不能确定

61. 显示或打印汉字时，其文字质量与（　　　）有关。

    A. 显示屏的大小   B. 打印的速度

    C. 计算机功率   D. 汉字所用的点阵类型

单项选择题（三）

1. 一个完整的计算机系统是由（　　　）两大部分组成的。

    A. 内部设备和外围设备   B. 硬件系统和软件系统

    C. 存储器和中央处理器   D. 主机和显示器

2. 冯·诺依曼式的计算机硬件系统主要是由（　　　）组成。

    A. CPU，存储器，输入和输出设备   B. CPU，运算器，控制器

    C. 主机，显示器，鼠标和键盘   D. CPU，控制器，输入和输出设备

3. 控制器发出指令指示显示器显示结果，显示器从（　　　）中取得运算结果并显示出来。

    A. 运算器   B. 内存储器   C. 硬盘   D. 控制器

4. 我们所说的软件系统是指（　　　）。

    A. 程序和指令   B. 操作系统的文档

    C. 程序和文档   D. 命令和文档

5. 计算机软件与硬件的关系是（　　　）。

    A. 相互对立   B. 相互独立

    C. 相互依存，不可分割的有机整体   D. 以上均不正确

6. （　　　）是计算机数据交换的中心。

    A. 内存   B. 外存   C. 控制器   D. 运算器

7. 存储容量单位描述正确的是（　　　）。

    A. 1 TB=2^{10}B   B. 1 GB=1 024 TB   C. 1 MB=2^{10} GB   D. 1 B=8 bit

8. 输入设备通过接口电路把原始数据和程序转换成（　　　）输入到计算机的存储器中。

    A. 机内码   B. 国标码   C. ASCII   D. 区位码

9. 计算机运算器的主要作用是（　　　）。

    A. 算术运算   B. 加、减、乘、除

    C. 逻辑运算   D. 算术和逻辑运算

10. 计算机的指挥中心是指（　　　）。
    A. 运算器　　　　　　　B. 控制器　　　　　　　C. 存储器　　　　　　　D. 中央处理器

11. 我们把计算机的（　　　）称为中央处理器，简称 CPU。
    A. 运算器和存储器　　　　　　　　　　B. 控制器和主机
    C. 存储器和主机　　　　　　　　　　　D. 控制器和运算器

12. 我们把计算机的（　　　）称为主机。
    A. 运算器和内部存储器　　　　　　　　B. CPU 和控制器
    C. 运算器和外部存储器　　　　　　　　D. CPU 和内部存储器

13. 计算机的存储器通常分为（　　　）。
    A. 软盘和硬盘　　　B. 内存和外存　　　C. 光盘和硬盘　　　D. ROM 和 RAM

14. 下列关于存储器的说法，不正确的是（　　　）。
    A. 存储器中的内容可以无数次地读取
    B. 从存储器的某个单元取出其内容后，该单元的内容仍保留不变
    C. 从存储器的某个单元取出其内容后，该单元的内容将消失
    D. 存储器的某个单元存入新信息后，原来保存的内容自动消失

15. 计算机当前正在执行的程序和相关数据存放在（　　　）中。
    A. 内存　　　　　　　B. 外存　　　　　　　C. 硬盘　　　　　　　D. 光盘

16. 计算机暂时不执行的程序以及目前尚不需要处理的数据存放在（　　　）。
    A. 内存　　　　　　　B. 外存　　　　　　　C. ROM　　　　　　　D. RAM

17. 我们从键盘输入的数据，首先保存到计算机的（　　　）中。
    A. 外存　　　　　　　B. 硬盘　　　　　　　C. 软盘　　　　　　　D. 内存

18. 运行计算机系统所需的关键程序和数据（如开机自检程序等）一般存放在（　　　）中。
    A. 硬盘　　　　　　　B. 寄存器　　　　　　C. ROM　　　　　　　D. RAM

19. 突然断电后，下面（　　　）中的数据会完全丢失。
    A. 硬盘　　　　　　　B. 光盘　　　　　　　C. ROM　　　　　　　D. RAM

20. 在微型计算机中，ROM 的特点是（　　　）。
    A. 只能读出信息，不能写入信息
    B. 能写入和读出信息，但断电后信息就丢失
    C. 只能写入信息，且断电后就丢失
    D. 能写入和读出信息，断电后信息也不丢失

21. 目前 Intel 公司的 Pentium 4 系列 CPU 属于（　　　）。
    A. 16 位处理器　　　B. 8 位处理器　　　C. 64 位处理器　　　D. 32 位处理器

22. 磁盘和光盘等外部储存器的数据必须（　　　）中才能被 CPU 直接处理。
    A. 调入 ROM　　　　　　　　　　　　B. 转换成二进制形式的数字信号
    C. 调入 RAM　　　　　　　　　　　　D. 翻译成机器语言表示的目标程序

23. 我们通常所说的"主存储器"或"内存"一般是指（　　　）。
    A. 寄存器　　　　　　B. 磁盘　　　　　　　C. RAM　　　　　　　D. ROM

24. 在计算机中，CPU 访问速度最快的存储器是（　　　）。
    A. 内存储器　　　　　B. 光盘　　　　　　　C. 软盘　　　　　　　D. 硬盘

25. 下面关于内存与外存主要差别的叙述，正确的是（　　　　）。
    A. 内存存储容量大，速度快，价格更便宜（以兆字节算），外存则相反
    B. 内存存储容量小，速度快，价格更贵（以兆字节算），外存则相反
    C. 内存存储容量大，速度慢，价格更便宜（以兆字节算），外存则相反
    D. 内存存储容量小，速度慢，价格更贵（以兆字节算），外存则相反

26. 下列给出的选项中，不属于外存的是（　　　　）。
    A. 硬盘和软盘　　　　　　　　　　　　B. 硬盘和光盘
    C. 只读存储器和随机存取存储器　　　　D. 光盘和软盘

27. 衡量存储器容量的最小单位是（　　　　）。
    A. bit　　　　　　　B. B　　　　　　　C. KB　　　　　　　D. MB

28. 衡量存储器容量的基本单位是（　　　　）。
    A. B　　　　　　　B. KB　　　　　　　C. MB　　　　　　　D. GB

29. 下列关于存储容量单位之间的换算关系，正确的是（　　　　）。
    A. 1 B=1 024 bit　　　　　　　　　　B. 1 KB=1 024 MB
    C. 1 MB=1 024 KB　　　　　　　　　　D. 1 GB=1 024 B

30. 一个存储容量为 64 的存储器，一般存储（　　　　）字节的数据。
    A. 2^{20}　　　　　　　B. 2^{26}　　　　　　　C. 2^{12}　　　　　　　D. 2^{22}

31. 给存储器中的每个存储单元都指定一个（　　　　），作为存、取数据时查找的依据，称为存储单元的"地址"。
    A. 位　　　　　　　B. 字节　　　　　　　C. 空间　　　　　　　D. 编号

32. 用于从计算机外部将信息输入到计算机的内部以供计算机处理的设备称为（　　　　）。
    A. 输入设备　　　　B. 控制器　　　　C. 接口　　　　D. 总线

33. 下面所列出的设备中，（　　　　）属于输入设备。
    A. 打印机　　　　B. 扫描仪　　　　C. 绘图仪　　　　D. 音箱

34. 将计算机处理后的结果转换成人们熟悉的形式或其他设备能够识别的信息格式输出的是（　　　　）。
    A. 键盘　　　　B. 扫描仪　　　　C. 鼠标　　　　D. 输出设备

35. 下面所列出的设备中，（　　　　）不属于输出设备。
    A. 打印机　　　　B. 显示器　　　　C. 内存和外存　　　　D. 触摸屏

36. 下面所列出的设备中，（　　　　）不属于外围设备。
    A. 硬盘和软件　　　　　　　　　　　B. 打印机和显示器
    C. 内存和外存　　　　　　　　　　　D. ROM 和 RAM

37. 微型计算机中的内存储器，通常采用（　　　　）。
    A. 光存储器　　　　B. 磁表面存储器　　　　C. 半导体存储器　　　　D. 磁心存储器

38. 下列说法中，不正确的是（　　　　）。
    A. 键盘、鼠标、显示器和打印机等放置在主机箱外部的设备是外围设备
    B. RAM、ROM、软盘驱动器、光盘驱动器和硬盘都安装在主机箱内属于内存储器
    C. 将主机、硬盘、软盘和光盘驱动器及电源等部件都封装在主机箱内，称为主机箱
    D. PC 的主机是由控制器、运算器和内部存储器组成的

39. PC 中最核心的部件是（   ），它决定了 PC 的速度和性能。
     A. 运算器   B. 控制器   C. CPU   D. 主板

40. 目前市场上绝大多数 CPU 产品都是由（   ）公司生产的。
     A. Intel 和 AMD   B. Dell 和 IBM   C. 明基和华硕   D. 联想和长城

41. 我国研发出来的第一枚通用 CPU 微处理芯片是（   ）。
     A. 汉芯   B. 龙芯 2 号   C. 神州 1 号   D. 曙光 1 号

42. 我们通常所说的 64 位机，指的是这种计算机的 CPU（   ）。
     A. 只能处理 64 位的数据   B. 内部有 64 个存储器
     C. 能够同时处理 64 位的数据   D. 内部有 64 个寄存器

43. 若一台计算机的 CPU 的字长为 2 个字节，这意味着它（   ）。
     A. 能处理的数值最大为 2 位十进制数 99
     B. 在 CPU 中作为一个整体同时加以传送和处理的数据是 16 位的二进制代码串
     C. 能处理的字符串最多为 2 个英文字母组成
     D. 在 CPU 中运行的数据结果最大为 2 的 16 次方

44. 下面关于计算机的 CPU 的字长的叙述，不正确的是（   ）。
     A. 字长越长，CPU 同时处理的数据位数越多
     B. 字长越长，运算速度就越快
     C. 字长越长，计算精度就越高
     D. 字长越长，CPU 主频就越高

45. CPU 的主频指的是（   ）。
     A. CPU 的运算速度   B. 控制器执行指令的速度
     C. CPU 内核工作时的时钟频率   D. 运算器每秒钟运算的次数

46. 某台计算机使用的 Pentium 4、3.2 GHz 的 CPU 芯片，其中 Pentium 4 和 3.2 GHz 分别指的是 CPU 的（   ）。
     A. 型号和主频   B. 型号和运算精度
     C. 生产厂家和运算速度   D. 生产厂家和存储容量

47. PC 上的内存条属于（   ）。
     A. ROM   B. RAM   C. CMOS   D. 外存

48. PC 上普遍使用的 Cache 就是我们平常所说的（   ）。
     A. 动态存储器   B. 静态存储器
     C. 高速缓冲存储器   D. 随机存取存储器

49. 在 PC 中配置 Cache 主要是为了解决（   ）。
     A. 内存与辅助存储器之间速度不匹配问题
     B. CPU 与辅助存储器之间速度不匹配问题
     C. CPU 与存储器之间速度不匹配问题
     D. 内存存储容量不足的问题

50. 不同的外围设备必须通过不同的（   ）才能与主机相连。
     A. 地址总线   B. 数据总线   C. 电缆   D. 接口电路

51. PC 的每一个驱动器都有一个标识符。第一个硬盘驱动器一定要命名为（   ）。

A. C：　　　　　　　B. A：　　　　　　　C. D：　　　　　　　D. E：

52. 用户刚输入的信息在保存之前，存储在（　　　）中。

　　A. ROM　　　　　　B. CD-ROM　　　　　C. RAM　　　　　　D. 磁盘

53. 为防止断电后信息丢失，应在关机前将信息存储在（　　　）。

　　A. ROM　　　　　　B. RAM　　　　　　　C. CD-ROM　　　　　D. 磁盘等外存中

54. 每个磁盘被等分为若干个扇区，每个扇区可以存放（　　　）的信息。

　　A. 512 个汉字　　　B. 512 b　　　　　　C. 512 B　　　　　　D. 512 MB

55. 若计算机的内存为 2 GB，也就是说，其内存有（　　　）字节的存储容量。

　　A. 2^{25}　　　　　　　　　　　　　　　　B. 2^{20}

　　C. 2×2^{10}　　　　　　　　　　　　　　D. $2 \times 1\,024 \times 1\,024 \times 1\,024$

56. U 盘上的文件或文件夹被删除后（　　　）从回收站恢复。

　　A. 都可以　　　　　　　　　　　　　　　　B. 都不能

　　C. 文件可以，文件夹不能　　　　　　　　　D. 都不能

57. 在标准 ASCII 码表中，数字码、小写英文字母和大写英文字母的前后次序是（　　　）。

　　A. 数字、小写英文字母、大写英文字母　　　B. 小写英文字母、大写英文字母、数字

　　C. 数字、大写英文字母、小写英文字母　　　D. 大写英文字母、小写英文字母、数字

58. 下列选项中，不属于显示器主要技术指标的是（　　　）。

　　A. 分辨率　　　　　　B. 重量　　　　　　C. 像素的点距　　　D. 机内码

59. CPU 的两个重要性能指标是（　　　）。

　　A. 主频和内存　　　B. 价格、字长　　　C. 价格、可靠性　　D. 字长和主频

60. 目前市场上的 CPU 市场占有率最高的公司是（　　　）公司。

　　A. Intel 和 AMD　　B. Dell　　　　　　C. 明基和华硕　　　D. 联想

61. 下面关于显示器的分辨率、刷新率和颜色位数的叙述中，错误的是（　　　）。

　　A. 分辨率越高，像素点就越多，显示的图像就越清晰

　　B. 刷新率越高，画面就越平稳，人的眼睛就会感觉越舒服

　　C. 颜色位数越多，色彩层次越丰富，图像就越精美

　　D. 分辨率越高，刷新率也越高，颜色位数也越多

62. 打印噪声最大，一般只用于票据打印领域的打印机是（　　　）。

　　A. 针式打印机　　　B. 喷墨打印机　　　C. 激光打印机　　　D. 非击式打印机

63. 打印质量最好的打印机是（　　　）。

　　A. 针式打印机　　　B. 喷墨打印机　　　C. 激光打印机　　　D. 非击式打印机

64. 下列关于打印机的叙述中，正确的是（　　　）。

　　A. 激光打印机是击打式打印机　　　　　　B. 针式打印机的打印速度最快

　　C. 喷墨打印机的打印质量高于针式打印机　D. 喷墨打印机的价格比较昂贵

65. U 盘和移动硬盘是一种（　　　）。

　　A. USB 接口　　　　B. 寄存器　　　　　C. 内存储器　　　　D. 外存储器

66. 计算机的基本指令是由（　　　）两部分构成的。

　　A. 命令和操作数　　　　　　　　　　　　B. 操作码和操作数

　　C. 操作数和地址码　　　　　　　　　　　D. 操作码和操作数地址码

67. （　　　）规定了计算机进行何种操作。

    A. 命令地址码　　　　B. 操作数　　　　C. 操作码　　　　D. 操作数地址

68. （　　　）指出参与操作的数据在存储器中的地址。

    A. 命令地址码　　　　B. 操作数　　　　C. 操作码　　　　D. 操作数地址码

69. 指令都是二进制形式的编码，它能被计算机（　　　）。

    A. 翻译后执行　　　　B. 编译后执行　　　　C. 直接执行　　　　D. 解释后执行

70. 计算机所有指令的集合，通常称为（　　　）。

    A. 程序设计语言　　　　B. 程序　　　　C. 软件　　　　D. 指令系统

71. 程序和软件的主要区别是（　　　）。

    A. 程序就是软件，软件就是程序，没有什么区别

    B. 程序是由程序员编写的，而软件是由软件厂家提供的

    C. 软件是程序和文档的总称，而程序只是软件的一部分

    D. 程序是用高级语言编写的，而软件是由机器语言编写的

72. 源程序就是（　　　）。

    A. 用高级语言编写的程序　　　　　　B. 使用汇编语言或高级语言编写的程序

    C. 由程序员编写的程序　　　　　　　D. 由用户编写的程序

73. 所谓目标程序，就是（　　　）。

    A. 最后编写完成的程序　　　　　　　B. 由用户编写的程序

    C. 由程序员编写的程序　　　　　　　D. 计算机能直接识别和执行的程序

74. 下面有关程序设计语言的说法中，正确的是（　　　）。

    A. 程序设计语言分为机器语言和汇编语言

    B. 程序设计语言分为高级语言和自然语言

    C. 程序设计语言编写的程序可直接运行

    D. 程序设计语言分为机器语言、汇编语言和高级语言

75. 下列关于计算机语言概念的叙述中，正确的是（　　　）。

    A. 低级语言学习使用很困难，运行效率也低，所以已被高级语言淘汰

    B. 使用高级语言编写的程序可读性好，执行时比低级语言编写的程序要快

    C. 所有的程序一定要装到主存储器中才能运行

    D. C 语言是目前使用最为广泛的一种汇编语言

76. 计算机软件系统主要由（　　　）组成。

    A. 应用软件和操作系统　　　　　　　B. 系统软件和应用软件

    C. 程序和文档　　　　　　　　　　　D. 程序设计语言和语言处理器

77. 系统软件和应用软件的关系是（　　　）。

    A. 系统软件是应用软件的基础理论　　B. 应用软件是系统软件的基础

    C. 相互独立，没有关系　　　　　　　D. 相互依存，互为基础

78. （　　　）是负责管理、控制和维护计算机的各种软硬件资源的最基本的软件。

    A. 应用软件　　　　　　　　　　　　B. 操作系统

    C. 数据库　　　　　　　　　　　　　D. 语言处理器程序

79. 下面列出的软件中，不属于系统软件的是（　　　）。

A. 记事本 　　　　 B. 调试程序 　　　　 C. 操作系统 　　　　 D. 语言处理器

80. 最基础、最重要的系统软件是（ 　　 ），若缺少它，计算机系统就无法工作。

A. 编辑程序 　　　　 B. 操作系统 　　　　 C. 语言处理程序 　　　 D. 应用软件

81. 应用软件是指（ 　　 ）。

A. 计算机上所有能够使用的软件 　　　 B. 在计算机上所有能运行的程序

C. 程序员编写的程序和文档的总称 　　 D. 针对各类应用问题而专门开发的软件

82. Word 2010 软件属于（ 　　 ）。

A. 编辑程序 　　　　 B. 系统软件 　　　　 C. 应用软件 　　　　 D. 语言处理程序

83. 语言处理程序分为（ 　　 ）。

A. 目标程序、可执行程序和源程序

B. 机器语言程序、汇编语言程序和高级语言程序

C. 解释程序、汇编程序和编译程序

D. 解释程序、汇编程序和翻译程序

84. 语言处理程序属于（ 　　 ）。

A. 文件编辑软件 　　 B. 系统软件 　　　　 C. 操作系统 　　　　 D. 应用软件

85. 将汇编语言源程序翻译成机器语言目标程序的工具是（ 　　 ）。

A. 编辑程序 　　　　 B. 汇编程序 　　　　 C. 解释程序 　　　　 D. 调试程序

86. 使用高级语言编写的源程序需要经过（ 　 ）翻译成目标程序后，计算机才能被执行。

A. 汇编程序 　　　　 B. 解释程序 　　　　 C. 编译程序 　　　　 D. 调试程序

87. 逐条语句读取、翻译并执行源程序的是（ 　　 ）。

A. 汇编程序 　　　　 B. 解释程序 　　　　 C. 编译程序 　　　　 D. 调试程序

88. 编译程序和解释程序的主要区别在于（ 　　 ）。

A. 编译程序执行速度慢，而解释程序执行速度快

B. 编译程序和解释程序没有区别，程序执行后的结果都是相同的

C. 编译程序把源程序翻译成目标程序，而解释程序则翻译成操作指令

D. 编译程序是把源程序整体翻译成目标程序后再执行，而解释程序则边翻译边执行

实训三　Windows 7 系统的个性化设置

一、实训目的

1. 熟悉 Windows 7 的桌面、"开始"菜单、任务栏的基本操作和使用方法。
2. 掌握查看计算机的基本信息。
3. 学会"记事本""画图"软件的使用。

二、实训准备

1. 硬件：PC 一台。
2. 软件：Windows 7 操作系统。
3. C 盘有 nzy03 文件夹等图片素材。

项目（一）　Windows 7 操作系统及应用

三、实训概述

学会使用系统自带的文字处理小程序创建文件，掌握"开始"菜单的使用及任务栏的特性，学会查看计算机的基本信息等。

四、实训内容

1. 将"附件"里的"记事本"锁定到任务栏。

2. 在桌面上创建"截图工具"的快捷方式。

3. 查看计算机的基本信息。通过快速启动工具栏打开"记事本"程序，把计算机的基本信息输入记事本文件中，并以"计算机基本信息+学号"为名，类型为默认类型保存到 E:盘中。

4. 将日历小工具添加到桌面。

5. 打开"画图"程序，画一张笑脸，以"笑脸"为文件名，以默认类型保存到 E:盘中。

6. 更改桌面背景。

7. 将所有打开的窗口堆叠显示。

8. 打开 Snipping Tool 截图工具，将屏幕截成一张图片，以"学号+姓名"为文件名，类型为默认类型保存到 E:盘中。

五、实训步骤

操作①

将"附件"里的"记事本"锁定到任务栏。

单击"开始"→"所有程序"→"附件"命令，在级联菜单中右击"记事本"命令，在弹出快捷菜单中选择"锁定到任务栏"命令，如图 3-1 所示。

操作②

在桌面上创建"截图工具"的快捷方式。

单击"开始"→"所有程序"→"附件"命令，在级联菜单中右击"Snipping Tool"命令，在弹出的快捷菜单中选择"发送到"→"桌面快捷方式"命令，如图 3-2 所示。

图 3-1 "附件"菜单

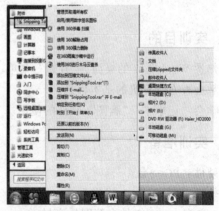

图 3-2 截图工具快捷方式的创建

操作③

查看计算机的基本信息。通过快速启动工具栏打开"记事本"程序，把计算机的基本信息输入记事本文件中，并以"计算机基本信息+学号"为名，类型为默认类型，保存到 E:盘中。

（1）右击"计算机"图标，在快捷菜单中单击"属性"命令，在打开的窗口中查看信息。

（2）在快速启动工具栏上单击"记事本"按钮，在打开的记事本窗口中输入计算机的信息：Windows 版本_____；处理器_____；内存_____ GB；操作系统_____位；计算机名_____；工作组_____。

（3）单击"文件"→"保存"命令，在弹出对话框的保存位置文本框中选择 E:盘，在"文件名"文本框中输入"计算机基本信息+学号"，保存类型为默认，单击"保存"按钮。

（4）关闭计算机基本信息窗口。

操作过程如图 3-3 所示。

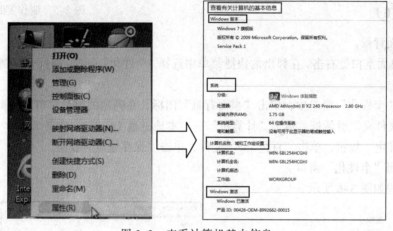

图 3-3　查看计算机基本信息

 操作④

将日历小工具添加到桌面。

（1）在桌面的空白处右击，在快捷菜单中单击"小工具"命令，弹出小工具库窗口。

（2）直接拖动"日历"工具到桌面上（见图 3-4），或者双击小工具；或者选择小工具后右击，在弹出的快捷菜单中选择"添加"命令即可。

图 3-4　将日历小工具添加到桌面

（3）关闭小工具库窗口。

操作⑤

打开"画图"程序，画一张笑脸，以"笑脸"为文件名，以默认类型保存到 E:盘中。

（1）单击"开始"→"所有程序"→"附件"→"画图"命令，打开"画图"程序，如图 3-5 所示。

（2）使用"椭圆工具"和"曲线工具"绘制笑脸。使用"曲线工具"先画出直线，再调整节点，可画出曲线。

（3）单击"文件"→"保存"命令，在弹出对话框的保存位置文本框中选择 E:盘，在"文件名"文本框中输入"笑脸"，类型为默认，单击"保存"按钮。

图 3-5　制作笑脸

操作⑥

更改桌面背景。

（1）在桌面空白处右击，在弹出的快捷菜单中选择"个性化"命令，即打开控制面板的"个性化"窗口。

（2）在"个性化"窗口中，单击"桌面背景"图标，在弹出的窗口中单击"浏览"按钮，弹出"浏览文件夹"对话框，单击"计算机"→"本地磁盘（C:）"文件夹，选择 nzy03 文件夹，单击"确定"按钮，单击"百色.jpg"文件，单击"保存修改"按钮。

（3）关闭"个性化"窗口。

操作过程如图 3-6 所示。

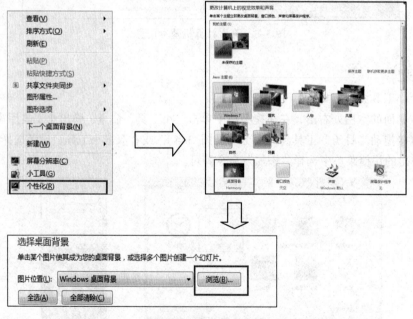

图 3-6　更改桌面背景

操作⑦

将所有打开的窗口堆叠显示。

右击任务栏空白处，在弹出的菜单中选择"堆叠显示窗口"命令即可。

 操作⑧

打开 Snipping Tool 截图工具，将屏幕截成一张图片，以"学号+姓名"为文件名，类型为默认类型保存到 E:盘中。

（1）单击"开始"→"所有程序"→"附件"→"截图工具"命令，打开截图程序。

（2）右击任务栏空白处，在弹出的菜单中选择"显示桌面"命令，再单击"截图工具"窗口中的"新建"按钮，拖动鼠标得到一个矩形区域，单击工具栏上的"保存"按钮，设置保存位置、文件名及文件类型后，单击"保存"按钮即可，如图 3-7 所示。

（3）关闭"截图工具"窗口。

图 3-7 "截图工具"窗口

六、课后实训

1. 调整日期和时间

把日期和时间调整为昨天的零点。

2. 计算器的使用

使用附件中的计算器，计算 $18 \times 19 + \dfrac{22}{7} + \sqrt{3}$ 的结果。

3. 录音机的使用

（1）单击"开始"→"所有程序"→"附件"→"录音机"命令。

（2）单击"录音机"界面中的"开始录制"按钮，录 2 min。

（3）单击"停止录制"按钮，再单击"文件"→"保存"命令，在"另存为"对话框中选择文件保存的位置，设置文件名为学号，文件类型为默认，单击"保存"按钮。

（4）查看文件属性。右击刚保存的文件，在弹出的菜单中选择"属性"命令，查看文件大小。

4. 剪贴板及其使用

剪贴板实际上是内存里的一块临时存储区。当对某数据执行"复制"或"剪切"操作时，即将数据放入剪贴板中。在 Windows 中，剪贴板只能保留最后一次复制或剪切的内容。而在 Word 2010 里，剪贴板可以最多保存 24 次复制或剪切的内容。

（1）双击"计算机"图标，打开"计算机"窗口，按【Print Screen】键，即可将屏幕显示的内容全部复制到剪贴板中。

（2）单击"开始"→"所有程序"→"Microsoft Office"→"Microsoft Word 2010"命令，打开 Word 程序并将窗口最大化。

（3）单击"开始"选项卡"编辑"组中的"粘贴"按钮，即可将剪贴板的内容导入 Word 中。

注意：把【Print Screen】键改为【Alt+Print Screen】组合键，看看会出现什么结果。

七、理论习题

单项选择题

1. Windows 7 操作系统是一个（　　　）。
   A. 单用户单任务操作系统　　　　　　B. 单用户多任务操作系统
   C. 多用户多任务操作系统　　　　　　D. 多用户单任务操作系统

2. 能够管理计算机硬件设备，并使应用软件能够高效、方便地使用这些设备的系统软件是（　　　）。
   A. 数据库系统　　B. 可视化操作平台　C. 操作系统　　　　D. 汇编语言

3. 下列不属于操作系统的是（　　　）。
   A. UNIX　　　　　B. Linux　　　　　C. CAD　　　　　　D. Windows

4. 为了重新排列 Windows 桌面上的图标，正确的操作是（　　　）。
   A. 右击桌面空白处　　　　　　　　　B. 右击任务栏空白处
   C. 右击窗口空白处　　　　　　　　　D. 右击"开始"按钮

5. 在 Windows 桌面上有某应用程序的快捷图标，要运行该程序，可以（　　　）。
   A. 单击该图标　　B. 右击该图标　　C. 双击该图标　　D. 右键双击该图标

6. 在 Windows 桌面上，可以建立（　　　）的快捷方式。
   A. 文件或文件夹　　B. 应用程序　　　C. 打印机　　　D. 以上 3 种都可以

7. 下列关于快捷方式的叙述，错误的是（　　　）。
   A. 与快捷方式关联的不一定是应用程序，也可以是其他类型的文件
   B. 快捷方式不是文件
   C. 左下角带有小箭头的图标不是快捷方式图标
   D. 快捷方式可以放在桌面、"开始"菜单或文件夹下

8. Window 任务栏中显示的是（　　　）。
   A. 当前窗口的图标
   B. 所有被最小化的窗口的图标
   C. 所有已打开的窗口的图标
   D. 除当前窗口以外的所有已打开的窗口的图标

9. 在 Windows 中，任务栏（　　）。
   A. 只能改变位置不能改变大小
   B. 只能改变大小不能改变位置
   C. 既不能改变位置也不能改变大小
   D. 既能改变位置也能改变大小

10. 在 Windows 中，任务栏的主要作用是（　　）。
   A. 显示系统的"开始"菜单
   B. 显示当前活动窗口
   C. 显示正在后台工作的窗口
   D. 实现窗口之间的切换

11. Windows 任务栏可以实现的主要功能不包括（　　）。
   A. 设置系统日期和时间
   B. 排列桌面图标
   C. 排列和切换窗口
   D. 启动"开始"菜单

12. 在 Windows 中，通过右击任务栏空白处，从弹出的快捷菜单中可以实现的功能不包括
（　　）。
   A. 修改"开始"菜单中的内容
   B. 对打开的窗口进行重新排列
   C. 将所有打开的窗口最大化
   D. 修改任务栏的内容

13. 在 Windows 中，默认与.BMP 文件关联的程序是（　　）。
   A. 记事本　　　　B. 画图　　　　　C. Word　　　　　　D. Excel

14. 如果设置了任务栏自动隐藏，则任务栏就会从桌面上消失，需要使用任务栏时，应进
行的操作是（　　）。
   A. 重新启动 Windows 系统
   B. 取消任务栏的自动隐藏属性
   C. 将鼠标指针指向桌面的边界并停留
   D. 重新安装 Windows 系统

15. 在 Windows 中，用户可以同时打开多个窗口，这些窗口可以"层叠式"或"平铺式"
排列，要想改变窗口的排列方式，应进行的操作是（　　）。
   A. 右击任务栏空白处，在弹出的快捷菜单中选择要排列的方式
   B. 右击桌面空白处，然后在弹出的快捷菜单中选择要排列的方式
   C. 先打开资源管理器窗口，选择"查看"菜单下的"排列图标"选项
   D. 先打开"计算机"窗口，选择"查看"菜单下的"排列图标"选项

16. 在 Windows 中，下列文件名错误的是（　　）。
   A. My Program Group
   B. file1.file2.bas
   C. A<B.C
   D. ABC.FOR

17. 在 Windows 中，下列关于文件名的叙述，错误的是（　　）。
   A. 文件名至多可有 8 个字符
   B. 文件名允许使用多个圆点分隔符
   C. 文件名中允许使用空格
   D. 文件名中允许使用大小写字母

18. 扩展名为.exe 的文件称为（　　）。
   A. 后备文件　　　　B. 可执行文件　　　　C. 文本文件　　　　D. 系统文件

19. 在资源管理器窗口中，要创建一个新文件夹，首先要确定新文件夹所在的磁盘或上级
文件夹，为此应进行的操作是（　　）。
   A. 如果磁盘或上级文件夹名显示在窗口左部，用鼠标左键单击它
   B. 如果磁盘或上级文件夹名显示在窗口右部，用鼠标右键单击它
   C. 如果磁盘或上级文件夹名显示在窗口左部，用鼠标右键单击它
   D. 如果磁盘或上级文件夹名显示在窗口右部，用鼠标左键单击它

项目（一）　Windows 7 操作系统及应用

20. 在资源管理器窗口中，利用"编辑"菜单下的"全部选定"命令可以一次选择所有的文件，如果要删除其中的几个文件，应进行的操作是（　　　　）。

    A. 用鼠标左键依次单击各个要删除的文件

    B. 按住【Ctrl】键，并用鼠标左键依次单击各个要删除的文件

    C. 按住【Shift】键，并用鼠标左键依次单击各个要删除的文件

    D. 用鼠标右键依次单击各个要删除的文件

21. 资源管理器窗口被分成两部分，其中左部显示的内容是（　　　　）。

    A. 当前打开的文件夹的内容　　　　　　B. 系统的树形文件夹结构

    C. 当前打开的文件夹名称及其内容　　　D. 当前打开的文件夹名称

22. 为了安全地删除临时文件、Internet 缓存文件和不需要的文件，以释放磁盘空间，提高系统的性能，可使用（　　　　）。

    A. 格式化　　　　　　　　　　　　　　B. 磁盘清理程序

    C. 磁盘碎片整理程序　　　　　　　　　D. 磁盘扫描程序

23. 为了重新安排磁盘中文件的位置，将文件的数据连续放置，合并可用的硬盘空间，提高系统的性能，可使用（　　　　）。

    A. 格式化命令　　　　　　　　　　　　B. 磁盘清理程序

    C. 磁盘碎片整理程序　　　　　　　　　D. 磁盘扫描程序

24. 下列关于 Windows 文件名的叙述，错误的是（　　　　）。

    A. 文件名中不允许使用多个圆点分隔符

    B. 模糊文件名中可以使用通配符*或?

    C. 文件名中允许使用汉字和空格

    D. 文件名区分大小写

25. 根据 Windows 的规定，以下所有字符都不能出现在文件名中的是（　　　　）。

    A. / * ? # <> $　　　　　　　　　　　B. / : ? &<> !

    C. \ * ? % <> @　　　　　　　　　　　D. \ / * ? " <>

26. 以下说法正确的是（　　　　）。

    A. Windows 文件名区分大小写，abc.txt 和 ABC.txt 是两个不同的文件

    B. Windows 中区分全角半角，123.docx 和 1 2 3 .docx 是两个不同的文件

    C. Windows 文件名不允许出现两个点（.），文件名 dvhop.txt.doc 是不可能存在的

    D. My.cpp 是可执行程序

27. 在 Windows 中，用户可将文件属性设置为（　　　　）。

    A. 存档、系统和隐藏　　　　　　　　　B. 只读、系统和存档

    C. 只读、存档和隐藏　　　　　　　　　D. 只读、隐藏和系统

实训四　Windows 7 文件及文件夹操作

一、实训目的

1. 掌握文件、文件夹的建立。

2. 掌握文件及文件夹的删除、复制、移动等操作。

3. 掌握文件属性的设定。

4. 掌握文件及文件夹的查找方法。

5. 掌握快捷方式的创建方法。

二、实训准备

1. 硬件：PC 一台。

2. 软件：Windows 7 操作系统，C:盘中有 nzy04 文件夹。

三、实训概述

计算机最基本、最重要的操作是计算机资源的管理和应用，通过本实训掌握新建文件或文件夹，删除、重命名、移动、复制等操作，能提高计算机的应用能力。

四、实训内容

1. 在 E:盘建立名为 K123456 的文件夹，在 K123456 文件夹中建立两个文件夹 XA1 和 XA2。

2. 将 C:盘 nzy04\CGS 文件夹中的所有文件复制到 K123456 文件夹中。

3. 将 K123456 文件夹中所有以 e 开头的文件复制到 XA1 文件夹中，所有文件扩展名为.bak 的文件移到 XA2 文件夹中。

4. 把 XA1 文件夹中 exc.docx 文件的属性改为"只读"。

5. 将 XA2 文件夹中 fex.bak 文件改名为 Bey.txt。

6. 运用"搜索"工具查找"剪切板查看器"的程序文件 clipbrd.exe，并将其复制到 tools 文件下。

7. 在桌面上创建 XA1 文件夹的快捷方式，用于快速打开 XA1 文件夹，并将快捷方式的名称命令为 XX。

8. 在 E:盘建立一个名为"公司电子文档"的文件夹，用来存放公司的各类文件。

五、实训步骤

操作①

在 E:盘创建名为 K123456 的文件夹，在 K123456 文件夹中建立 XA1 和 XA2 两个文件夹。

（1）双击"计算机"图标，弹出图 4-1 所示的窗口，在左侧窗口中单击"本地磁盘（E:）"，在右侧窗口空白处右击，在弹出的快捷菜单中选择"新建"→"文件夹"命令，输入文件名 K123456，按【Enter】键确认。

（2）打开 K123456 文件夹，在右侧窗口空白处右击，在弹出的快捷菜单中选择"新建"→"文件夹"命令，输入文件名 XA1，按【Enter】键确认。重复以上步骤，建立 XA2 子文件夹。

图 4-1　资源管理器窗口

操作②

将 C:盘 nzy04\CGS 文件夹中的所有文件复制到 K123456 文件夹。

（1）打开 C:盘的 nzy04\CGS 文件夹，选定所有文件（单击第一个文件，然后按住【Shift】键，再单击最后一个文件），右击。

（2）在快捷菜单中单击"复制"命令。

（3）打开 E:\K123456 文件夹。

（4）右击 E:\K123456 文件夹空白处，在快捷菜单中单击"粘贴"命令。

操作③

将 K123456 文件夹中所有以 e 开头的文件复制到 XA1 文件夹中，所有文件扩展名为.bak 的文件移到 XA2 文件夹。

（1）打开 E:盘的 K123456 文件夹，选定以 e 开头的文件（按住【Ctrl】键，再单击各文件）。

（2）单击"编辑"→"复制"命令。

（3）打开 E:\K123456\XA1 文件夹。

（4）单击"编辑"→"粘贴"命令。

（5）在 E:盘的 K123456 文件夹窗口中，右击，单击"排列方式"→"类型"命令，得到扩展名为.bak 的文件连着排在一起。

（6）全部选中.bak 的文件，右击选中的文件，在弹出的快捷菜单中选择"复制"命令。

（7）打开 XA2 文件夹，在窗口的空白处右击，在弹出的快捷菜单中选择"粘贴"命令。

操作④

把 XA1 文件夹中的 exc.docx 文件的属性改为"只读"。

（1）打开 E:盘的 K123456\XA1 文件夹，选定 exc.docx 文件右击。

（2）在快捷菜单中单击"属性"命令，弹出属性对话框，如图 4-2 所示。

图 4-2　文件属性的设置

（3）选择"只读"复选框，单击"确定"按钮。

操作⑤

将 XA2 文件夹中的 fex.bak 文件改名为 Bey.txt。

（1）打开 E:盘的 K123456\XA2 文件夹，选择 fex.bak 文件并右击。

（2）在快捷菜单中单击"重命名"命令，输入文件名 Bey.txt。

（3）按【Enter】键确认。

操作⑥

运用"搜索"工具查找"剪切板查看器"的程序文件 mspaint.exe，并将其复制到 took 文件下。

（1）单击"开始"按钮，在"搜索框"输入 mspaint.exe，搜索程序 mspaint.exe，如图 4-3 所示。

（2）右击程序列表中找到的 mspaint.exe，选择"复制"命令。

（3）打开 took 文件夹，在右侧窗口中右击，选择"粘贴"命令即可。

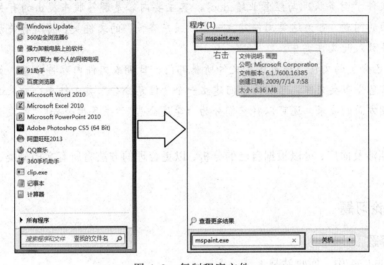

图 4-3　复制程序文件

操作⑦

在桌面上创建 XA1 文件夹的快捷方式，用于快速打开 XA1 文件夹，并将快捷方式命名为 XX。

（1）打开 E:\K123456 文件夹。

（2）右击 XA1 文件夹，在快捷菜单中单击"创建快捷方式"命令，如图 4-4 所示。

（3）单击创建好的快捷方式，按【Ctrl+X】组合键，在桌面上按【Ctrl+C】组合键，将快捷方式粘贴在桌面上。

（4）右击快捷方式，选择"重命名"命令，输入 XX 并按【Enter】键。

操作⑧

在 E:盘建立一个名为"公司电子文档"的文件夹，用来存放公司的各类文件。

（1）双击"计算机"图标，打开 E:盘，在右侧窗口空白处右击，选择"新建"→"文件夹"命令，输入"公司电子文档"，按【Enter】确认。

（2）在该文件夹中建立图 4-5 所示的文件夹的目录结构。

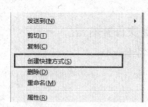
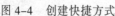

图 4-4　创建快捷方式

图 4-5　文件夹目录结构

（3）在"公司电子文档"文件夹下为公司的文档进行分类存放。

提示：公司文件分类方法。

① 根据文件名分类：有一些文件可以通过文件名确定其属于哪一类。如一些有关公司规章制度类的文件，可以为它们建立一个文件夹，将它们归为一类。

② 根据文件内容分类：不能从文件名上分类的文件，需要打开文件，根据文件内容来分类。如打开文件"财务状况与经营业绩.doc"，其主要内容是解答股东提出的有关财务状况与经营业绩方面的问题，可为这类文件建立一个"股东咨询"的文件夹，将所有关于解答股东问题的这类文件放入此文件夹中。

③ 对于已分类的文件，还可根据文件所属部门、日期或文件内容再分类。如一些公告类文件，都是信息公布类文件，可以为它们建立一个"信息公告"类文件夹。如果这些公告类文件都具有日期方面的要求，还可以将它们分为"季度公告""半年度公告""年度公告"和"最近公告"。

由于文档涉及面广，可以根据自己的分析，以更合理的方法将所有文档分类，最终目的都是方便查找。

七、理论习题

单项选择题

1. 在 Windows 中，回收站是（　　）。

    A. 内存中的一块区域　　　　　　　　B. 硬盘上的一块区域

    C. 软盘上的一块区域　　　　　　　　D. 高速缓存中的一块区域

2. 在 Windows 回收站中，可以存放（　　）。

    A. 硬盘上被删除的文件或文件夹

    B. 软盘上被删除的文件或文件夹

    C. 硬盘或软盘上被删除的文件或文件夹

    D. 所有外存储器中被删除的文件或文件夹

3. 在回收站窗口中，执行"清空回收站"命令后，（　　）。

    A. 回收站被清空，其中的文件或文件夹被恢复到删除时的位置，硬盘可用空间保持不变

    B. 回收站被清空，其中的文件或文件夹从硬盘清除，硬盘可用空间扩大

C. 回收站中的文件或文件夹仍保留，同时被恢复到删除时的位置，硬盘可用空间缩小

D. 回收站被清空，其中的文件或文件夹被恢复到用户指定的位置，硬盘可用空间保持不变

4. 下面是对回收站和剪贴板进行比较的叙述，错误的是（　　　　）。

A. 回收站和剪贴板都用于暂存信息，回收站可将信息长期保存，剪贴板则不能

B. 剪贴板所占的空间由系统控制，而回收站所占的空间可由用户设定

C. 回收站是硬盘中的一块区域，而剪贴板是内存中的一块区域

D. 回收站和剪贴板都用于文件内部或文件之间的信息交换

5. 用鼠标将文件图标拖到回收站图标上，（　　　　）。

A. 该文件被永久删除

B. 该文件被放到回收站，关闭系统时文件被彻底删除

C. 该文件被放到回收站，但可以恢复

D. 复制该文件到回收站

6. 在 Windows 中，当一个应用程序窗口被关闭后，该应用程序将（　　　　）。

A. 仅保留在内存中 　　　　　　　　　B. 同时保留在内存和外存中

C. 从外存中清除 　　　　　　　　　　D. 仅保留在外存中

7. 下面关于 Windows 窗口的描述，错误的是（　　　　）。

A. 窗口是 Windows 应用程序的用户界面

B. Windows 的桌面也是窗口

C. 用户可以改变窗口的大小并在屏幕上移动窗口位置

D. 窗口主要由边框、标题栏、菜单栏、工作区、状态栏、滚动条等组成

8. 在 Windows 中，双击窗口的标题栏，会（　　　　）。

A. 最大化/恢复窗口　　B. 最小化窗口　　C. 关闭窗口　　D. 移动窗口

9. 在 Windows 中，移动非最大化窗口的操作是（　　　　）。

A. 用鼠标拖动窗口的标题栏 　　　　　B. 用鼠标拖动窗口的边框

C. 使用"编辑"菜单中的"移动"命令 　D. 用鼠标拖动窗口的滚动条

10. 在窗口按【Alt + Space】组合键，可以（　　　　）。

A. 打开快捷菜单 　　　　　　　　　　B. 打开控制菜单

C. 关闭窗口 　　　　　　　　　　　　D. 以上答案都不对

11. 在"计算机"窗口中，要激活"文件"下拉菜单，应该按（　　　　）键。

A.【Alt + F】　　　　B.【Ctrl + F】　　　　C.【Shift + F】　　　　D.【F】

12. 在"计算机"窗口中，按（　　　　）键，弹出"编辑"下拉菜单。

A.【Alt + E】 　　　　　　　　　　　B.【Ctrl + E】

C.【Shift + E】 　　　　　　　　　　D.【Ctrl + Shift + E】

13. 图标是 Windows 的重要元素之一，下面对图标的描述错误的是（　　　　）。

A. 图标可以表示被组合在一起的多个程序

B. 图标既可以代表程序也可以代表文档

C. 图标可能是仍然在运行但窗口被最小化的程序

D. 图标只能代表某个应用程序

项目 ① Windows 7 操作系统及应用

14. 当一个应用程序窗口被最小化后，该应用程序（　　　）。

    A. 继续在前台运行   B. 终止运行

    C. 转入后台运行   D. 保持最小化前的状态

15. 在 Windows 中，执行以下操作后，会弹出对话框的是（　　　）。

    A. 选择了带省略号的菜单项   B. 选择了带向右三角形箭头的菜单项

    C. 选择了颜色暗淡的菜单项   D. 运行了应用程序

16. 在 Windows 中，下列关于对话框的叙述，错误的是（　　　）。

    A. 对话框是系统提供给用户进行人机对话的界面

    B. 对话框的位置可以移动，但大小不能改变

    C. 对话框的大小和位置都可以改变

    D. 对话框中可能出现滚动条

17. 在对话框中，可能会出现选择按钮，其中复选框的形状为（　　　）。

    A. 圆形，若被选择，中间加上圆点   B. 方形，若被选中，中间加上对勾

    C. 圆形，若被选中，中间加上对勾   D. 方形，若被选中，中间加上圆点

18. 下列关于 Windows 对话框的叙述，错误的是（　　　）。

    A. 对话框是用户选中菜单中带有…的命令后弹出的矩形框

    B. 对话框是由系统提供给用户输入信息或选择项内容的矩形框

    C. 可以改变对话框位置和大小

    D. 不含最小化和最大化按钮

19. 下列关于 Windows 对话框的叙述，错误的是（　　　）。

    A. 对话框中不可以有滚动条   B. 对话框中可以有文本框

    C. 对话框中没有最大化按钮   D. 对话框中有控制菜单

20. 下列对窗口滚动条的叙述，正确的是（　　　）。

    A. 每个窗口都有水平滚动条   B. 每个窗口都有水平和垂直滚动条

    C. 每个窗口都有垂直滚动条   D. 每个窗口都可能出现必要的滚动条

21. 设在 C 盘的 MYPROG 文件夹中有一个名为 ABC.DOC 的文档，打开该文档不可靠的操作是（　　　）。

    A. 选择"开始"菜单中的我最近的文档选项

    B. 用资源管理器找到该文档，然后双击它

    C. 用"计算机"找到该文档，然后双击它

    D. 通过在"开始"菜单打开 Word 窗口，然后在该窗口中用"文件"选项卡中的命令打开它

22. 在计算机系统中，通常所说的系统资源指的是（　　　）。

    A. 硬件   B. 软件   C. 数据   D. 以上三者都是

23. 在 Windows 中，文档指的是（　　　）。

    A. 计算机系统中的所有文件

    B. 由应用程序生成的文字、图形、声音等文件

    C. 文本文件

    D. 可执行的程序文件

24. 在 Windows 的"计算机"窗口中,要将选定的文件复制到 U 盘,错误的操作是( )。

    A. 右击选定的文件,在弹出的快捷菜单中选择"发送到"→"可移动硬盘"命令

    B. 按住【Ctrl】键,然后将选定的文件拖到 U 盘驱动器

    C. 按【Ctrl + X】组合键,选定 U 驱动器,然后按【Ctrl+V】组合键

    D. 用鼠标右键把选定的文件拖到目标文件夹上,然后松开右键,在弹出的快捷菜单中选择"复制到当前位置"命令

25. 在资源管理器中文件的显示方式是可以改变的,以下不属于文件显示方式的是( )。

    A. 大图标、小图标   B. 列表   C. 详细资料   D. 动画

26. 在 Windows 资源管理器右上角搜索栏中的默认搜索筛选器是( )。

    A. 修改日期、大小   B. 访问日期、大小

    C. 修改日期、关键字   D. 关键字、文件体积

27. 一个带有通配符的文件名 F*.?可以代表的文件是( )。

    A. F.com   B. FABC.txt   C. FA.c   D. FF.exe

实训五　　Windows 7 综合实训

一、实训目的

1. 熟练掌握文件或文件夹操作。
2. 掌握 WinRAR 压缩软件对文件或文件夹进行压缩或解压缩。
3. 熟练使用 Windows 的常用工具。

二、实训准备

1. 硬件:PC 一台。
2. 软件:Windows 7 操作系统。
3. C:盘有素材 nzy05 压缩文件。

三、实训概述

    Windows 的功能多,应用技巧灵活多样。重复训练对学生熟练 Windows 操作,提高 Windows 操作能力是最好的办法。通过综合实训,以提高学生应用 Windows 的综合能力。

四、实训内容

1. 使用 WinRAR 压缩和解压缩文件。
（1）把 C:盘中的 nzy05.rar 压缩包解压到 C:\nzy05 文件夹中。
（2）把解压出来的 nzy05 文件复制到 E:盘。
（3）把 E:\nzy05 文件夹中的 xs 文件夹压缩成一个压缩包,取名 lx.rar。
2. Windows 综合练习。
（1）在 E 盘中新建一个 AA 文件夹。

（2）搜索 E:\nzy05 中所有以 p 开头的 jpg 图像文件，要求文件大小 10～100 KB，并按照从大到小排列，将文件大小最小的 5 个文件复制到 AA 文件夹中。

（3）按【F2】键，把 AA 文件夹中所有的 jpg 文件依次命名为 pic.jpg、pic(l).jpg、pic(2).jpg、pic(3).jpg、pic(4).jpg。

（4）打开"个性化"窗口，设置屏幕保护程序为"彩带"，等待时间为 12 分钟。窗口颜色为红色，外观色彩方案设为"橄榄绿"。通过【Print Screen】键复制到剪贴板，再粘贴到 E:\AA\ITR.docx 文档末尾并保存。

（5）为 AA 文件夹中的系统配置程序 msconfig.exe 创建一个快捷方式图标到桌面上，命名为"系统配置"，并将"系统配置"快捷图标复制一份到 AA 文件夹中。

（6）在 AA 文件夹中的"系统配置"图标上右击，在快捷菜单中单击"属性"命令，在弹出的对话框中选择"快捷方式"选项卡，单击"更改图标"按钮，更改为其他任意一个图标图形。

3. 在 E:盘创建 ABC 文件夹，在文件夹中创建一个文件名为 IP.txt 的文本文件，其内容为"本机 IP 地址是：10.0.35.55"。

4. 将其窗口调整至屏幕的 1/4 大小，用屏幕拷贝命令将桌面图像复制到"画图"程序中，并以"学号"为文件名，保存在自己文件夹中。

5. 用"写字板"程序创建一个名为 Exercise0301.rtf 的文件，将上述拷贝的屏幕图像粘贴为该文件的内容，保存在自己的文件夹中。

6. 创建一个运行"计算器"的桌面快捷方式。

五、实训步骤

操作①

使用 WinRAR 压缩和解压缩文件。

（1）在 C:\nzy05.rar 压缩包上右击，在快捷菜单中单击"解压到 nzy05\（E）"命令，得到 nzy05 文件夹；把 nzy05 文件夹复制到 E:盘中。

（2）在 E:\nzy05 文件夹中的 xs 文件夹上右击，在快捷菜单中单击"添加到 xs.rar（T）"命令，得到 xs.rar 压缩文件。

操作②

Windows 综合练习。

操作步骤略。

操作③

在 E:盘创建 ABC 文件夹，在文件夹中创建一个文件名为 IP.txt 的文本文件，其内容为"本机 IP 地址是：10.0.35.55"。

（1）在 E:盘空白处右击，单击"新建"→"文件夹"命令，输入 ABC，按【Enter】键确认。

（2）双击 ABC 文件夹，在右侧窗口空白处右击，在快捷菜单中单击"新建"→"文本文档"命令，输入文件名 IP.txt，按【Enter】键确认。

（3）双击 IP.txt 文件，打开 IP.txt 文件，按【Ctrl+Shift】组合键选择汉字输入法，输入"本机 IP 地址是：10.0.35.55"，单击"文件"→"保存"命令保存文件。

（4）关闭 IP.txt 文件窗口。

操作④

将窗口调整至屏幕的 1/4 大小，用屏幕拷贝命令将桌面以图像形式复制到画图软件上，并以"学号"为文件名，保存在自己的文件夹中。

（1）双击"计算机"图标，通过"计算机"窗口打开自己的文件夹，在文件夹窗口右上角单击"向下还原"按钮，把鼠标指针移到左边框或下边框上，当鼠标指针变成双箭头时，调整窗口的大小到屏幕的 1/4 大小，按【Print Screen】键。

（2）单击"开始"→"所有程序"→"附件"→"画图"命令，即可打开"画图"程序，单击工具栏上的"粘贴"按钮，桌面以图像形式粘贴到"画图"程序中。

（3）单击"保存"按钮，在弹出的对话框中选择保存路径。

（4）在"文件名"文本框中输入"学号"，单击"保存"按钮，关闭"画图"程序。

操作⑤

用"写字板"程序创建一个名为 Exercise0301.rtf 的文件，拷贝屏幕图像粘贴为该文件的内容并保存到自己的文件夹中。

（1）单击"开始"→"所有程序"→"附件"→"写字板"命令，即可打开"写字板"程序。

（2）按【Print Screen】键。

（3）单击"剪贴板"组中的"粘贴"按钮，图片即出现在写字板的编辑区，如图 5-1 所示。

（4）单击"写字板"窗口左上角快速访问工具栏上的"保存"按钮，弹出"保存为"对话框。

（5）选择保存位置，在"文件名"文本框中输入 Exercise0301，保存类型默认，如图 5-2 所示。

（6）关闭"写字板"窗口。

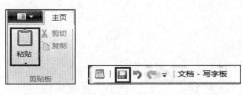

图 5-1 "剪贴板"组及快速访问工具栏

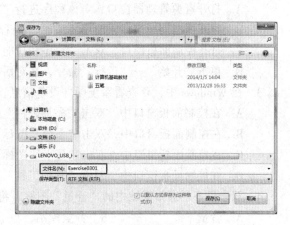

图 5-2 "保存为"对话框

操作⑥

创建一个运行"计算器"的桌面快捷方式。

操作步骤略。

六、课后实训

隐藏已知文件类型的扩展名。"文件夹选项"对话框是系统提供给用户设置文件夹的常规及显示方面的属性，设置关联文件的打开方式及脱机文件等的窗口：

（1）单击"开始"→"控制面板"命令，打开"控制面板"窗口，如图 5-3 所示。

（2）双击"文件夹选项"图标，即可打开"文件夹选项"对话框。

（3）选择"查看"选项卡，移动滚动条，勾选"隐藏已知文件类型的扩展名"复选框。

图 5-3　隐藏已知文件类型的扩展名

七、理论习题

单项选择题（一）

1. 在 Windows 中，用于对系统进行设置和控制的程序组是（　　）。

    A. 回收站　　　　　　B. 资源管理器　　　　C. 计算机　　　　　　D. 控制面板

2. 在 Windows 中，要删除一个应用程序，正确的操作应该是（　　）。

    A. 打开资源管理器窗口，对该程序进行"剪切"操作

    B. 打开控制面板窗口，使用"添加/删除程序"程序

    C. 打开控制面板窗口，双击"程序和功能"图标，选择程序，单击"卸载"按钮

    D. 单击"开始"→"运行"命令，在对话框中输入 Delete

3. 在 Windows 中，要查看系统硬件设备信息，则（　　）。

    A. 在控制面板窗口中，双击"添加硬件"图标

    B. 在控制面板窗口中，双击"系统"图标

    C. 在控制面板窗口中，双击"显卡"图标

    D. 在控制面板窗口中，双击"管理工具"图标

4. 双击任务栏通知区域中的"音量"图标，将弹出（　　）对话框。

    A. 音量　　　　　　　B. 音量控制　　　　　C. 声音　　　　　　　D. 音频属性

5. 使用"录音机"程序可以录制、播放和编辑（　　）。

    A. WAV 文件　　　　B. cda 文件　　　　　C. mid 文件　　　　　D. asf 文件

6. 在带有打印机的计算机系统中，启动 Windows 时，报告发现新硬件，这是因为（   ）。

    A. 打印机没有注册   B. 没有安装打印机驱动程序

    C. 打印机的数据线没有连接好   D. 打印机的电源没有连通

7. 中文输入法的安装，应按以下（   ）进行。

    A. "开始"→"控制面板"→"区域和语言"→"键盘和语言"→"安装和卸载"的顺序

    B. "开始"→"控制面板"→"输入法"→"添加"的顺序

    C. "开始"→"控制面板"→"系统"的顺序

    D. "开始"→"控制面板"→"添加/删除程序"的顺序

8. 在 Windows 中，下面（   ）操作任务不能在"控制面板"中进行。

    A. 创建快捷方式   B. 添加新硬件

    C. 调整鼠标设置   D. 进行网络设置

9. Windows 的控制面板中有（   ）图标。

    A. 用户账户   B. 画图   C. CD 播放机   D. 记事本

10. 在 Windows 中，下列不属于附件的是（   ）。

    A. 计算器   B. 记事本   C. 网上邻居   D. 画图

11. 在 Windows 中，要改变屏幕保护程序的设置，可先双击"控制面板"窗口中的（   ）图标。

    A. 多媒体   B. 个性化   C. 键盘   D. 系统

12. 在 Windows 7 的"控制面板"的"系统"选项中，不能实现的是（   ）。

    A. 更改计算机名   B. 检查系统资源信息

    C. 检查操作系统的版本   D. 设置显示分辨率

单项选择题（二）

1. Windows 7 发行的多个版本中不包括（   ）版本。

    A. Windows 7 fina 1   B. Windows 7 Home Premium

    C. Windows 7 Home Basic   D. Windows 7 Ultimate

2. 在 Windows 7 的各个版本中，支持的功能最少的是（   ）。

    A. 家庭普通版   B. 家庭高级版

    C. 专业版 旗舰版   D. 旗舰版

3. 在 Windows 7 操作系统中，显示桌面的快捷键是（   ）。

    A.【Win+D】   B.【Win+P】   C.【Win+Tab】   D.【Alt+ab】

4. 在 Windows 7 中不可以完成窗口切换的方法是（   ）。

    A.【Alt+Tab】   B.【Win+Tab】

    C. 单击要切换窗口的任何可见部位   D. 单击任务栏上要切换的应用程序按钮

5. 下列不属于 Windows 7 控制面板中的设置项目的是（   ）。

    A. Windows Update   B. 开始

    C. 恢复   D. 网络和共享中心

6. 文件的类型可以根据（   ）来识别。

    A. 文件的大小   B. 文件的用途

    C. 文件的扩展名   D. 文件的存放位置

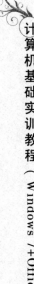
7. 在 Windows 7 中个性化设置不包括（　　　）。

    A. 主题　　　　　　　　B. 桌面动画　　　　　　C. 窗口颜色　　　　　D. 声音

8. 在 Windows 7 操作系统中，将打开窗口拖到屏幕顶端，窗口会（　　　）。

    A. 关闭　　　　　　　　B. 消失　　　　　　　　C. 最大化　　　　　　D. 最小化

9. 在 Windows 7 操作系统中，不属于默认库的有（　　　）。

    A. 文档　　　　　　　　B. 音乐　　　　　　　　C. 图片　　　　　　　D. 动画

10. 在 Windows 中，关于磁盘"文件"的完整说法应该是（　　　）。

    A. 一组相关命令的集合　　　　　　　　　　B. 一组相关文档的集合

    C. 一组相关程序的集合　　　　　　　　　　D. 一组相关信息的集合

11. 磁盘文件内容不可以是（　　　）。

    A. 一段文字　　　　　B. 整个显示器　　　C. 一张图片　　　　D. 一个程序

项目二

→ Word 2010 的使用

实训六　Word 2010 基本操作

一、实训目的

1. 熟练掌握 Word 的启动与退出的方法。

2. 了解 Word 的工作环境，认识 Word 2010 的窗口组成，以及工具栏上各种工具的名称和作用。

3. 掌握创建新文档与打开旧文档、保存文档与关闭文档的操作方法。

4. 掌握文档的不同显示方式、多文档切换的方法。

5. 了解 Word 2010 的新增功能。

二、实训准备

1. 硬件：PC 一台。

2. 软件：Windows 7、Microsoft Office 2010。

三、实训概述

Word 办公软件在现代公司、企事业单位等的办公中经常使用。本实训从认识 Word 的操作界面开始，训练学生逐步掌握创建新文档、保存新文档、文本输入等基本操作。

四、实训内容

1. 启动 Word 2010，认识窗口组成。

2. 进入文本编辑状态，输入以下文本内容：

　　　　瑶族是中国南方的一个山地民族，隋唐以来就生活在五岭山区，有"五岭无山不有瑶"之称。瑶族的支系较多，有盘瑶、过山瑶、顶板瑶、花篮瑶、白裤瑶、蓝靛瑶、红瑶、八排瑶等称谓。新中国成立后，统称为瑶族。

3. 以 WSX6+学号.docx 为文件名保存在自己的文件夹中，并关闭该文档。

4. 打开所建立的 WSX6+学号.docx 文件，在文本的最前面插入一段标题文字"瑶族"。

5. 将文档视图分别切换成普通视图、大纲视图、Web 版式视图或页面视图，并观察有何不同。

6. 新建一个名为 WSX6+学号的文件夹。

7．将 WSX6+学号.docx 文件以同名文件另存到 WSX6+学号文件夹中。

8．以"瑶族"为名，将 WSX6+学号.docx 文件另存到 WSX6+学号文件夹中。

五、实训步骤

启动 Word 2010，认识窗口组成。

（1）单击"开始"→"所有程序"→"Microsoft Office" →"Microsoft Word 2010"，启动 Word 2010，如图 6-1 所示。

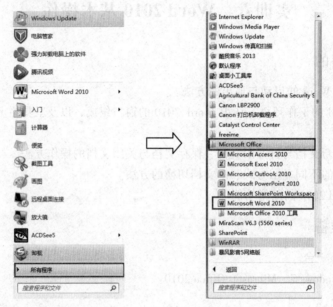

图 6-1　启动 Word 2010

（2）Word 2010 的窗口组成如图 6-2 所示。

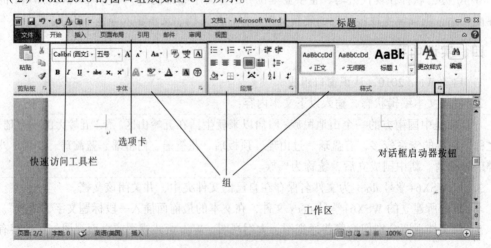

图 6-2　Word 2010 窗口

操作②

进入文本编辑状态，输入以下文本内容：

瑶族是中国南方的一个山地民族，隋唐以来就生活在五岭山区，有"五岭无山不有瑶"之称。瑶族的支系较多，有盘瑶、过山瑶、顶板瑶、花篮瑶、白裤瑶、蓝靛瑶、红瑶、八排瑶等称谓。新中国成立后，统称为瑶族。

注意：创建新文档的操作。

在空白文档中的插入点输入相关内容。如果在 Word 运行过程中，还需创建另外一个或多个新文档，则可以用下列操作方法：

① 按【Ctrl+N】组合键。

② 单击"文件"选项卡中的"新建"按钮，此时屏幕出现"可用模板"界面，如图 6-3 所示。选择"空白文档"，单击"创建"按钮，即可创建一个空白的新文档。

图 6-3 "可用模板"界面

操作③

以 WSX6+学号.docx 为文件名保存在自己的文件夹中，并关闭该文档。

（1）单击"文件"选项卡中的"保存"按钮，弹出"另存为"对话框，如图 6-4 所示。

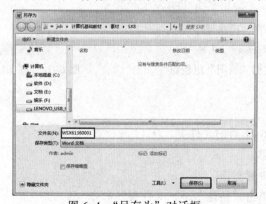

图 6-4 "另存为"对话框

（2）选择需要保存驱动器及文件夹。在"文件名"文本框中输入文件名"WSX6+学号"，单击"保存"按钮。

（3）单击"文件"选项卡中的"关闭"按钮，关闭当前文档。

操作④

打开所建立的 WSX6+学号.docx 文件，在文本的最前面插入一段标题文字"瑶族"。

（1）启动 Word 2010。

（2）单击"文件"选项卡中的"打开"按钮，弹出"打开"对话框，如图 6-5 所示。

图 6-5 "打开"对话框

（3）选择要打开文档的驱动器和文件夹。

（4）在列表框中选择所需的文档 WSX6+学号.docx，单击"打开"按钮。

（5）将光标定位在文本最首位置，输入标题文字。

（6）按【Enter】键，产生段落。

操作⑤

将文档视图分别切换成普通视图、大纲视图、Web 版式视图或页面视图，并观察有何不同。

各种视图的切换可在"视图"选项卡中单击相应的按钮实现（见图 6-6），也可以通过单击文档窗口右下方"视图切换区"中的按钮来实现（见图 6-7）。

图 6-6 文档"视图"组按钮

图 6-7 "视图切换区"按钮

操作⑥

新建一个名为 WSX6+学号的文件夹。

（1）打开 D 盘驱动器。

（2）在窗口内空白位置右击。

（3）在快捷菜单中单击"新建"→"文件夹"命令。

（4）输入文件夹名称 WSX6+学号。

（5）按【Enter】键。

操作⑦

将 WSX6+学号.docx 文件以同名文件另存到 WSX6+学号文件夹中。

（1）打开 WSX6+学号.docx 文档，单击"文件"选项卡中的"另存为"按钮。

（2）在弹出的对话框中选择驱动器及 WSX6+学号文件夹。

（3）单击"保存"按钮。

操作⑧

以"瑶族"为名，将 WSX6+学号.docx 文件另存到 WSX6+学号文件夹中。

（1）打开 WSX6+学号.docx 文档，单击"文件"选项卡中的"另存为"按钮。

（2）在弹出的对话框中选择 D 盘驱动器 WSX6+学号文件夹，输入文件名"瑶族"。

（3）单击"保存"按钮。

六、课后实训

（一）创建一份请示文件。

1. 新建一个文档，将此文档保存到 WSX6+学号文件夹中，并命名为 WSX6-KH-1.docx，文件类型为 Word 类型，输入以下文本内容，然后保存并关闭此文档：

> ××公司关于组成考察小组出国考察的请示
>
> ××总公司：
>
> 我公司正处在发展的关键时刻，为了革新产品，适应世界市场的需要，开拓销售渠道，我公司拟派经理朱××、副经理林××、工程师张××和王××、供销科长胡××等五人组成考察小组，前往欧洲德、法、意等国进行为期 15 天的考察，初拟时间为七月中下旬，经费由我公司自行解决。
>
> 当否，请批示。
>
> ××公司
>
> 二〇一四年一月十日

2. 打开文档。运行 Word 2010，单击"文件"选项卡中的"打开"按钮，弹出"打开"对话框，在 WSX6+学号文件夹中选择 Word 文档 WSX6-KH-1.docx，单击"打开"按钮，即可看到刚才保存的 WSX6-KH-1.docx 文档。

3. 将文档以"WSX6-KH-2.docx"为名进行保存，然后关闭文档，再将文档打开。

4. 关闭所有的文档窗口，退出 Word 2010。

（二）创建一份个人简历。

建立一个 Word 文档，在文档中输入一份 200 字的个人简历，以"××个人简历.docx"为名保存，并完成以下要求：

1. 单击"文件"选项卡中的"选项"按钮，弹出"Word 选项"对话框，选择"保存"选项，设置 Word 文档自动保存时间间隔为 5 分钟。

2. 单击"文件"选项卡中的"信息"按钮，在"保护文档"下拉按钮中单击"用密码进行加密"按钮，弹出"加密文档"对话框，设置修改文件时的密码为"123"。

3. 单击"审阅"选项卡"校对"组中的"字数统计"按钮，自动统计文档的字数，并将字数输入文档末尾位置。

七、理论习题

（一）填空题

1. 单击_____→_____→_____→_____命令即可打开 Word 2010 程序。

2. Word 2010 的"开始"选项卡中包括_____、_____、_____、_____和_____ 5 个组。

3. Word 2010 的"插入"选项卡中包括_____、_____、_____、_____、_____和_____ 7 个组。

4. 在 Word 2010 中，_____视图方式可以显示页眉页脚；_____视图方式适合在文字录入阶段使用，并且当输入的内容多于一页时，系统自动添加虚线表示分页符。

5. 利用_____可以设置段落缩进、调整版面栏宽以及表格的行高和列宽，还可以调整页面边距。

（二）单项选择题

1. 我国国家标准 GB2312 规定用（   ）位 0、1 代码串表示 1 个字符。
   A. 8　　　　　　B. 16　　　　　　C. 4　　　　　　D. 7

2. 输入汉字时，计算机的输入法软件按照（   ）将输入编码转换成机内码。
   A. 字形码　　　B. 国标码　　　C. 区位码　　　D. 输入码

3. 计算机存储和处理文档的汉字时，使用的是（   ）。
   A. 字形码　　　B. 国标码　　　C. 机内码　　　D. 输入码

4. 在汉字字模库中，24×24 点阵字形码用（   ）个字节存储一个汉字。
   A. 48　　　　　B. 32　　　　　C. 64　　　　　D. 72

5. 启动 Word 后，系统为新文档的命名应该是（   ）。
   A. 系统自动以用户输入的前 8 个字符作为文件名
   B. 自动命名为*.docx
   C. 自动命名为"文档 1"或"文档 2"等
   D. 没有文件名

6. 在 Word 主窗口的右上角，有可能同时显示的按钮是（   ）。
   A. 最小化、还原和最大化　　　　　B. 还原、最大化和还原
   C. 最小化、还原和关闭　　　　　　D. 还原和最大化

7. 在 Word 编辑状态，可以同时显示水平标尺和垂直标尺的视图方式是（   ）。
   A. 普通视图　　B. 页面视图　　C. 大纲视图　　D. Web 版式视图

8. 对已有的文档进行编辑修改后，执行"文件"选项卡中的（   ）按钮即可保留修改前文档，又可得到修改后的文档。
   A. "保存"　　　B. "关闭"　　　C. "另存为"　　　D. "全部保存"

9. 在 Word 的编辑状态下打开一个文档，且对文档做了修改，执行"关闭"文档操作后，
（　　）。

    A. 文档被关闭，并自动保存修改后的内容

    B. 文档不能关闭，并提示出错

    C. 文档被关闭，修改后的内容不能保存

    D. 弹出对话框，并询问是否保存对文档的修改

10. 在 Word 2010 中输入文字到达行尾而不是一段结束时，换行（　　）。

    A. 不要按【Enter】键   B. 必须按【Enter】键

    C. 必须按【Space】键   D. 必须按【Shift】键

实训七　Word 2010 文本编辑

一、实训目的

1. 掌握特殊文本的输入。

2. 掌握文本的选定。

3. 掌握文本的复制、移动、删除、撤销等操作。

4. 掌握文本的查找与替换。

二、实训准备

1. 硬件：PC 一台。

2. 软件：Windows 7、Microsoft Office 2010。

三、实训概述

使用 Word 文档编辑文本，经常需要对某一部分文本进行处理，常常涉及文本块的选择、复制、移动、删除等，或者是对相同字符串进行修改。

通过本实训应掌握文本的选定、复制、移动、删除、撤销等基本操作，同时掌握特殊符号的插入方法，以及相同字符串的内容修改和格式修改方法。

四、实训内容

1. 打开 Word 文档 WSC-7-1.docx 后，以 WSX7+学号.docx 为名将文件另存到"WSX7+学号"的文件夹中。

2. 在文本第 1 段、第 2 段段首分别插入特殊符号。

3. 打开 Word 文档 WSC-7-2.docx，将该文档中的文字内容复制到 WSX7+学号.docx 文本最末尾处。

4. 利用剪切法将文档 WSX7+学号.docx 中的第 6 段"4、表格绘制与美化"与第 7 段"3、图形与图表制作"互换位置。

5. 将文档 WSX7+学号.docx 中的"6、丰富的多媒体"修改为"6、预定模板和图样"。

6. 将文档 WSX7+学号.docx 中的"2、专业的排版功能"删除。

7. 撤销第 6 步中的删除操作。

8. 将 WSX7+学号.docx 文本中所有的"文本处理"替换为"文字处理"，所有的"计算机"设置为红色、加粗。

9. 保存文档。

操作结果如图 7-1 所示。

※文字处理软件的使用
在计算机的各种应用技术中，计算机文字处理是应用最广泛的一种。计算机文字处理技术是指利用计算机对文字资料进行录入、编辑、排版、文档管理的一种先进技术。有许多应用软件实现计算机文字处理，比如 Windows 的记事本、写字板、Microsoft Office 办公套装软件中的 Word 以及国产文字处理软件 WPS 等。
Word 是微软公司的 Microsoft Office 套装组件中的一员，与 Office 系列的其他组件具有良好的协调性。其特点如下：
1、强大的文档处理
2、专业的排版功能
3、图形与图表制作
4、表格绘制与美化
5、邮件合并打印
6、预定模板和样图

图 7-1　实训结果

五、实训步骤

A 操作①

打开 Word 文档 WSC-7-1.docx 后，以 WSX7+学号.docx 为名将文件另存到 WSX7+学号的文件夹中。

（1）找到 Word 文档 WSC-7-1.docx，双击打开。

（2）在 WSC-7-1.docx 文档窗口单击"文件"选项卡中的"另存为"按钮。

（3）在弹出的对话框中选择 WSX7+学号文件夹。

（4）在"文件名"文本框中输入文件名 WSX7+学号。

（5）单击"保存"按钮。

A 操作②

在文本第 1 段、第 2 段段首分别插入特殊符号。

（1）将光标定位在第一段段首。

（2）单击"插入"选项卡"符号"组中的"符号"下拉按钮，单击"其他符号"按钮，弹出"符号"对话框。

（3）单击"字体"列表框，选择"普通文本"。

（4）单击"子集"列表框，选择"广义标点"。

（5）在符号列表中找到"※"，双击该符号。

（6）将光标定位在第二段段首，按如上方法插入符号。

结果如图 7-2 所示。

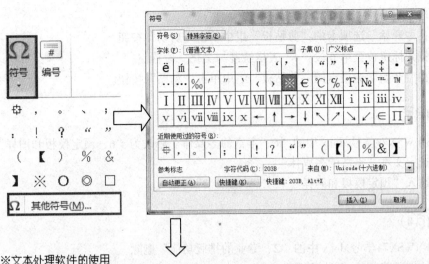

※文本处理软件的使用

在计算机的各种应用技术中，计算机文本处理是应用最广泛的一种。计算机文本处理技术是指利用计算机对文字资料进行录入、编辑、排版、文档管理的一种先进技术。有许多应用软件实现计算机文本处理，比如 Windows 的记事本、写字板、Microsoft Office 办公套装软件中的 Word 以及国产文本处理软件 WPS 等。

图 7-2　插入特殊符号

操作③

打开 Word 文档 WSC-7-2.docx，将该文档中的文字内容复制到 WSX7+学号.docx 文本最末尾处。

（1）找到 Word 文档 WSC-7-2.docx，双击打开。

（2）在"开始"选项卡的"编辑"组中，单击"选择"按钮，在下拉列表框中单击"全选"按钮。

（3）在"开始"选项卡的"剪贴板"组中单击"复制"按钮。

（4）切换至 WSX7+学号.docx 文档窗口。

（5）将光标定位至 WSX7+学号.docx 文本最末尾处。

（6）在"开始"选项卡的"剪贴板"组中单击"粘贴"按钮，如图 7-3 所示。

图 7-3　选择及剪贴板的操作

操作④

利用剪切法将文档 WSX7+学号.docx 中的第 7 段"4、表格绘制与美化"与第 6 段"3、图形与图表制作"互换位置。

（1）选定第 7 段 "3、图形与图表制作"。

（2）在 "开始" 选项卡的 "剪贴板" 组中单击 "剪切" 按钮。

（3）将光标定位至第 6 段 "4、表格绘制与美化" 段首。

（4）在 "开始" 选项卡的 "剪贴板" 组中单击 "粘贴" 按钮。

操作⑤

将文档 WSX7+学号.docx 中的 "6、丰富的多媒体" 修改为 "6、预定模板和图样"。

（1）选定文本 "丰富的多媒体"。

（2）输入 "预定模板和图样"。

操作⑥

将文档 WSX7+学号.docx 中的 "2、专业的排版功能" 删除。

（1）选定段落 "2、专业的排版功能"。

（2）按【Del】键。

操作⑦

撤销操作 6 中的删除操作。

单击快速访问工具栏中的 "撤销" 按钮，如图 7-4 所示。

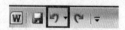

图 7-4　单击 "撤销" 按钮

操作⑧

将 WSX7+学号.docx 文本中所有的 "文本处理" 替换为 "文字处理"，所有的 "计算机" 设置为红色、加粗。

（1）将光标定位至文本最首位置。

（2）在 "开始" 选项卡的 "编辑" 组中单击 "替换" 按钮，弹出 "查找和替换" 对话框，如图 7-5 所示。

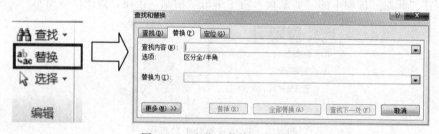

图 7-5　"查找和替换" 对话框

（3）选择 "替换" 选项卡，在 "查找内容" 文本框中输入要查找的文字 "文本处理"，在 "替换为" 文本框中输入替换文字 "文字处理"，如图 7-6 所示。

（4）单击 "全部替换" 按钮，单击 "关闭" 按钮。

（5）将光标定位至文本最首位置。

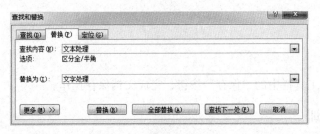

图 7-6 "替换"选项卡

（6）在"开始"选项卡的"编辑"组中单击"替换"按钮，弹出"查找和替换"对话框。

（7）在"查找内容"和"替换为"文本框中均输入"计算机"，单击"更多"按钮，如图 7-7（a）所示。

（8）将光标定位在"替换为"文本框中，单击"格式"下拉列表框中的"字体"按钮，如图 7-7（b）所示。

（9）弹出"替换字体"对话框，选择"字形"列表框中的"加粗"，单击"字体颜色"下拉列表框中的"红色"，单击"确定"按钮，如图 7-7（c）所示。

（10）单击"全部替换"按钮，单击"关闭"按钮，如图 7-7（d）所示。

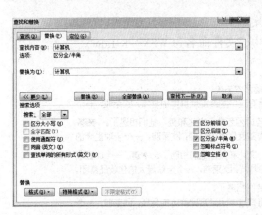

（a）

（b）

（c）

（d）

图 7-7 替换的操作过程

（A）操作⑨

保存文档。

单击快速访问工具栏中的"保存"按钮，完成文档保存操作。

六、课后实训

1. 在 Word 文档区中输入以下内容：

相遇平遥，传播艺术与美

平遥，一个山西省内的神秘古县城，曾经拥有过中国最富庶群体的县城；欧莱雅，一个全球最大的化妆品集团。这两个似乎不相干的名词因艺术、文化和美，他们相遇了。

2. 进行如下选定操作：选词、选一行、选一段、选全文、选某个区域。

3. 将正文第一段复制到文档的末尾，复制四次，并将正文前三段合并为一段，后两段合并为一段落。

4. 利用查找和替换功能，将正文中所有的"平遥"二字加粗倾斜，即改为"*平遥*"。将文档中的"县城"设为红色并加着重号，即改为"县城"。

5. 将文档中的最后一段删除，然后撤消删除。

6. 将文档另存到"WSX7+学号"的文件夹中，文件命名为 WSX7-KH.docx。

课后实训如图 7-8 所示。

相遇平遥，传播艺术与美

平遥，一个山西省内的神秘古县城，曾经拥有过中国最富庶群体的县城；欧莱雅，一个全球最大的化妆品集团。这两个似乎不相干的名词因艺术、文化和美，他们相遇了。*平遥*，一个山西省内的神秘古县城，曾经拥有过中国最富庶群体的县城；欧莱雅，一个全球最大的化妆品集团。这两个似乎不相干的名词因艺术、文化和美，他们相遇了。*平遥*，一个山西省内的神秘古县城，曾经拥有过中国最富庶群体的县城；欧莱雅，一个全球最大的化妆品集团。这两个似乎不相干的名词因艺术、文化和美，他们相遇了。

平遥，一个山西省内的神秘古县城，曾经拥有过中国最富庶群体的县城；欧莱雅，一个全球最大的化妆品集团。这两个似乎不相干的名词因艺术、文化和美，他们相遇了。*平遥*，一个山西省内的神秘古县城，曾经拥有过中国最富庶群体的县城；欧莱雅，一个全球最大的化妆品集团。这两个似乎不相干的名词因艺术、文化和美，他们相遇了。

图 7-8 课后实训操作结果

七、理论习题

（一）填空题

1. 全选的快捷键为_____，复制的快捷键为_____，粘贴的快捷键为_____，剪切的快捷键为_____。

2. 在删除文本时，按_____键可以删除光标左侧的字符，按_____键可以删除光标右侧的字符。

3. 输入文字时，首先需要确定_____的位置。

4. 在 Word 2010 编辑状态，要把某一段落分成两个段落，应进行的操作是将_____放到分段处，按_____键。

5. 在文档窗口最左边有一个未标记的空白栏，称为_____。当鼠标指针移动到该区域，指向某一段落后鼠标指标变为斜向箭头，此时_____即可选定该段落。

（二）单项选择题

1. 打开 Word 文档一般是指（   ）。

    A. 把文档的内容从内存中读入，并显示出来

    B. 为指定文件开设一个新的、空的文档窗口

    C. 把文档的内容从磁盘调入内存，并显示出来

    D. 显示并打印出指定文档的内容

2. 在 Word 文档中，每一个段落都有自己的段落标记，段落标记位于（   ）。

    A. 段落的首部   B. 段落的结尾处

    C. 段落的中间位置   D. 段落中，但用户看不到

3. 以下选定文本的方法，正确的是（   ）。

    A. 把鼠标指针置于目标开始处，按住鼠标左键拖到文本结束处

    B. 把鼠标指针放在目标处，双击

    C. 移动鼠标指针到文本选定区，双击即可选定整个文档

    D. 按住【Alt】键的同时，单击该句的任意位置即可选定一句

4. 选定文本块并执行"清除"命令，被删除的内容不被放置到剪贴板，故不能进行（   ）操作来实现文本块的移动。

    A. 复制   B. 剪切   C. 插入   D. 粘贴

5. 如果误用"清除"命令删除了不该删除的内容，应立即执行（   ）命令，将误删的内容恢复过来。

    A. 取消   B. 清除   C. 撤销   D. 恢复

6. 在 Word 2010 中，进行复制或移动操作的第一步必须是（   ）。

    A. 单击"剪切"或"复制"按钮   B. 选择要操作的对象

    C. 将插入点放在要操作的对象处   D. 将插入点放在要操作的目标处

7. 选择文本后，如果要删除这部分文本，可按（   ）。

    A.【Del】   B.【Space】   C.【Backspace】   D. 以上都对

8. 单击"开始"选项卡"编辑"组中的"替换"按钮，若在弹出的对话框中指定了"查找内容"，但在"替换为"文本框中未输入任何内容，此时单击"全部替换"按钮，将（   ）。

    A. 只做查找不做任何替换

    B. 每查到一个，就询问"替换为什么？"

    C. 将所查到的内容全部替换为空格

    D. 将所查到的内容全部删除

9. 若想设置部分位于文档中多次出现的某个单词的格式时，最好的方法是使用（   ）操作。

    A. 格式刷   B. "查找和替换"对话框

    C. "字体"对话框   D. 格式工具栏

10. 在执行"查找"命令查找"Win"时，要使"Windows"不被查到，应选中（   ）。

    A. 区分大小写   B. 区分全半角   C. 全字匹配   D. 模式匹配

实训八　Word 2010 文本格式化

一、实训目的

1. 掌握字符、段落的格式化方法。
2. 掌握对文档进行页面排版与设置的方法。
3. 掌握格式刷的使用。
4. 掌握项目符号和编号的设置方法。

二、实训准备

1. 硬件：PC 一台。
2. 软件：Windows 7、Microsoft Office 2010。

三、实训概述

文本排版的目的是设置文本的格式和布局，使文档看起来美观、大方。字符格式化是对选定字符的属性进行设置或调整，段落格式化是指对段落属性的设置和调整。通过设置相关属性值，使文档的版面布局更加均匀。

打开已经建立的"苗族"文稿，设置文稿的打印纸张和页边距，给文稿的标题设置字体、字号，并设置正文各段落的格式，给特定段落分栏、加底纹，添加首字下沉等效果。

四、实训内容

1. 打开 Word 文档 WSC-8-1.docx，以 WSX8+学号 1.docx 为名将文件另存到 WSX8+学号的文件夹中。

2. 将文档页面格式设置为上、下边距各为 4 cm，左、右边距各为 3.3 cm，纸张大小为 A4。

3. 插入"边线型"页眉，在页眉标题处输入"少数民族"，对齐方式为左对齐，在左侧插入页码"第 1 页"。

4. 将标题文字"苗族"设置为隶书、二号、红色、倾斜、居中。

5. 将第 1 段的第 1 句文本"苗族是我国南方少数民族之一，广泛分布在贵州、云南、湖南、广西、四川、海南、湖北等地。"的字体设置为楷体_GB2312、小四、加粗、加红色下画线；将第 1 段的最后一句文本"过去曾有很多自称和他称"的字体设置为方正舒体、四号、加粗、加着重号。

6. 将正文各段落首行缩进 2 个字符，行距设置为"固定值：20 磅"，将第 1 段的段后间距设置 0.5 行，最后一段的段前间距设置为 0.5 行。

7. 将第 2 段设置为两栏式。

8. 将第 1 段设置为首字下沉，下沉行数 2 行。

9. 将最后一段加上浅绿色底纹。

10. 打印预览与打印文档。

11. 保存文档。实训结果如图 8-1 所示。

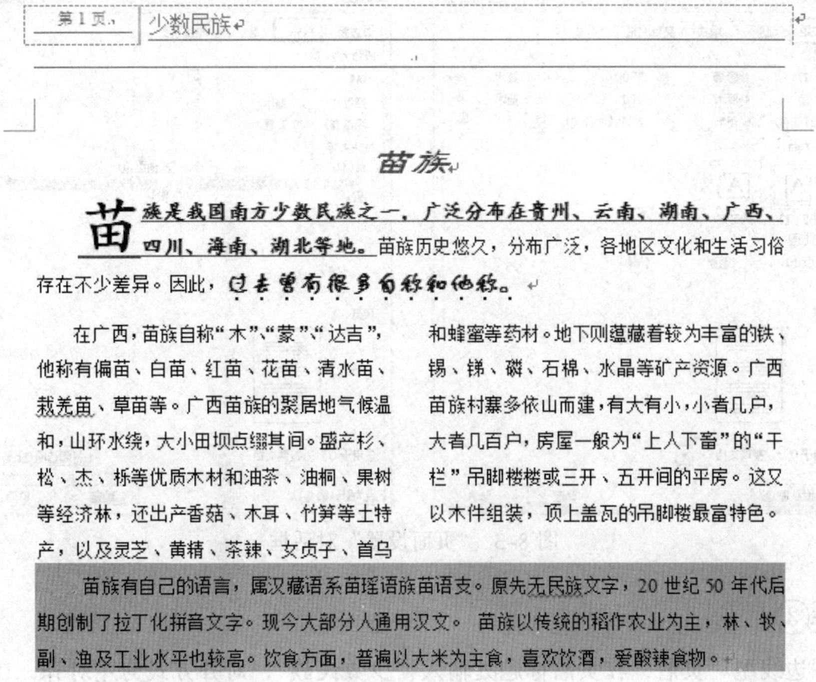

苗族

苗 族是我国南方少数民族之一，广泛分布在贵州、云南、湖南、广西、四川、海南、湖北等地。苗族历史悠久，分布广泛，各地区文化和生活习俗存在不少差异。因此，**过去曾有很多自称和他称。**

在广西，苗族自称"木"、"蒙"、"达吉"，他称有偏苗、白苗、红苗、花苗、清水苗、栽羌苗、草苗等。广西苗族的聚居地气候温和，山环水绕，大小田坝点缀其间。盛产杉、松、杰、桥等优质木材和油茶、油桐、果树等经济林，还出产香菇、木耳、竹笋等土特产，以及灵芝、黄精、茶辣、女贞子、首乌和蜂蜜等药材。地下则蕴藏着较为丰富的铁、锡、锑、磷、石棉、水晶等矿产资源。广西苗族村寨多依山而建，有大有小，小者几户，大者几百户，房屋一般为"上人下畜"的"干栏"吊脚楼或三开、五开间的平房。这又以木件组装，顶上盖瓦的吊脚楼最富特色。

苗族有自己的语言，属汉藏语系苗瑶语族苗语支。原先无民族文字，20 世纪 50 年代后期创制了拉丁化拼音文字。现今大部分人通用汉文。苗族以传统的稻作农业为主，林、牧、副、渔及工业水平也较高。饮食方面，普遍以大米为主食，喜欢饮酒，爱酸辣食物。

图 8-1　实训结果

五、实训步骤

A 操作①

打开 Word 文档 WSC-8.docx，以 WSX8+学号.docx 为名将文件另存到 WSX8+学号文件夹中。操作步骤略。

A 操作②

将文档页面格式设置为上、下边距各为 4 cm，左、右边距各为 3.3 cm，纸张大小为 A4。

（1）单击"页面布局"选项卡"页面设置"组中的对话框启动器按钮，如图 8-2 所示，弹出"页面设置"对话框，如图 8-3 所示。

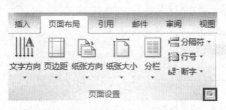

图 8-2　单击对话框启动器按钮

（2）在"页边距"选项卡中进行"页边距"的设置。

（3）在"纸张"选项卡中进行"纸张大小"的设置，单击"确定"按钮。

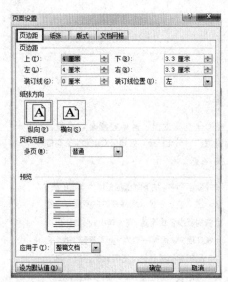
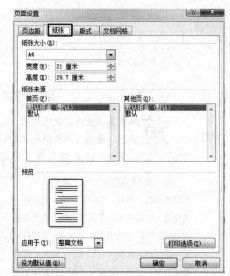

图 8-3 "页面设置"对话框

 操作③

插入"边线型"页眉，在页眉标题处输入"少数民族"，对齐方式为左对齐，在左侧插入页码"第 1 页"。

（1）在"插入"选项卡的"页眉和页脚"组中单击"页眉"按钮，在弹出的下拉列表框中选择"边线型"的页眉样式，如图 8-4 所示。

（2）将光标定位在页眉的"输入文档"标题框中，输入文字"少数民族"，在"开始"选项卡的"段落"组中单击 "文本左对齐"按钮。

（3）将光标定位在页眉左侧的空白处，输入文本"第 1 页"，在"设计"选项卡的"关闭"组中单击"关闭页眉和页脚"按钮。

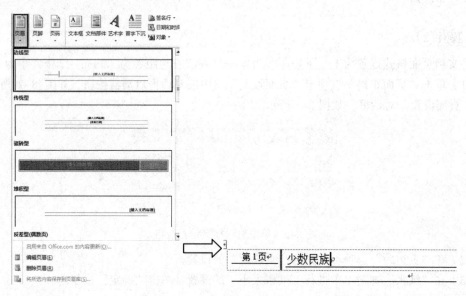

图 8-4 页眉的设置

操作④

将标题文字"苗族"设置为隶书、二号、红色、倾斜、居中。

选择标题文字"苗族",在"开始"选项卡"字体"组中单击相应的按钮,设置字体为"隶书"、字号为"二号"、字体颜色为"红色"、字形为"倾斜",在"段落"组中单击"居中"按钮。

操作⑤

将第 1 段的第 1 句文本"苗族是我国南方少数民族之一,广泛分布在贵州、云南、湖南、广西、四川、海南、湖北等地。"的字体设置为楷体_GB2312、小四、加粗、加红色下画线;将第 1 段的最后一句文本"过去曾有很多自称和他称"的字体设置为方正舒体、四号、加粗、加着重号。

(1)选择相应的文本,单击"字体"组中的对话框启动器按钮,弹出"字体"对话框,如图 8-5 所示。

图 8-5 "字体"对话框

(2)单击相应的按钮进行设置,设置后的结果图 8-6 所示。

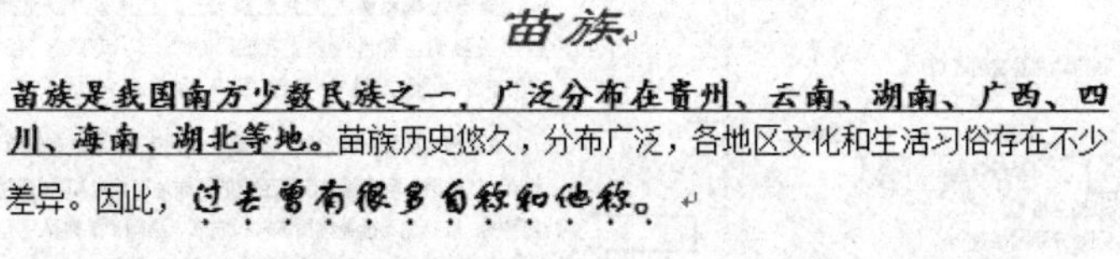

苗族

苗族是我国南方少数民族之一,广泛分布在贵州、云南、湖南、广西、四川、海南、湖北等地。苗族历史悠久,分布广泛,各地区文化和生活习俗存在不少差异。因此,过去曾有很多自称和他称。

图 8-6 设置字体等格式后的结果

操作⑥

将正文各段落首行缩进 2 个字符,行距设置为"固定值:20 磅",将第 1 段的段后间距设置 0.5 行,最后一段的段前间距设置为 0.5 行。

(1)选定正文各段落,单击"开始"选项卡"段落"组中的对话框启动器按钮(见图 8-7),弹出"段落"对话框,如图 8-8 所示。

图 8-8 "段落"对话框

图 8-7 单击对话框启动器按钮

（2）单击"特殊格式"下拉按钮，选择"首行缩进"，在"磅值"数值框中设置为"2字符"。

（3）单击"行距"下拉按钮，选择"固定值"，在"设置值"数值框中输入"20 磅"，单击"确定"按钮。

（4）选择第 1 段，在"段后"数值框中设置段后间距为"0.5 行"，单击"确定"按钮。

（5）选择最后一段，在"段前"数值框中设置段后间距为"0.5 行"，单击"确定"按钮，结果如图 8-9 所示。

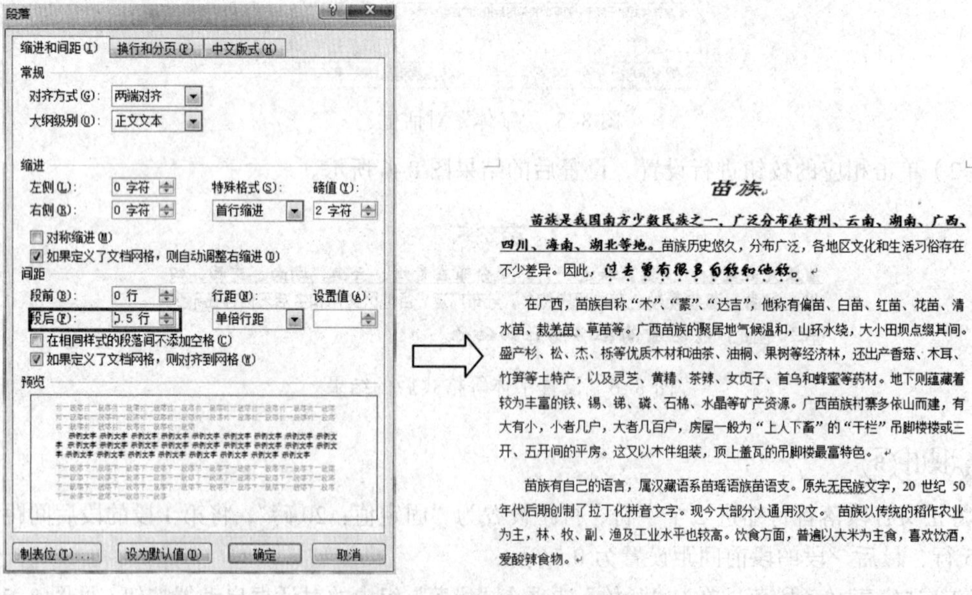

图 8-9 设置段落后的结果

操作⑦

将第 2 段设置为两栏式。

（1）选择正文第 2 段，如图 8-10（a）所示。

（2）单击"页面布局"选项卡"页面设置"组中的"分栏"按钮，在下拉列表框中选择"两栏"，如图 8-10（b）所示；或单击"更多分栏"按钮，弹出"分栏"对话框，如图 8-10（c）所示。

（3）单击"预设"中的"两栏"，单击"确定"按钮。

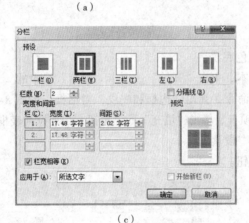

（a）   （b）

（c）

图 8-10　分栏设置操作

操作⑧

将第 1 段设置为首字下沉，下沉行数 2 行。

（1）选择正文第 1 段落。

（2）单击"插入"选项卡"文本"组中的"首字下沉"按钮，在下拉列表框中选择"首字下沉"按钮，弹出"首字下沉"对话框。

（3）选择"位置"中的"下沉"，在"下沉行数"数值框中输入 2。

（4）单击"确定"按钮。

操作过程如图 8-11 所示。

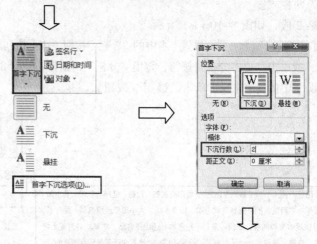

图 8-11　设置首字下沉的操作过程

操作⑨

将最后一段加上浅绿色底纹。

（1）选定最后一段文本，单击"开始"选项卡"段落"组中的 ▦▾ 下拉按钮，在下拉列表框中单击"边框和底纹"命令，弹出"边框和底纹"对话框，如图 8-12 所示。

（2）选择"底纹"选项卡，单击"填充"下拉按钮，在下拉列表框中选择"浅绿"，在"应用于"下拉列表框中选择"段落"。

（3）单击"确定"按钮。

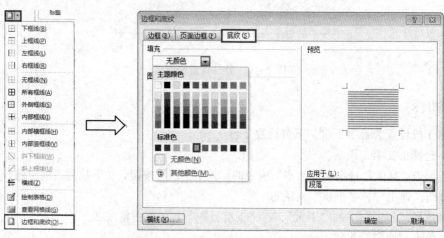

图 8-12　设置段落底纹的操作过程

操作⑩

打印预览与打印文档。

（1）单击快速工具栏中的"打印预览和打印"按钮（快速访问工具栏中要先定义此按钮）或单击"文件"选项卡中的"打印"按钮，进入打印预览，显示预览效果，如图 8-13 所示。

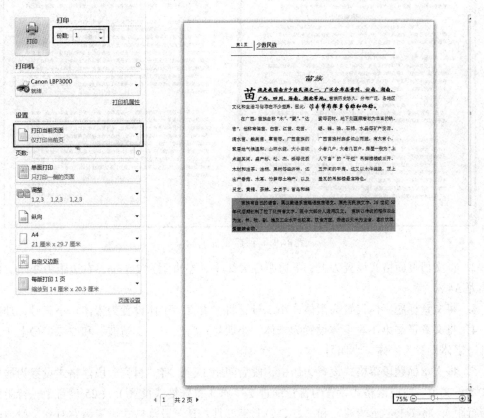

图 8-13　打印预览及打印操作

（2）拖动预览窗口右下角的绽放滑块调整预览界面的显示比例。

（3）如果需要打印，则在"打印预览和打印"界面中设置要打印的页面范围、打印的份数，设置完毕后单击"打印"按钮，开始打印文档。

操作⑪

保存文档。

操作过程略。

六、课后实训

（一）请按下列要求使用 Word 软件进行编辑排版，结果如图 8-14 所示。

1. 打开 Word 文档 WSC-8-2.docx，以 WSX8+学号.docx 为名将文件另存到 WSX8+学号文件夹中。

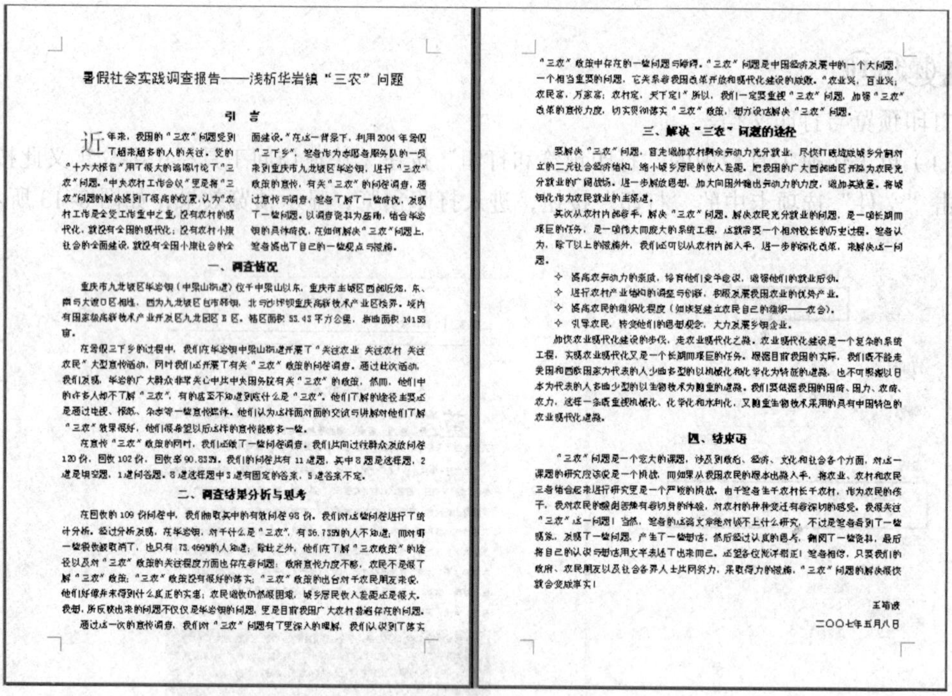

暑假社会实践调查报告——浅析华岩镇“三农”问题

引　言

近年来，我国的“三农”问题受到了越来越多的人的关注。党的“十六大报告”用了很大的篇幅讨论了“三农”问题。“中央农村工作会议”更是将“三农”问题的解决提到了很高的位置，认为“农村工作是全党工作重中之重，没有农村的现代化，就没有全国的现代化；没有农村小康社会的全面建设，就没有全国小康社会的全面建设。”在这一背景下，利用2004年暑假“三下乡”，笔者作为志愿者服务队的一员来到重庆市九龙坡区华岩镇，进行“三农”政策的宣传，有关“三农”的问卷调查，通过宣传与调查，笔者了解了一些情况，发现了一些问题，以调查资料为基础，结合华岩镇的具体情况，在如何解决“三农”问题上，笔者提出了自己的一些观点与措施。

一、调查情况

重庆市九龙坡区华岩镇（中梁山街道）位于中梁山以东，重庆市主城区西部近郊，东、南与大渡口区相连，西为九龙坡区白市驿镇，北与沙坪坝重庆高新技术产业区接界。境内有国家级高新技术产业开发区九龙园区B区。辖区面积53.43平方公里，耕地面积14158亩。

在暑假三下乡的过程中，我们在华岩镇中梁山街道开展了“关注农业 关注农村 关注农民”大型宣传活动，同时我们还开展了有关“三农”政策的问卷调查。通过此次活动，我们发现，华岩的广大群众非常关心中共中央国务院有关“三农”的政策，然而，他们中的许多人却不了解“三农”，有的甚至不知道到底什么是“三农”。他们了解的途径主要还是通过电视、报纸、杂志等一些宣传媒体。他们认为这样面对面的交谈与讲解对他们了解“三农”效果很好，他们很希望以后这样的宣传能够多一些。

在宣传“三农”政策的同时，我们还做了一些问卷调查。我们共向过往群众发放问卷120份，回收102份，回收率90.833%。我们的问卷共有11道题，其中8题是选择题，2道是填空题，1道问答题。8道选择题中3道有固定的答案，5道答案不定。

二、调查结果分析与思考

在回收的109份问卷中，我们抽取其中的有效问卷98份，我们对这些问卷进行了统计分析。经过分析发现，在华岩镇，对于什么是“三农”，有36.735%的人不知道；而对于一些税收被取消了，也只有73.469%的人知道；除此之外，他们在了解“三农政策”的途径以及对“三农”政策的关注程度方面也存在着问题：政府宣传力度不够，农民不是很了解“三农”政策；“三农”政策没有很好的落实；“三农”政策的出台对于农民朋友来说，他们好像并未得到什么真正的实惠；农民增收仍然很困难，城乡居民收入差距还是很大。我想，所反映出来的问题不仅仅是华岩镇的问题，更是目前我国广大农村普遍存在的问题。

通过这一次的宣传调查，我们对“三农”问题有了更深入的理解，我们认识到了落实“三农”政策中存在的一些问题与障碍。“三农”问题是中国经济发展中的一个大问题，一个相当重要的问题，它关系着我国改革开放和现代化建设的成败。“农业兴，百业兴；农民富，万家富；农村稳，天下定！”所以，我们一定要重视“三农”问题，加强“三农”改革的宣传力度，切实贯彻落实“三农”政策，想方设法解决“三农”问题。

三、解决“三农”问题的途径

要解决“三农”问题，首先增加农村剩余劳动力充分就业，尽快打破城乡分割对立的二元社会经济结构，缩小城乡居民的收入差距，把我国的广大西部地区开辟为农民充分就业的广阔战场，进一步解放思想，加大向国外输出劳动力的力度，增加其数量，将城镇化作为农民就业的主渠道。

其次从农村内部着手，解决“三农”问题，解决农民充分就业的问题，是一项长期而艰巨的任务，是一项伟大而庞大的系统工程，这就需要一个相对较长的历史过程。笔者认为，除了以上的措施外，我们还可以从农村内部入手，进一步的深化改革，来解决这一问题。

- ✧ 提高农劳动力的素质，培育他们竞争意识，增强他们的就业后劲。
- ✧ 进行农村产业结构的调整与创新，积极发展我国农业的优势产业。
- ✧ 提高农民的组织化程度（如恢复建立农民自己的组织——农会）。
- ✧ 引导农民，转变他们的思想观念，大力发展乡镇企业。

加快农业现代化建设的步伐，走农业现代化之路。农业现代化建设是一个复杂的系统工程，实现农业现代化又是一个长期而艰巨的任务。根据目前我国的实际，我们既不能走美国和西欧国家为代表的人少地多型的以机械化和化学化为特征的道路，也不可照搬以日本为代表的人多地少型的以生物技术为侧重的道路。我们要依据我国的国情、国力、农情、农力，选择一条既重视机械化、化学化和水利化，又侧重生物技术采用的具有中国特色的农业现代化道路。

四、结束语

“三农”问题是一个宏大的课题，涉及到政治、经济、文化和社会各个方面，对这一课题的研究应该说是一个挑战，而如果从我国农民的根本出路入手，将农业、农村和农民三者结合起来进行研究更是一个严峻的挑战。由于笔者生于农村长于农村，作为农民的孩子，我对农民的疾苦困扰有着切身的体验，对农村的种种变迁有着深切的感受。我很关注“三农”这一问题！当然，笔者的这篇文章绝对谈不上什么研究，不过是笔者看到了一些现象，发现了一些问题，产生了一些想法，然后经过认真的思考，翻阅了一些资料，最后将自己的认识与想法用文字表述了出来而已。还望各位批评指正！笔者相信，只要我们的政府、农民朋友以及社会各界人士共同努力，采取得力的措施，“三农”问题的解决很快就会变成事实！

王靖波

二〇〇七年五月八日

图 8-14　课后实训的结果

2. 将文档页面格式设置为上、下边距各为 2 cm，左边距为 2.5 cm，右边距为 2 cm，纸张大小为 A4。

3. 将文章标题字体设置为黑体，小二号；将“引言”字体设置为宋体，小三号，加粗。

4. 将文章正文第 1 段字体设置为宋体，小四号；将文末“王靖波”和“二〇〇七年五月八日”字体设置为宋体、小四号。

5. 将文章标题段落格式设置为居中，段后间距 1 行；将“引言”段落格式设置为居中；将文章正文第一段段落格式设置为首行缩进 2 字符（特殊格式设置），1.25 倍行距（行距设置多倍行距）；将文末“王靖波”和“二〇〇七年五月八日”段落格式设置为右对齐，段前间距 0.5 行。

6. 利用格式刷将文章一级标题格式设置为与“引言”相同，将文章正文格式设置为与正文第 1 段相同。

7. 将第 1 段设置为两栏式。

8. 将第 1 段设置为首字下沉，下沉行数 2 行。

9. 为第三部分的第 3 段～第 6 段这 4 个段落设置相应的项目符号。

10. 保存文档。

部分操作提示如下：

利用格式刷将文章一级标题格式设置为与“引言”相同，将文章正文格式设置为与正文第 1 段相同。

（1）选择文章一级标题“引言”。

（2）在“开始”选项卡的“剪贴板”组中双击“格式刷”按钮。

（3）依次用格式刷刷文章中的一级标题“一、调查情况”“二、调查结果分析与思考”“三、解决'三农'问题的途径""四、结束语"。

（4）再次单击"格式刷"按钮，取消格式刷的选择。

（5）选择正文第1段。

（6）双击"格式刷"按钮。

（7）依次刷一级标题外的正文段落。

（8）单击"格式刷"按钮，取消格式刷的选择。

为第三部分的第3段～第6段这4个段落设置相应的项目符号。

（1）选择正文第三部分的第3段～第6段。

（2）在"段落"组中单击"项目符号"下拉按钮，在下拉列表框中选择需要的符号类型。

（3）如没有相应的符号，则在下拉列表框中单击"定义新的项目符号"按钮，在弹出的"定义新的项目符号"对话框中，单击"符号"按钮，弹出"符号"对话框。

（4）选择相应的符号，单击"确定"按钮。

操作过程如图8-15所示。

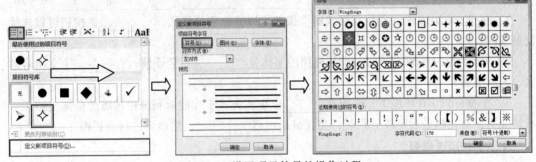

图8-15　设置项目符号的操作过程

（二）请按下列要求使用Word软件进行编辑排版，结果如图8-16所示。

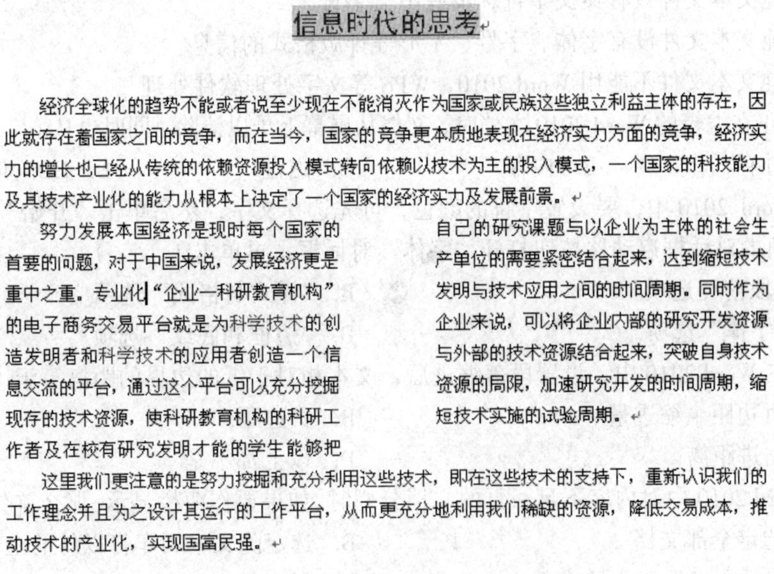

信息时代的思考

　　经济全球化的趋势不能或者说至少现在不能消灭作为国家或民族这些独立利益主体的存在，因此就存在着国家之间的竞争，而在当今，国家的竞争更本质地表现在经济实力方面的竞争，经济实力的增长也已经从传统的依赖资源投入模式转向依赖以技术为主的投入模式，一个国家的科技能力及其技术产业化的能力从根本上决定了一个国家的经济实力及发展前景。

　　努力发展本国经济是现时每个国家的首要的问题，对于中国来说，发展经济更是重中之重。专业化"企业—科研教育机构"的电子商务交易平台就是为科学技术的创造发明者和科学技术的应用者创造一个信息交流的平台，通过这个平台可以充分挖掘现存的技术资源，使科研教育机构的科研工作者及在校有研究发明才能的学生能够把自己的研究课题与以企业为主体的社会生产单位的需要紧密结合起来，达到缩短技术发明与技术应用之间的时间周期。同时作为企业来说，可以将企业内部的研究开发资源与外部的技术资源结合起来，突破自身技术资源的局限，加速研究开发的时间周期，缩短技术实施的试验周期。

　　这里我们更注意的是努力挖掘和充分利用这些技术，即在这些技术的支持下，重新认识我们的工作理念并且为之设计其运行的工作平台，从而更充分地利用我们稀缺的资源，降低交易成本，推动技术的产业化，实现国富民强。

图8-16　编辑排版后的结果

1. 打开 Word 文档 WSC-8-3.docx，以 WSX8+学号.docx 为名将文件另存到 WSX8+学号文件夹中。

2. 将文档页面格式设置为上、下边距各为 2.5 cm，左、右边距为 2.5 cm；纸张大小为 A4。

3. 将标题文字"信息时代的思考"设置为三号、黑体、绿色、加下画线、居中，并添加灰色-15%底纹，段后间距为 20 磅。

4. 将正文所有段落设置为首行缩进 2 个字符、行距为固定值 20 磅。

5. 将正文第 2 段和第 3 段合并，将合并后的段落分为等宽的两栏，其栏宽为 7 cm。

6. 利用查找替换功能将正文中的所有"水平"改为"能力"，将"科学技术"改为红色。

七、理论习题

（一）填空题

1. "字体"对话框分为_____和_____两个选项卡，用户可以在其中设置各种字体属性。

2. 段落的对齐方式主要有_____、_____、_____、_____和_____等 5 种。

3. 在 Word 2010 中，利用"格式刷"按钮可以复制字符格式，_____该按钮可以连续复制多次。

4. Word 2010 编辑文档时，默认使用的字体是_____、字号是_____。中文字号越大，表示字越_____。

5. 在 Word 2010 环境下，必须在_____视图方式下才能看到分栏排版的全部文档。一般情况下，对文档最后一段分栏时，先在最后一行_____，然后再进行分栏操作。

（二）单项选择题

1. 纯文本文件与 Word、WPS 等文字处理软件产生的文本不同之处在于（　　　）。

　　A. 纯文本文件只有文字而没有图形

　　B. 纯文本文件只有英文字符，没有中文字符

　　C. 纯文本文件没有字体、字号、字形等排版格式的信息

　　D. 纯文本文件不能用 Word 2010、WPS 等文字处理软件处理

2. 关闭正在编辑的 Word 2010 文档时，文档从屏幕上予以清除，同时也从（　　　）中清除。

　　A. 外存　　　　　　B. 内存　　　　　　C. 磁盘　　　　　　D. CD-ROM

3. 在 Word 2010 中，要设置字符的颜色，可先选择文字，然后单击"开始"选项卡"字体"组右下角的对话框启动器按钮打开"字体"对话框，再单击（　　　）。

　　A. "段落"选项　　　　　　　　　　B. "样式与格式"选项

　　C. "字体"选项　　　　　　　　　　D. "边框和底纹"选项

4. 在 Word 2010 中，设置段落缩进后，文本相对于纸的边界的距离等于（　　　）。

　　A. 页边距+缩进量　　　　　　　　B. 页边距

　　C. 缩进距离　　　　　　　　　　　D. 以上都不是

5. 在 Word 2010 中对内容不足一页的文档分栏时，如果要作两栏显示，那么首先应（　　　）。

　　A. 选定全部文档　　　　　　　　　B. 选定除文末回车符以外的全部内容

　　C. 将插入点置于文档中部　　　　　D. 以上都可以

6. 在 Word 2010 的文档编辑状态进行字体设置后，按所设的字体显示的是（　　　）。

A. 插入点所在段落的文字   B. 插入点所在行的文字

C. 文档中被选择的文字   D. 文档的全部文字

7. 在 Word 2010 中删除一个段落标记符后，前后两段文字合并为一段，此时（　　　）。

A. 原段落格式不变   B. 采用后一段格式

C. 采用前一段格式   D. 变为默认格式

8. 输入文本时，在段落结束处按【Enter】键后，以产生一个新段。若不专门指定，新开始的自然段落会自动使用（　　　）排版。

A. 宋体五号，单倍行距   B. 开机时的默认格式

C. 仿宋体，三号字   D. 与上一段相同的段落格式

9. 在 Word 2010 中，要调节行间距，则应该进行（　　　）。

A. 页面设置   B. 字体设置

C. 段落设置   D. 视图设置

10. 在 Word 2010 窗口中，若选定文本中有几种字体的字，则"字体"下拉列表框中呈现（　　　）。

A. 排在前面字体   B. 首字符的字体

C. 空白   D. 使用最多的字体

11. 在 Word 2010 的编辑状态，当前编辑文档中的字体全是宋体字，选择一段文字使之成反显状，先设定了楷体，又设定了仿宋体，则（　　　）。

A. 文档全文都是楷体   B. 被选择的内容仍为宋体

C. 被选择的内容变为仿宋体   D. 文档的全部文字的字体不变

12. 在 Word 窗口上部的标尺中，可直接设置的格式是（　　　）。

A. 字体   B. 段落缩进

C. 分栏   D. 字符间距

13. 在 Word 中，默认的对齐方式是（　　　）。

A. 左对齐   B. 右对齐

C. 居中   D. 两端对齐

14. 在 Word 中，用户可以将文档左右两端都充满页面，字符少的则自动加大间距，这种对齐方式被称为（　　　）。

A. 两端对齐   B. 分散对齐

C. 左对齐   D. 右对齐

15. 在一个文档中，要插入"√"符号，应在（　　　）选项卡中操作。

A. 文件   B. 开始   C. 插入   D. 布局

实训九　Word 2010 表格制作与编辑

一、实训目的

1. 掌握 Word 文档中表格的建立。

2. 掌握表格内容的输入与编辑。

3. 掌握表格的格式化。

4. 掌握文本和表格之间的相互转换。

二、实训准备

1. 硬件：PC 一台。

2. 软件：Windows 7、Microsoft Office 2010。

三、实训概述

使用 Word 2010 的表格处理功能可以方便地在文档中插入表格、编辑表格、在表格单元格中输入文字和图形，可以满足文档中履历表、报名表、课表等表格处理的需要。本实训要求在文档中建立表格通常要经过插入空白表格、输入表格内容、设置格式、调整表格大小等步骤，将规则的文本转换为表格。

本实训通过建立一个简单表格及一个"毕业生个人简历"来掌握表格的创建、内容的输入与编辑、表格的格式化等相关操作。

四、实训内容

（一）制作简单的表格，要求如下：

1. 新建 Word 文档，在文档中插入 5 行 9 列的表格。

2. 合并第 4 列和第 8 列的 2、3、4 行单元格。

3. 调整第 1 列的列宽为 2.6 cm，第 1 行的行高为 1.1 cm。

4. 自动套用"浅色网格-强调文字颜色 5"的表格样式。

5. 保存文档。

制作完成后如图 9-1 所示。

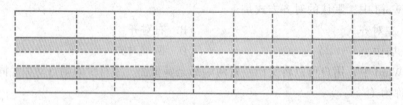

图 9-1　创建完成的表格

（二）制作毕业生个人简历的表格（见图 9-2），要求如下：

1. 新建 Word 文档，以 WSX9+学号.docx 为文件名保存至 WSX9+学号文件夹。

2. 将文档页面格式设置为上、下边距各为 2 cm，左边距为 2.5 cm，右边距为 2 cm，纸张大小为 A4。

3. 在第 1 行输入"毕业生个人简历"，设置为黑体、小二号、居中对齐；另起一行设置字体为宋体、五号、左对齐。

4. 在第 2 行处插入 7 列 9 行的空表格，并输入相关内容。

5. 在"教育背景"行前插入一行，输入相应内容。

6. 如图 9-2 所示，完成单元格合并操作。

7. 如图 9-2 所示，完成单元格拆分操作。

毕业生个人简历

姓名	张三	性别	女	民族	汉	
政治面貌	中共党员	出生年月	1990.10	籍贯	南宁	
学制	三年	学历	大专	专业	计算机	
毕业院校	广西农业职业技术学院					
家庭住址	广西南宁大学东路ХХХ号					
联系方式	0771-324ХХХХ		邮政编码	5 3 0 Х Х Х		
E-mail	abc@163.com		QQ	1364ХХХХ		

教育背景	主修课程: C 语言, 数据库, 数据结构, 软件工程, 微机原理, 应用软件, 计算机网络, 管理信息导论, 管理学, 市场营销学, 电子商务概论, 统计学, 会计学, 经济学等课程。 专业技能: 接受过全方位的大学基础教育, 受到良好的专业训练和能力的培养, 在办公软件、网页制作等方面, 有扎实的理论基础和实践经验, 有较强的动手能力和研究分析能力。 外语水平: 具有一定的听、说、读、写能力, 取得国家英语等级四级证书。
工作经历	2009 年 7 月-8 月: 在ХХХХХ见习, 主要从事网络信息收集与发布。 2010 年 7 月-8 月: 在ХХХХХ, 协助本县农村网络化建设, 负责网站的管理与维护。 2009 年 9 月-2010 年 6 月: 在ХХХХХ勤工俭学, 负责本院招生就业网站的设计、建设与维护, 先后改版三期, 同时负责日常文档处理。
个人特点	大胆改革, 勇于创新 败网败战, 开拓进取 只争朝夕, 与时俱进 千方百计争上游, 争第一 另: 由于多年担任学生干部, 培养了一定的组织管理能力, 具有一定的交际能力, 曾多次被评为优秀学生干部。曾参加过ХХХХ信息网建设, ХХХХ网的建设与维护, 在网页制作方面具有一定的工作能力、工作经验。曾参加学院的"移动杯"网页制作大赛, 获得专业组一等奖。

图 9-2 制作完成的个人简历表格

8. 如图 9-2 所示, 输入个人信息。

9. 将第 1～7 行的行高设置为 0.8 cm, 将第 8～10 行的行高设置为 6 cm。

10. 将第 1～7 行设置为中部对齐, 将第 8～10 行的第 1 列设置为中部对齐, 将第 8～10 行的第 2 列设置为居左垂直居中对齐。

11. 按图 9-2 所示设置表格中的项目名称字体为黑体, 单元格填充颜色为"白色, 背景 1, 深色 15%"。

12. 按图 9-2 所示设置表格外边框为双线。

71 项目二 Word 2010 的使用

13. 按图 9-2 所示插入照片。

14. 保存文档。

五、实训步骤

实训内容（一）操作步骤

操作①

新建 Word 文档，在文档中插入 5 行 9 列的表格。

在"插入"选项卡的"表格"组中单击"表格"下拉按钮，在下拉列表框中选择 5 行 9 列的表格，文档中即出现图 9-3 所示的表格。

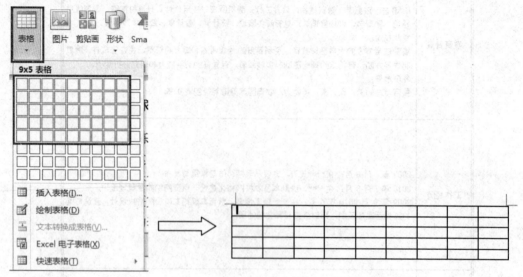

图 9-3　插入表格

操作②

合并第 4 列和第 8 列的 2、3、4 行单元格。

选择第 4 列的 2、3、4 行单元格，单击"布局"选项卡"合并"组中的"合并单元格"按钮（见图 9-4），即合并单元格。用同样的方法合并第 8 列的 2、3、4 行单元格。

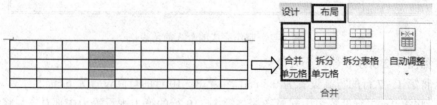

图 9-4　合并单元格操作

操作③

调整第 1 列的列宽为 2.6 cm，第 1 行的行高为 1.1 cm。

选择第 1 列，在"布局"选项卡中，将"单元格大小"组中的"宽度"值调整为"2.6 厘米"（见图 9-5）。用类似的方法设置第 1 行的行高设置为"1.1 厘米"。

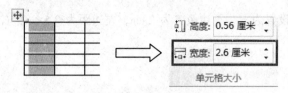

图 9-5　设置列宽和行高

操作④

自动套用"浅色网格–强调文字颜色 5"的表格样式。

选定整个表格，单击"设计"选项卡"表格样式"组中的"其他"按钮，在下拉列表框的"内置"区域选择"浅色网格–强调文字颜色 5"表格样式，如图 9-6 所示。

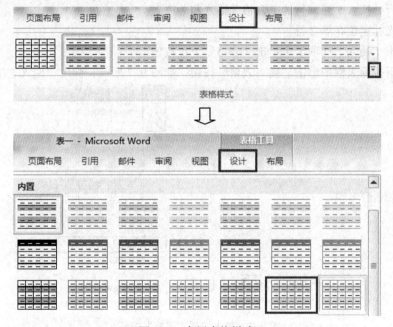

图 9-6　套用表格样式

操作⑤

保存文档。

操作步骤略。

实训内容（二）操作步骤

操作①

新建 Word 文档，以 WSX9+学号.docx 为文件名保存至 WSX9+学号文件夹。

操作步骤略。

项目（二）　Word 2010 的使用

操作②

将文档页面格式设置为上、下边距各为 2 cm，左边距为 2.5 cm，右边距为 2 cm，纸张大小为 A4。

操作步骤略。

操作③

在第 1 行输入"毕业生个人简历"，设置为黑体、小二号、居中对齐；另起一行设置字体为宋体、五号、左对齐。

操作步骤略。

操作④

在第 2 行处插入 7 列 9 行的空表格并输入相关内容。

（1）将光标定位在第 2 行。

（2）单击"插入"选项卡中单击"表格"下拉按钮。

（3）在下拉列表框中单击"插入表格"按钮，如图 9-7 所示，弹出"插入表格"对话框。

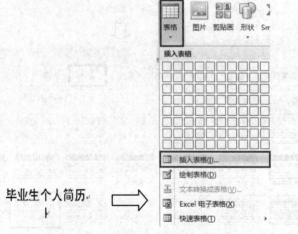

图 9-7　单击"插入表格"按钮

（4）在"列数"数值框中输入 7，在"行数"数值框中输入 9，单击"确定"按钮，如图 9-8 所示。

图 9-8　"插入表格"对话框

（5）按图 9-9 所示输入相关内容。

毕业生个人简历

姓名	↵	性别	↵	民族	↵	↵
政治面貌	↵	出生年月	↵	籍贯	↵	↵
学制	↵	学历	↵	专业	↵	↵
毕业院校	↵	↵	↵	↵	↵	↵
家庭住址	↵	↵	↵	↵	↵	↵
联系方式	↵	↵	↵	邮政编码	↵	↵
教育背景	↵	↵	↵	↵	↵	↵
工作经历	↵	↵	↵	↵	↵	↵
个人特点	↵	↵	↵	↵	↵	↵

图 9-9　输入相关内容

操作 5

在"教育背景"行前插入一行，输入相应内容。

（1）右击"教育背景"行。

（2）在快捷菜单中单击"插入"→"在上方插入行"命令，如图 9-10 所示。

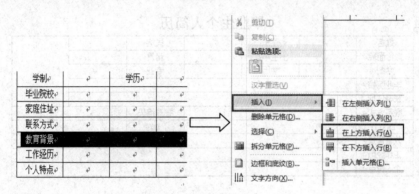

图 9-10　插入行操作

（3）按图 9-11 所示输入相关内容。

毕业生个人简历

姓名	↵	性别	↵	民族	↵	↵
政治面貌	↵	出生年月	↵	籍贯	↵	↵
学制	↵	学历	↵	专业	↵	↵
毕业院校	↵	↵	↵	↵	↵	↵
家庭住址	↵	↵	↵	↵	↵	↵
联系方式	↵	↵	↵	邮政编码	↵	↵
E-mail	↵	↵	↵	QQ	↵	↵
教育背景	↵	↵	↵	↵	↵	↵
工作经历	↵	↵	↵	↵	↵	↵
个人特点	↵	↵	↵	↵	↵	↵

图 9-11　输入相关内容

 操作⑥

如图 9-12 所示，完成单元格合并操作。

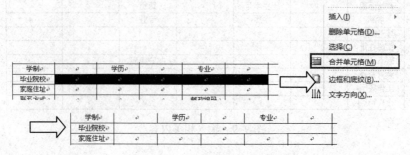

图 9-12　合并单元格的操作

（1）选择"毕业院校"右边 5 个单元格，右击。

（2）在弹出的快捷菜单中选择"合并单元格"命令，将选定的单元格合并为一个单元格。

（3）根据以上方法，按图 9-13 所示完成其余单元格合并操作。

毕业生个人简历

姓名	↵	性别	↵	民族	↵	
政治面貌	↵	出生年月	↵	籍贯	↵	
学制	↵	学历	↵	专业	↵	
毕业院校	↵					
家庭住址	↵					
联系方式	↵		邮政编码	↵		
Email	↵		QQ	↵		
教育背景	↵					
工作经历	↵					
个人特点	↵					

图 9-13　合并单元格后的结果

 操作⑦

如图 9-2 所示，完成单元格拆分操作。

（1）选择"邮政编码"右边的单元格，右击。

（2）在弹出的快捷菜单中选择"拆分单元格"命令，弹出"拆分单元格"对话框。

（3）在"列数"数值框中输入 6，如图 9-14 所示。

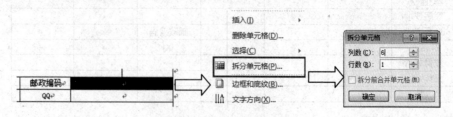

图 9-14　拆分单元格的操作

（4）单击"确定"按钮，结果如图 9-15 所示。

毕业生个人简历

姓名		性别		民族			
政治面貌		出生年月		籍贯			
学制		学历		专业			
毕业院校							
家庭住址							
联系方式			邮政编码				
Email			QQ				
教育背景							
工作经历							
个人特点							

图 9-15　拆分单元格后的结果

操作⑧

如图 9-16 所示，输入个人信息。

毕业生个人简历

姓名	张三	性别	女	民族	汉				
政治面貌	中共党员	出生年月	1990.10	籍贯	南宁				
学制	三年	学历	大专	专业	计算机				
毕业院校	广西农业职业技术学院								
家庭住址	广西南宁大学东路×××号								
联系方式	0771-324×××		邮政编码	5	3	0	×	×	×
E-mail	abc@163.com		QQ	1364××××					
教育背景	主修课程： C 语言、数据库、数据结构、软件工程、微机原理、应用软件、计算机网络、管理信息导论、管理学、市场营销学、电子商务概论、统计学、会计学、经济学等课程。 专业技能： 接受过全方位的大学基础教育，受到良好的专业训练和能力的培养，在办公软件、网页制作等方面，有扎实的理论基础和实践经验，有较强的动手能力和研究分析能力。 外语水平： 具有一定的听、说、读、写能力，取得国家英语等级四级证书。								
工作经历	2009 年 7 月-8 月：在****见习，主要从事网络信息收集与发布。 2010 年 7 月-8 月：在****，协助本县农村网络化建设，负责网站的管理与维护。 2009 年 9 月-2010 年 6 月：在****勤工俭学，负责本院招生就业网站的设计、建设与维护，先后改版三期，同时负责日常文档处理。								
个人特点	大胆改革、勇于创新 敢闯敢试、开拓进取 只争朝夕、与时俱进 千方百计争上游、争第一 另：由于多年担任学生干部，培养了一定的组织管理能力，具有一定的交际能力，曾多次被评为优秀学生干部。曾参加过****信息网建设、****网的建设与维护，在网页制作方面具有一定的工作能力、工作经验。曾参加学院的"移动杯"网页制作大赛，获得专业组一等奖。								

图 9-16　输入个人信息

操作⑨

将第 1～7 行的行高设置为 0.8 cm，将第 8～10 行的行高设置为 6 cm。

（1）选择表格 1～7 行。

（2）在"表格工具"的"布局"选项卡下，将"单元格大小"组中的"高度"值设置为"0.8 厘米"，如图 9-17 所示。

（3）在【Enter】键。

（4）按上述方法设置第 8～10 行的高度，结果如图 9-18 所示。

项目（二）　Word 2010 的使用

77

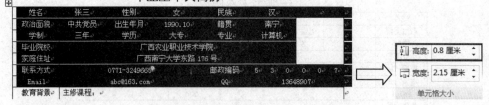

图 9-17　行高设置操作

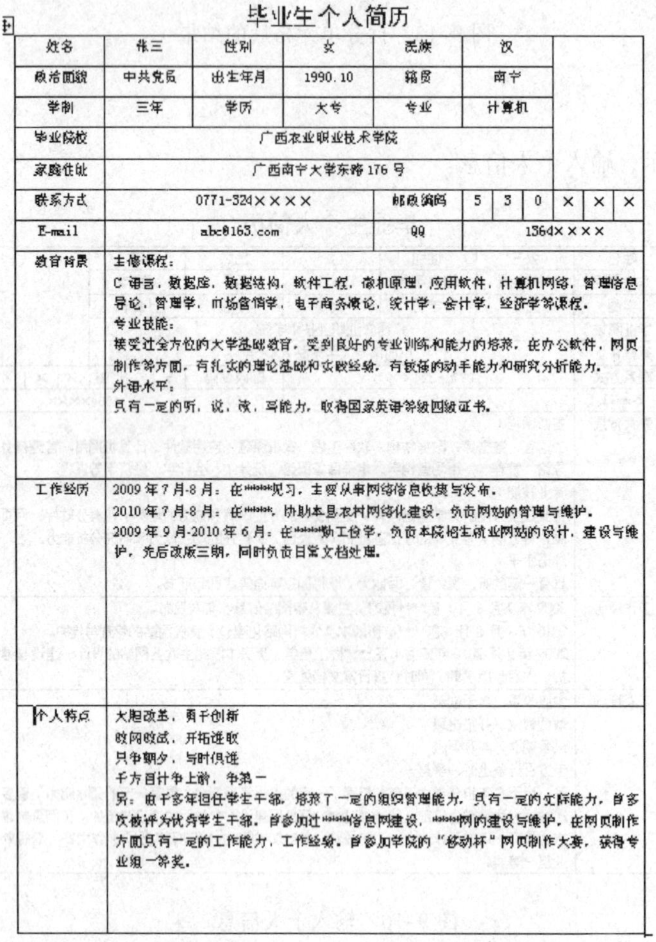

毕业生个人简历

姓名	张三	性别	女	民族	汉	
政治面貌	中共党员	出生年月	1990.10	籍贯	南宁	
学制	三年	学历	大专	专业	计算机	
毕业院校	广西农业职业技术学院					
家庭住址	广西南宁大学东路 176 号					
联系方式	0771-324××××		邮政编码	5	3	0	×	×	×
E-mail	abc@163.com		QQ	1364××××		
教育背景	主修课程： C 语言，数据库，数据结构，软件工程，微机原理，应用软件，计算机网络，管理信息导论，管理学，市场营销学，电子商务概论，统计学，会计学，经济学等课程。 专业技能： 接受过全方位的大学基础教育，受到良好的专业训练和能力的培养。在办公软件，网页制作等方面，有扎实的理论基础和实践经验，有较强的动手能力和研究分析能力。 外语水平： 具有一定的听，说，读，写能力，取得国家英语等级四级证书。					
工作经历	2009 年 7 月-8 月：在××××见习，主要从事网络信息收集与发布。 2010 年 7 月-8 月：在××××，协助本县农村网络化建设，负责网络的管理与维护。 2009 年 9 月-2010 年 6 月：在××××勤工俭学，负责本院招生就业网站的设计，建设与维护，先后改版三期，同时负责日常文档处理。					
个人特点	大胆改革，勇于创新 敢闯敢试，开拓进取 只争朝夕，与时俱进 千方百计争上游，争第一 另：由于多年担任学生干部，培养了一定的组织管理能力，具有一定的文辞能力。首多次被评为优秀学生干部。首参加过××××信息网建设，××××网的建设与维护，在网页制作方面具有一定的工作能力，工作经验。首参加学院的"移动杯"网页制作大赛，获得专业组一等奖。					

图 9-18　设置行高后的结果

操作⑩

将第 1～7 行设置为中部对齐，将第 8～10 行的第 1 列设置为中部对齐，将第 8～10 行的第 2 列设置为居左垂直居中对齐。

（1）选择表格 1～7 行。

（2）在"表格工具"的"布局"选项卡下，单击"对齐方式"组中的"水平居中"按钮　。

（3）按如上方法选择并设置 8～10 行的第 1 列。

（4）按如上方法选择 8～10 行的第 2 列，并单击"水平居中"按钮　，如图 9-19 所示。

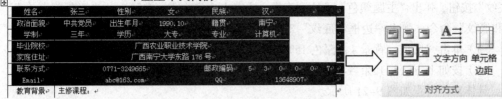

毕业生个人简历

姓名	张三	性别	女	民族	汉
政治面貌	中共党员	出生年月	1990.10	籍贯	南宁
学制	三年	学历	大专	专业	计算机
毕业院校	广西农业职业技术学院				
家庭住址	广西南宁大学东路176号				
联系方式	0771-3249665		邮政编码	5 3 0 0 0 7	
Email	abc@163.com		QQ	13648907	
教育背景	主修课程：				

图 9-19　单元格对齐方式设置操作

操作结果如图 9-20 所示。

毕业生个人简历

姓名	张三	性别	女	民族	汉
政治面貌	中共党员	出生年月	1990.10	籍贯	南宁
学制	三年	学历	大专	专业	计算机
毕业院校	广西农业职业技术学院				
家庭住址	广西南宁大学东路×××号				
联系方式	0771-324××××		邮政编码	5 3 0 × × ×	
E-mail	abc@163.com		QQ	1364××××	
教育背景	主修课程： C 语言、数据库、数据结构、软件工程、微机原理、应用软件、计算机网络、管理信息导论、管理学、市场营销学、电子商务概论、统计学、会计学、经济学等课程。 专业技能： 接受过全方位的大学基础教育，受到良好的专业训练和能力的熏陶，在办公软件、网页制作等方面，有扎实的理论基础和实践经验，有较强的动手能力和研究分析能力。 外语水平： 只有一定的听、说、读、写能力，取得国家英语等级四级证书。				
工作经历	2009 年 7 月-8 月：在××××见习，主要从事网络信息收集与发布。 2010 年 7 月-8 月：在××××，协助本县农村网络化建设，负责网站的管理与维护。 2009 年 9 月-2010 年 6 月：在××××勤工俭学，负责本校招生就业网站的设计、建设与维护，先后改版三期，同时负责日常文档处理。				
个人特点	大胆改革，勇于创新 敢闯敢试，开拓进取 只争朝夕，与时俱进 千方百计争上游，争第一 另：由于多年担任学生干部，培养了一定的组织管理能力，具有一定的实际能力，曾多次被评为优秀学生干部。曾参加过××××信息网建设，××××网的建设与维护，在网页制作方面具有一定的工作能力、工作经验。曾参加学院的"移动杯"网页制作大赛，获得专业组一等奖。				

图 9-20　操作结果

A．操作⑪

按图 9-2 所示设置表格中的项目名称字体为黑体，单元格填充颜色为"白色，背景 1，深色 15%"。

（1）选择表格第 1 列，单击"字体"下拉按钮，在下拉列表框中选择"黑体"。

（2）选择要添加底纹的文本，在"表格工具"的"设计"选项卡"表格样式"组中，单击"底纹"按钮，弹出"主题颜色"下拉列表框。或右击选定文本，在弹出的快捷菜单中单击"边框和底纹"命令，弹出"边框和底纹"对话框，选择"底纹"选项卡。

（3）单击"白色，背景1，深色15%"。

（4）按如上方法将其余各项目名称单元格设置为相应的字体和底纹。

具体操作过程如图9-21所示。

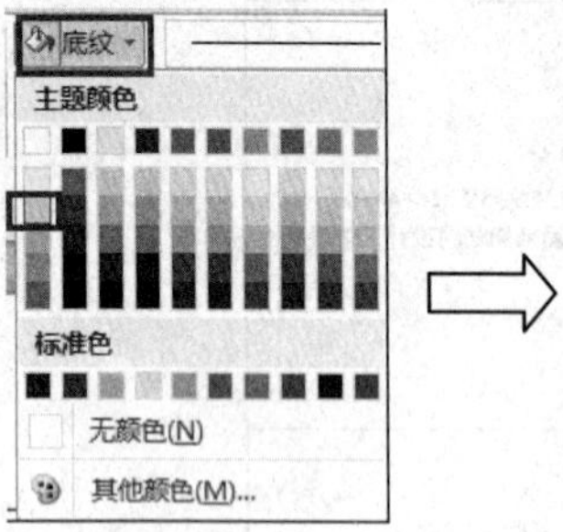

毕业生个人简历

姓名	张三	性别	女	民族	汉			
政治面貌	中共党员	出生年月	1990.10	籍贯	南宁			
学制	三年	学历	大专	专业	计算机			
毕业院校	广西农业职业技术学院							
家庭住址	广西南宁大学东路×××号							
联系方式	0771-324×××			邮政编码	5	3	0	× × ×
E-mail	abc@163.com			QQ	136d8907			

图9-21　设置单元格底纹的操作

操作⑫

按图9-2所示设置表格外边框为双线。

（1）单击表格"全选"按钮，选定整个表格。

（2）在"表格工具"的"设计"选项卡"绘图边框"组中单击"线型"下拉按钮，在下拉列表框中选择"双线"。

（3）单击"表格样式"组中的"边框"下拉按钮，在下拉列表框中选择"外侧框线"（见图9-22），结果如图9-2所示。

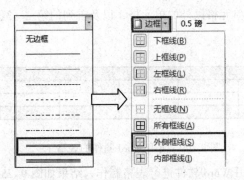

图 9-22　设置单元格边框的操作

操作⑬

按图 9-2 所示插入照片。

（1）在图 9-2 所示的照片单元格中单击。

（2）单击"插入"选项卡"插图"组中的"图片"按钮，弹出"插入图片"对话框，如图 9-23 所示。

图 9-23　"插入图片"对话框

（3）单击需要插入的照片。

（4）单击"插入"按钮，结果如图 9-2 所示。

操作⑭

保存文档。

操作步骤略。

六、课后实训

（一）请按下列要求使用 Word 软件进行表格制作，结果如图 9-24 所示。

1. 插入 4 行 8 列的表格，自动套用"中等深度网格 3，强调文字颜色 3"的表格样式。

2. 合并首行除第 1 单元格以外的单元格，以及首列的第 2、3、4 单元格，按图 9-24 所示添加边框线。

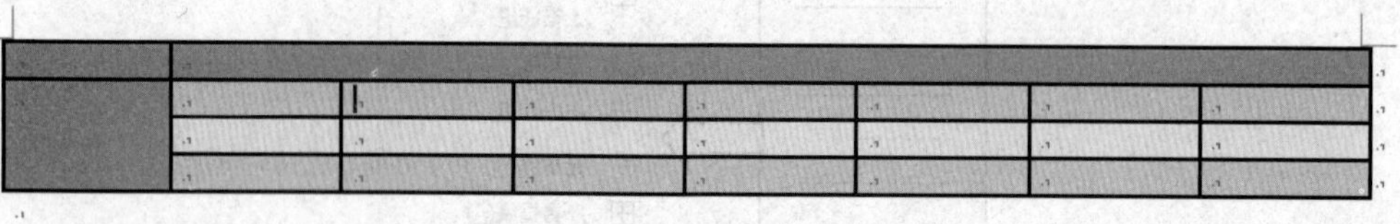

图 9-24　使用 Word 制作的表格（一）

（二）按下列要求使用 Word 软件进行表格制作，结果如图 9-25 所示。

1. 打开 Word 文档 WSC-9-1.docx，以 WSX9-KH.docx 为名将文件另存到 WSX9+学号的文件夹中。

2. 将除标题外的所有文本转换为 5 行 5 列的表格。

3. 如图 9-25 所示，在"星期四"所在列的右边插入一列，输入相应内容。

4. 将表格第 1 行的行高设置为 3 cm，其余各行的行高设置为 2 cm。

5. 如图 9-25 所示，自动套用"中等深度底纹 1，强调文字颜色 5"的表格样式。

6. 将表格内边框线设置为 1 磅的实线，外框线设置为 1.5 磅的实线。

7. 将表格所有单元格设置为中部对齐。

8. 如图 9-25 所示，将"数码摄影与摄影技术"单元格及下方单元格合并为一个单元格。

9. 保存文档。

计算机信息管理 131 班课程安排表

	星期一	星期二	星期三	星期四	星期五
1-2节	思想道德修养与法律	应用数学	应用数学	数码摄影与摄像技术	大学英语
3-4节	大学英语	图形图像处理	动画设计		计算机基础
5-6节	图形图像处理	计算机基础		体育	动画设计
7-8节	实用礼仪		心理健康	计算机基础	

图 9-25　使用 Word 制作的表格（二）

（三）按下列要求，在 Word 中绘制表格并对表格进行编辑，结果如图 9-26 所示。

1. 将表格的前 3 行进行平均分布。

2. 在表格中填入相应的栏目名。

3. 将表格文字进行水平居中和垂直居中，并设置相应的字符格式。

姓名		
住址		相片
单位		
简历		

图 9-26　编辑表格后的结果

七、理论习题

（一）填空题

1. 在文档中绘制表格的方法主要有 2 种，即_____和_____。

2. 合并单元格可以使用_____和_____两种方法来实现。

3. 选中整个表格，然后按_____键可以删除表格中的内容，按_____键可以删除整个表格。

4. 单击表格左上方_____可以选中整个表格，也可以_____选中整个表格。

5. 将表格转换为文本时，只需要选中整个表格，然后单击"布局"选项卡"数据"组中的_____按钮即可。

（二）单项选择题

1. 在 Word 编辑状态，若选定整个表格，按【Delete】键后，（　　）。
   A. 表格中的内容全部被删除，但表格还在
   B. 表格和内容全部被删除
   C. 表格被删除，但表格中的内容未被删除
   D. 表格中插入点所在的行被删除

2. 以下表格操作没有对应的菜单命令的是（　　）。
   A. 插入表格　　　　B. 删除表格　　　　C. 合并表格　　　　D. 拆分表格

3. 在 Word 2010 表格中，单元格内填写的信息（　　）。
   A. 只能是文字　　　　　　　　B. 只能是文字或符号
   C. 只能是图像　　　　　　　　D. 文字、符号、图像均可

4. 在 Word 2010 中制作好一张表格，插入点在某个单元格中右击，若先执行选定/行，再执行选定列，那么结果是（　　）。
   A. 选定整个表格　　B. 选定多列　　　C. 选定一行一列　　D. 选定一列

5. 在 Word 中，为了修饰表格，用户可以（　　），也可以利用"表格自动套用格式"命令。
   A. 单击"插入"选项卡中的"表格"按钮
   B. 单击"设计"选项卡"表格样式"组中的"边框"和"底纹"按钮
   C. 单击"开始"选项卡的"格式刷"按钮

项目（二）　Word 2010 的使用

D. 调用"附件"中的"画图"程序

根据表 9-1 所示，完成 6～10 题。

表 9-1 员工调薪统计表

编　号	姓　名	部　门	原工资
001	李娜	行政部	1200
003	王可	运营部	1500

6. 如表 9-1，要想添加编号"002"的员工信息，并保证编号按顺序排列，以下输入信息前的操作方法正确的是（　　　）。

  A. 将光标放在"001"单元格，右击后选择"插入"→"在上方插入行"命令

  B. 将光标放在"001"单元格，右击后选择"插入"→"在下方插入行"命令

  C. 将光标放在"003"单元格，右击后选择"插入"→"在左侧插入列"命令

  D. 将光标放在"003"单元格，右击后选择"插入"→"在右侧插入列"命令

7. 如表 9-1，要想添加各员工"调薪数额"列，以下输入信息前的操作方法正确的是（　　　）。

  A. 将光标放在"原工资"单元格，右击后选择"插入"→"在上方插入行"命令

  B. 将光标放在"原工资"单元格，右击后选择"插入"→"在下方插入行"命令

  C. 将光标放在"原工资"单元格，右击后选择"插入"→"在右侧插入列"命令

  D. 选定整个表格后右击，选择"插入"→"在右侧插入列"命令

8. 如表 9-1，要想将姓名"王可"修改为"王珂"，以下方法错误的是（　　　）。

  A. 选择"王可"所在单元格，然后输入"王珂"

  B. 选择文本"王可"，然后输入"王珂"

  C. 将光标定位在"王可"之后，按【Delete】键，然后输入"珂"

  D. 将光标定位在"王可"之前，按两次【Delete】键，然后输入"王珂"

9. 如表 9-1，想要将第一行表头设置为红色底纹，以下方法正确的是（　　　）。

  A. 在"编号"单元格右击，选择"边框和底纹"，设置底纹为红色

  B. 在表格左上角控制点右击，选择"边框和底纹"，设置底纹为红色

  C. 选定"编号"所在列右击，选择"边框和底纹"，设置底纹为红色

  D. 选定"编号"所在行右击，选择"边框和底纹"，设置底纹为红色

10. 如表 9-1，想要给表格设置边框线，以下方法错误的是（　　　）。

  A. 在表格左上角控制点右击，选择"边框和底纹"，设置边框

  B. 在表格左上角控制点单击，选择"边框和底纹"，设置边框

  C. 在表格左上角控制点单击，再单击"设计"选项卡"表格样式"组中的"边框"按钮，设置边框

  D. 选择表格后右击，选择"边框和底纹"命令，设置边框

11. 在 Word 中，当将两个表格之间的文字或回车符删除后，两个表格会（　　　）。

  A. 依然是两个表　　B. 合成一个表　　C. 无法确定　　D. 不是表格

12. 在 Word 中，要删除表格中的单元格、行或列，应先进行的操作是（　　　）。

  A. 选择　　　B. 复制　　　C. 剪切　　　D. 粘贴

13. 在 Word 编辑状态，选择整个表格后右击，选择"删除表格"命令，则（　　　）。

A. 表格中一列被删除   B. 表格中一行被删除

C. 整个表格被删除   D. 表格中没有被删除的内容

14. 在 Word 中，当前插入点在表格中某行的最后一个单元格内，按【Enter】键，其结果是（   ）。

A. 插入点所在的行加宽   B. 插入点所在的列加宽

C. 在插入点下一行增加一行   D. 对表格不起作用

15. 在 Word 文档中，向各个单元格输入数据前，要将插入点移到单元格内，下列操作中错误的是（   ）。

A. 将鼠标移到表格内后单击

B. 按【Tab】键，插入点移向右边的单元格内

C. 按【Shift】键，插入点移向左边的单元格内

D. 可以用光标键

实训十   Word 2010 图文混排

一、实训目的

1. 掌握页眉页脚的设置。
2. 掌握图片的插入与编辑。
3. 掌握艺术字的插入与编辑。
4. 掌握水印的设置。
5. 掌握自选图形、文本框的插入与编辑。

二、实训准备

1. 硬件：PC 一台。
2. 软件：Windows 7、Microsoft Office 2010。

三、实训概述

Word 2010 具有强大的图文混排功能，可以方便地为文档插入图片，使文档图文并茂。Word 文档可插入自选图形、图表、线条、艺术字等图形对象，也可插入剪贴画、图片、照片等图片对象。

本实训通过建立"电子版报"的形式，要求综合掌握页眉设置、图片的插入和编辑、艺术字的插入，并学会如何给文档设置图片水印效果。

四、实训内容

1. 新建 Word 文档，以 WSX10+学号.docx 为文件名保存至 WSX10+学号文件夹。
2. 将文档页面格式设置为上、下、左、右边距各为 1.5 cm，纸张大小为 A4。
3. 如图 10-1 所示，添加相应的页眉。输入"保护水资源"，字体设置为华文行楷、小二、加粗，各字符间空一格，居左对齐。

项目（二） Word 2010 的使用

图 10-1　实训结果

4. 插入图片"珍惜水"。

5. 插入素材 WSC-10-1.docx 文件。设置标题格式：字体为方正姚体、小二、浅蓝色，段落底纹填充为"白色，背景 1，深色 15%"。设置正文段落格式：首行缩进 2 个字符、1.25 倍行距。分栏操作：将正文分为两栏式结构。

6. 插入图片：在相应位置插入图片"缺水"，设置缩放为 300%、环绕方式为紧密型。

7. 如图 10-1 所示，插入剪贴画，宽度设置为缩放 110%。

8. 插入素材 WSC-10-2.docx 文件。设置标题为艺术字（第 4 行第 4 列，字体为华文新魏）。将正文分为两栏式，首行缩进 2 个字符，1.5 倍行距。

9. 如图 10-1 所示，插入图片"世界水日"，高度设置为缩放 60%，宽度设置为缩放 70%，环绕方式为紧密型。

10. 如图 10-1 所示，添加图片水印。"花草树木"，缩放 150%，去除水蚀。

11. 保存文档。

制作完成后如图 10-1 所示。

五、实训步骤

操作①

新建 Word 文档，以 WSX10+学号.docx 为文件名保存至 WSX10+学号文件夹。

操作步骤略。

操作②

将文档页面格式设置为上、下、左、右边距各为 1.5 cm，纸张大小为 A4。

操作步骤略。

操作③

如图 10-1 所示，添加相应的页眉。输入"保护水资源"，字体设置为华文行楷、小二、加粗，各字符间空一格，居左对齐。

（1）在"插入"选项卡的"页眉和页脚"组中单击"页眉"下拉按钮，在下拉列表框中单击"编辑页眉"按钮，切换至页眉编辑状态。

（2）在"页眉"位置输入"保护水资源"。

（3）选择"保护水资源"文本，字体设置为华文行楷、小二、加粗，各字符间空一格，居左对齐。

（4）单击"页眉和页脚工具"|"设计"选项卡中的"关闭页眉和页脚"按钮，退出页眉页脚编辑状态。

具体操作过程如图 10-2 所示。

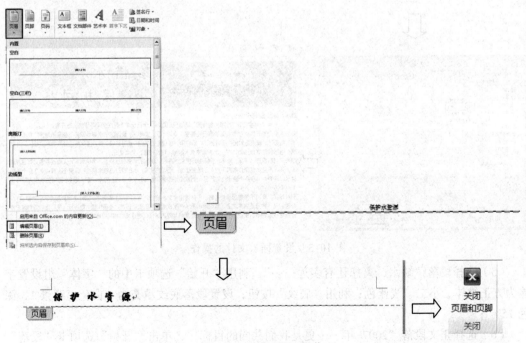

图 10-2　页眉设置操作

操作④

插入图片"珍惜水"。

（1）单击"插入"选项卡"插图"组中的"图片"按钮，弹出"插入图片"对话框。

（2）选择照片存储位置，单击需要插入的图片"珍惜水"，单击"确定"按钮。

 操作⑤

插入素材 WSC-10-1.docx 文件。设置标题格式：字体为方正姚体、小二、浅蓝色，段落底纹填充为"白色，背景 1，深色 15%"。设置正文段落格式：首行缩进 2 个字符、1.25 倍行距。分栏操作：将正文分为两栏式结构。

（1）按【Enter】键，在图片下方插入新行。

（2）在"插入"选项卡的"文本"组中单击"对象"下拉按钮，在下拉列表框中单击"文件中的文字"，打开"插入文件"对话框。

（3）选择需要插入的文件。

（4）单击"插入"按钮。

具体操作过程如图 10-3 所示。

图 10-3 设置插入文件的操作

（5）选择段落"缺水，离您还有多远……"，利用"开始"选项卡中的"字体"组设置字体为方正姚体、小二、浅蓝色；利用"底纹"按钮，设置段落底纹填充为"白色，背景 1，深色 15%"；

（6）选择正文段落"2007 年……更是我们共同的目标！"，单击"开始"选项卡"段落"

组中的对话框启动器按钮，弹出"段落"对话框，设置段落格式为首行缩进"2 字符"、行距
为"1.25 倍行距"。

操作⑥

插入图片：在相应位置插入图片"缺水"，设置缩放为 300%、环绕方式为紧密型。

（1）将光标定位在右侧文本任意位置。

（2）单击"插入"选项卡"插图"组中的"图片"按钮，弹出"插入图片"对话框。

（3）选择需要插入的图片"缺水"，单击"插入"按钮，完成图片插入。

（4）单击图片，再单击"格式"选项卡"大小"组中的对话框启动器按钮，弹出"布局"
对话框。

（5）选择"大小"选项卡，在"缩放"区域的"高度"数值框中输入 300%。

（6）选择"版式"选项卡，单击"紧密型"，单击"确定"按钮。

（7）选定图片，拖到图 10-1 所示的位置。

设置图片格式的操作如图 10-4 所示。

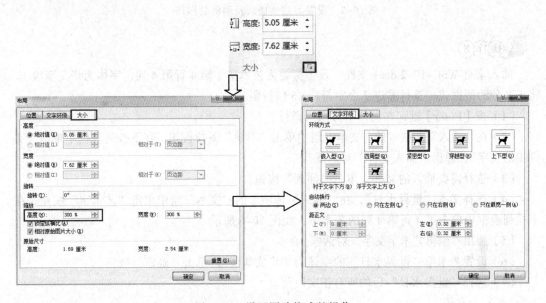

图 10-4　设置图片格式的操作

操作⑦

如图 10-1 所示，插入剪贴画，宽度设置为缩放 110%。

（1）将光标定位在文本末尾处。

（2）单击"插入"选项卡"插图"组中的"剪贴画"按钮，打开"剪贴画"任务窗格。

（3）单击"搜索"按钮，在"剪贴画"任务窗格中拖动"滚动条"，找到需要的剪贴画单
击，如图 10-5 所示。

（4）单击图片，再单击"格式"选项卡"大小"组中的对话框启动器按钮，弹出"布局"
对话框，如图 10-5 所示。

（5）选择"大小"选项卡，取消勾选"锁定纵横比"复选框，在"缩放"区域的"宽度"数值框中输入110%，单击"确定"按钮。

具体操作过程如图10-5所示。

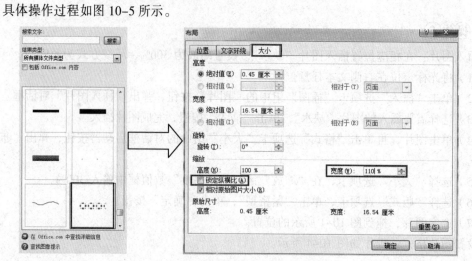

图 10-5　设置剪贴画插入及编辑的操作

操作⑧

插入素材 WSC-10-2.docx 文件。设置标题为艺术字（第4行第4列，字体为华文新魏）。将正文分为两栏式，首行缩进2个字符，1.5倍行距。

（1）按【Enter】键，在图片下方插入新行。

（2）在"插入"选项卡的"文本"组中单击"对象"下拉按钮，在下拉列表框中单击"文件中的文字"，弹出"插入文件"对话框。

（3）选择需要插入的文件，单击"插入"按钮。

（4）选择文本"世界水日"，在"插入"选项卡的"文本"组中单击"艺术字"按钮，在下拉列表框中单击第4行第4列的艺术字，如图10-6所示。

（5）弹出"编辑艺术字文字"对话框。

（6）设置艺术字"世界水日"的字体为"华文新魏"，单击"确定"按钮。

（7）选择"世界水日"后的所有正文段落。

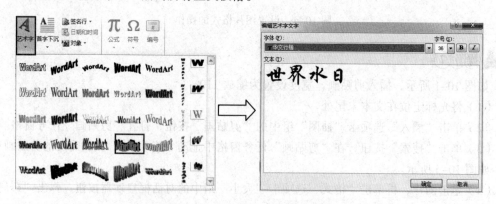

图 10-6　设置插入艺术字的操作

（8）利用"页面布局"中的"分栏"按钮，将正文分为两栏式。

（9）利用"开始"选项卡中的"段落"组设置段落格式为首行缩进2个字符，1.5倍行距。

操作⑨

如图10-1所示，插入图片"世界水日"，高度设置为缩放60%，宽度设置为缩放70%，环绕方式为紧密型。

（1）将光标定位在文本末尾。

（2）在"插入"选项卡的"插图"组中单击"图片"按钮，弹出"插入图片"对话框。

（3）选择需要插入的图片"世界水日"，单击"插入"按钮，完成图片插入。

（4）右击图片，选择"大小和位置"命令，弹出"布局"对话框。

（5）选择"大小"选项卡，取消选择"锁定纵横比"复选框，在"缩放"区域的"高度"数值框中输入60%，在"缩放"区域的"宽度"数值框中输入70%；

（6）选择"版式"选项卡，单击"紧密型"，单击"确定"按钮。

（7）选定图片，拖到图10-1所示的位置。

操作⑩

如图10-1所示，添加图片水印："花草树木"，缩放150%，去除水蚀。

（1）将光标定位在文本任意位置。

（2）在"页面布局"选项卡的"页面背景"组中单击"水印"按钮，在下拉列表框中单击"自定义水印"按钮，弹出"水印"对话框。

（3）选择"图片水印"并单击"选择图片"对话框，弹出"插入图片"对话框。

（4）选择需要插入的图片"花草树木"，单击"插入"按钮。

（5）在"缩放"下拉列表框中选择150%，取消勾选"冲蚀"复选框。

（6）单击"应用"按钮。

具体操作过程如图10-7所示。

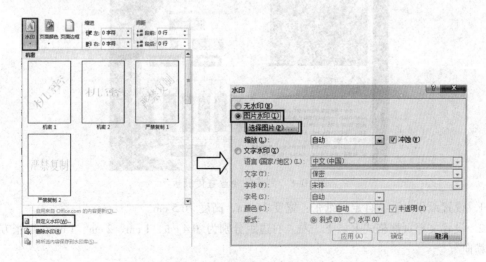

图10-7　设置水印的操作

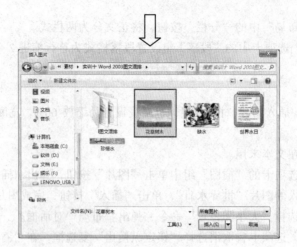

图 10-7　设置水印的操作（续）

操作⑪

保存文档。

操作步骤略。

六、课后实训

（一）制作企业宣传展板。

该项目采取自由组合形式（三人一组，并指定小组长，统一上报学习委员处备案），以小组为单位，任选一个企业作为素材，小组长在教师规定时间内提交电子报刊。

电子版报制作效果要求能够充分利用课内实训中所学的知识点，使其图文并茂，结构简洁清晰，具有自己的特色和创新点。

如图 10-8 所示，按要求进行如下操作：

图 10-8　制作的企业宣传展板

1. 设置纸张大小，自定义纸张：宽度 26 cm，高度 16.5 cm。

2. 设置文档页面格式上、下、左、右边距分别为 0.4 cm、1 cm、2 cm、1 cm，纸张方向为"横向"。

3. 设置页面分栏为"两栏"。

4. 在当前文档下，在"页面布局"的"页面背景"组中单击"页面颜色"下拉按钮，在下拉列表框中单击"填充效果"按钮，弹出"填充效果"对话框，选择作为背景的图片（见实训素材背景图）。

5. 插入宣传板左上角的图片，设置图片的大小，环境方式为"浮于文字上方"。

6. 输入正文标题及正文，设置正文格式（见图 10-8）。

7. 在宣传板右上角插入简单文本框，在文本框中输入"中国领先品牌⋯⋯"，格式见图 10-8。

8. 绘制形状并设置形状格式。

（1）在"插入"选项卡的"插图"组中单击"形状"按钮，在下拉列表框中单击所需的形状，在文档中拖动即可绘制所选图形。

（2）设置形状样式：大小及环绕方式。

（3）添加文本：选择形状对象，单击鼠标右键，选择"添加文本"命令。

（二）制作数学学报。

如图 10-9 所示，按要求进行如下操作：

——常用逻辑用语

◆ 已知方程 $x^2 + (2k-1)x + k^2 = 0$，求使方程有两个大于 1 的实数根的充分必要条件。

【解】令 $f(x) = x^2 + (2k-1)x + k^2$，方程有两个大于 1 的实数根

$$\Leftrightarrow \begin{cases} \Delta = (2k-1)^2 - 4k^2 \geq 0 \\ -\dfrac{2k-1}{2} > 1 \\ f(1) > 0 \end{cases} \qquad 即\ 0 < k \leq \dfrac{1}{4}$$

所以其充要条件为：$0 < k \leq \dfrac{1}{4}$

◆ 求解一元二次方程 $ax^2 + bx + c = 0(a \neq 0)$ 的解，绘制程序流程图如下：

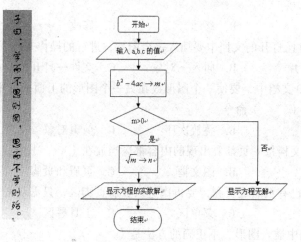

图 10-9　制作完成的数学学报

1. 打开素材 WSC-10-3.docx，以 WSX10-KH.docx 为名将文件另存到 WSX10+学号文件夹中。

2. 设置文档页面格式上、下、左、右边距均为 2 cm，纸张大小为 A4。

3. 如图 10-9 所示，添加相应的页眉。

4. 如图 10-9 所示，插入艺术字、剪贴画。环绕方式均设置为紧密型。

5. 如图 10-9 所示，利用插入公式的方式完成第一题求解过程。

6. 如图 10-9 所示，插入竖型文本框，设置字体为华文琥珀、小二号，文本框填充"雨后初晴"过渡效果、无线条。

7. 如图 10-9 所示，绘制程序流程图。

8. 保存文档。

七、理论习题

（一）填空题

1. 单击"插入"选项卡中的_____按钮即可打开"艺术字库"下拉列表框。

2. 图片的环绕方式共有_____、_____、_____、_____和_____5种。

3. 单击"插入"选项卡中的 SmartArt 按钮，在弹出对话框的图示库列出了 6 种图示效果，分别为_____、_____、_____、_____、_____和_____。

4. 自选图形根据形状共分为 8 大类，分别为_____、_____、_____、_____、_____、_____、_____以及其他自选图形。

5. 单击_____选项卡_____下拉列表框中的_____按钮，进入页眉页脚编辑状态。单击"设计"选项卡中"关闭"组中的_____按钮，或者双击_____退出页眉页脚编辑状态。

（二）单项选择题

1. 在 Word 2010 中可为文档添加页码，页码可以放在文档顶部或底部的（　　　）位置。
    A. 左对齐　　　　　　　　B. 居中　　　　　　　　C. 右对齐　　　　　　　　D. 以上都是

2. 在 Word 2010 文档中插入了一幅图片，对此图片不能直接在文档窗口中操作的是（　　　）。
    A. 大小　　　　　　　　　B. 移动　　　　　　　　C. 修改　　　　　　　　　D. 叠放次序

3. 在 Word 2010 已打开的文档中要插入一个图片，进行的操作是（　　　）。
    A. 插入→图片　　　　B. 插入→对象　　　　C. 文件→打开　　　　D. 剪切→复制

4. 在 Word 2010 文档中，要使一个图形放在另一个图形的上面，可用右键单击该图形，在弹出的菜单中选择（　　　）命令。
    A. 组合　　　　　　　　　B. 叠放次序　　　　　　C. 剪辑对象　　　　　　　D. 设置图片格式

5. Word 中，在文档每一页都要出现的内容都应当放在（　　　）中。
    A. 文本　　　　　　　　　B. 图文框　　　　　　　C. 页眉和页脚　　　　　　D. 批注

6. Word 中如果已有页眉或页脚，要再次进入页眉页脚区，只需双击（　　　）。
    A. 文本区　　　　　　　　B. 菜单区　　　　　　　C. 工具栏区　　　　　　　D. 页眉页脚区

7. 在 Word 文档中插入图形，不正确的方法是（　　　）。
    A. 直接利用绘图工具绘制图形

   B. 单击"文件"选项卡中的"打开"按钮，再选择某个图形文件名

   C. 单击"插入"选项卡的"图片"按钮，再选择某个图形文件名

   D. 利用剪贴板将其他应用程序中的图形粘贴到文档中

8. 在 Word 2010 编辑状态下，用鼠标改变图片大小时，鼠标指针变为（　　　　）。

   A. 单向箭头　　　　　B. 双向箭头　　　　C. 沙漏　　　　　D. 十字箭头

9. 在 Word 2010 编辑状态下，进入艺术字环境是通过单击（　　　）项来实现的。

   A. "文件"选项卡的"打开"　　　　　　B. "开始"选项卡的"查找"

   C. "插入"选项卡的"艺术字"　　　　　D. "插入"选项卡的"页码"

10. 在 Word 中某个文本页面是纵向的，如果其中某一项需要横向页面，则（　　　　）。

   A. 不可以这样做

   B. 在横页开始和结束处插入分节符，通过页面设置为横向，应用范围内设为"本节"

   C. 将整个文档分为两个文档来处理

   D. 将整个文档分为 3 个文档来处理

实训十一　Word 2010 综合实训

一、实训目的

1. 掌握分页符的使用、插入页码操作。
2. 掌握标题样式的设置。
3. 掌握自动生成目录。
4. 掌握题注的插入、标注的设置。

二、实训准备

1. 硬件：PC 一台。
2. 软件：Windows 7、Microsoft Office 2010。

三、实训概述

毕业论文是培养学生综合能力的一个重要教学环节，是检验毕业生专业理论基础知识、操作技能以及独立工作能力的一种手段，也是衡量学生是否达到培养目标、能否毕业的重要依据。现在，各大高校都要求学生能够利用 Word 文档形式来编辑自己的毕业论文，对于不同的高校其格式要求又有所不一，但都要求学生具有一定的 Word 软件应用能力。

本实训通过利用一篇毕业论文进行格式设置操作，要求综合运用 Word 2010 的基本功能掌握分页符的使用、页眉页脚的设置、标题样式的设置，以及使用插入"索引和目录"的方式自动生成目录等相关操作。

四、实训内容

1. 打开素材 WSC-11-1.docx，以 WSX11-KH.docx 为名将文件另存到 WSX11+学号文件夹中。

2. 设置文档页面格式上边距为 3.5 cm、下边距为 3 cm、左边距为 3 cm、右边距为 2 cm，纸张大小为 A4，页眉线上边距为 2.5 cm，页脚下边距为 1.8 cm。

3. 在相应位置插入分页符，使"目录""摘要""正文""参考文献""致谢"各部分分页。

4. 设置全文行距为 1.25 倍。

5. 插入页码，设置首页不显示页码、起始页码为 0，实现页码从"摘要"部分开始。

6. 插入页眉文字：广西农业职业技术学院毕业论文，字体为宋体、五号。

7. 设置各部分标题格式："目录"部分标题设置为黑体、三号、居中；其余各部分标题设置为标题 1 样式、黑体、三号、居中。

8. 设置各部分正文格式：首行缩进 2 个字符、宋体、小四号。

9. 设置"摘要"部分中关键词：黑体、小四号、左对齐。

10. 设置正文部分各级别标题：1 级标题设置为标题 1 样式、黑体、三号；2 级标题设置为标题 2 样式、黑体、四号；3 级标题设置为标题 3 样式、黑体、小四号。

11. 设置图片格式为居中对齐，利用插入题注形式插入各图标题，并设置为宋体、五号、加粗、居中。

12. 设置参考文献的引文标注：字体格式为上标。

13. 利用插入"索引和目录"的形式插入论文目录，设置为显示页码、右对齐、显示级别为 3；字体格式设置为宋体、小四、无加粗、无倾斜，段落格式设置为分散对齐、左右无缩进、段前段后无间距、行距为 1.25 倍。

14. 保存文档。

制作完成后如图 11-1 所示。

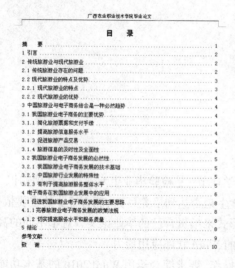

图 11-1　实训结果

1 引言

旅游电子商务，是指以网络为主体，以旅游信息库、电子化商务银行为基础，利用最先进的电子手段运作旅游业及其分销系统的商务体系。随着现代科技和信息产业的发展，互联网的兴起给旅游业带来了新的契机，网络的关互性、实时性、丰富性和便捷性等优势促使传统旅游业迅速融入网络旅游的浪潮，计算机互联网技术在旅游业中的应用日渐增多，这对于旅行社经营者和企业内部管理的自动化和现代化以及更好地服务于旅游者等、促进我国旅游产业的发展，都发挥了重要的作用。在我国众多旅游网站中，"客旅在线"的诞生标志着中国旅游电子商务进入了"鼠标+水泥"的阶段，实现了传统旅游业与高科技的完美联接。[3]

相对于其他行业而言，以服务为主要内涵的旅游业，发展电子商务有其得天独厚的优势：物流的延误旅游电子商务影响甚微；旅游的客户极为分散，丰富适合通过互联网进行集聚；丰富的旅游信息资源通过过因特网可以得到全方位的展现等。可以说发展旅游业电子商务，提高旅游业的竞争实力和市场适应能力，将是中国旅游业发展的必然选择。

2 传统旅游业与现代旅游业

2.1 传统旅游业存在的问题

我国传统旅游业在经营观念、管理体制等方面还存在着一些明显的问题，具体表现在以下一些方面：

（1）旅游企业的经营管理水平普遍不高。这主要是由于地方政府宏观调控能力较弱，缺乏产业化和规模化的发展思路，从而导致了严重的地方保护主义和本位主义，束缚了旅游业的发展。

（2）旅游业缺乏规模经济。目前我国旅游企业"散、小、弱、差"的规模未能得到根本改善，虽然已经发展了不少大型旅游集团公司，但真正叫得响的品牌不多，行业竞争力没有得到明显改善。

（3）我国旅游商品开发比较单一。长期以来，旅游购物一直是我国旅游"行、旅、住、食、购、娱"六大要素中最为薄弱的环节之一。

（4）我国生态旅游消费品短缺。与人文景观产品开发相比，我国生态旅游极为落后，难以适应旅游消费者发展的需求。

（5）配套体系相对滞后。这主要体现在我国交通、旅行社数量和质量、旅游饭店结构和布局方面等。

（6）发展旅游商品受时空的限制。由于传统旅游在时间空间上受到很大的限制，难以做到随时旅游，同时传统旅游还受地域的限制，因为传统旅游资源受季节等多种因素的

影响，使得旅游者想外出旅游的时候，往往由于种种原因而放弃了去旅游。

（7）传统旅游限制了旅游的综合信息。传统的旅游业中，旅游企业发布旅游信息的渠道非常有限，因此对于旅游者来说，信息的收集与查询受时间与空间的限制，即不能随时随地查看所需的旅游信息。另一方面，旅游者主要通过传统的报刊、广播、旅行中介的纸质资料获取旅游信息，而且获得的旅游信息是很陈旧的。

（8）存在物流配送和支付结算问题。由于传统旅游可能存在是复杂、是费力的物流问题，并且传统旅游离不开一些纸质票据的运输问题。同时支付结算也相当烦琐，旅行者出现旅游必须携带一定数量的现金，这样给外出者带来很大的不便，同时也存在安全问题。[4]

2.2 现代旅游业的特点及优势

2.2.1 现代旅游业的特点

（1）旅游者的大众性。现代旅游首先表现为它的大众化。所谓大众性，一是指旅游参加者的范围已扩展到普通的劳动大众，旅游活动在世界各地各个阶层都普遍开展起来。二是参加旅游的人数越来越多，旅游者也越来越远。三是群体性、视范性旅游增加。四是旅游作为一种激励员工的手段，已被企业或各种组织所广泛采用。

（2）发展的广泛性。目前，世界已有100多个国家经营国内、国际旅游业，有100多个国参加联合国的世界旅游组织。由于世界各国和地区的旅游事业的普遍发展使旅游者几乎可以无处不到，区域边远地区旅游的局限性正在逐渐消失。

（3）地理的集中性。随着现代科学技术的发展和交通运输工具的进步，各地空间的距离不断缩小，旅游稠度增加。但是，现代旅游者不是平均地分布在地球表面的各个地区，他们往往集中到某些地区或国家旅游，甚至集中到某些景点参观旅览或从事其他旅游活动。

（4）旅游的季节性。根据旅游资源的不同性质和不同的旅游类型，现代旅游的季节性非常突出。一般来说，主要依赖自然旅游资源吸引游客的国家和地区，旅游接待量的季节性波动比较大；主要依靠人文旅游资源吸引游客的国家和地区，旅游接待量的季节性波动就比较小。消遣型旅游受季节性制约多一些，事务型旅游几乎不受季节性影响。

（5）增长的持续性。战后世界经济的发展经历了许多曲折而兴衰的变化过程，尤其是西方国家的经济都经历了多次经济危机的冲击。唯独旅游业"一枝独秀"，异乎寻常地关注。在今后历史发展过程中，只要不发生新的世界大战或全球性的经济危机，世界旅游增长的持续性不会改变，世界旅游业也将继续发展。我国只要保持社会的稳定，坚持改革开放，保证国民旅游一定能持续增长和快速增长。

（6）服务的一体性。由于科学技术的发展和人们旅游需求是的不断提高，现代旅游服务的一体化特点越来越明显。所谓服务一体化，就是为旅客提供食、住、游、购、

实际问题情况，选择自助旅游、生态旅游和探险旅游等，并通过网络将食宿、订票、旅游交通一系列规范的事情安排妥当，使得在旅游过程中能够完全无忧无虑地享受人文景观和自然景观所带来的身心愉快。因此，旅游电子商务将会显著提升中国旅游业的服务水平，带动旅游消费的上升，促进中国旅游业的进一步发展。

4 电子商务在我国旅游业发展中的应用

电子商务介入传统的旅游业应该说是一种必然，因为旅游业被认为是对因特网敏感度最强的产业之一，它与旅游、网上书店一起被合称为在网上经营的三大行业。电子商务在旅游业中的应用主要有：信息查询服务、在线预订服务、客户服务、代理人服务等等。

作为中国领先的综合性旅游服务公司，携程旅行网超过一千余万注册会员提供包括酒店预订、机票预订、度假预订、商旅管理、特惠用户以及旅游资讯在内的全方位旅行服务。携程旅行网在电子商务行业的发展已初显规模，将正逐步引领中国的电子商务走向一个更高的层次。

下面以携程旅游网预定酒店为例，谈谈电子商务在我国旅游业发展中的应用。

电子商务网站的建立要充分考虑到应用的人群，首首要的特点，主要是方便、易浏览。如今，企业在开发自目的门户网时也把这一因素列为了必要条件，所以当消费者进入携程旅游网的门户网时，就可以在"首页"找到自己所需的信息标题，消费者若要进行相关服务的预订，必须要先进行用户注册，这样才可以享有会员的权利，才能继续浏览页面。如图1。

图1 用户注册

如果你想在携程网上预订一个酒店客房，那么你只需点击"酒店"标题一下，就可以查询到不同标准的客房，还有其他的信息，如停车场、地理位置、超市等。如图2。

图2 酒店预订

一个好的电子商务网站关注的不仅仅是旅客的一日三餐，更多的是为客人提供全方位的服务。携程旅游网有着集中化的酒店信息，在更大程度上满足了消费者的选择，同时，携程网也正在完善个性化旅游服务的系统，希望给消费者最大的空间选择。

携程网可制定服务的具体操作流程：首先，进入携程网，然后点击"酒店"导航，进入查询国内酒店界面，填写基本信息后点击查询，进入具体酒店的选择界面，就可以看到酒店的详细信息，然后点击预订，就可以进入到会员或者会员的登陆界面，填写登陆信息后，就可以进行支付了，支付完成，整个酒店预订过程也就完成了。由此可知，通过网上预定可以很容易就完成了酒店的预定了。如图3。

进入携程网
点击酒店导航
填写基本信息
进入具体信息
填写登陆信息
进行支付

图3 操作流程

图 11-1　实训结果（续）

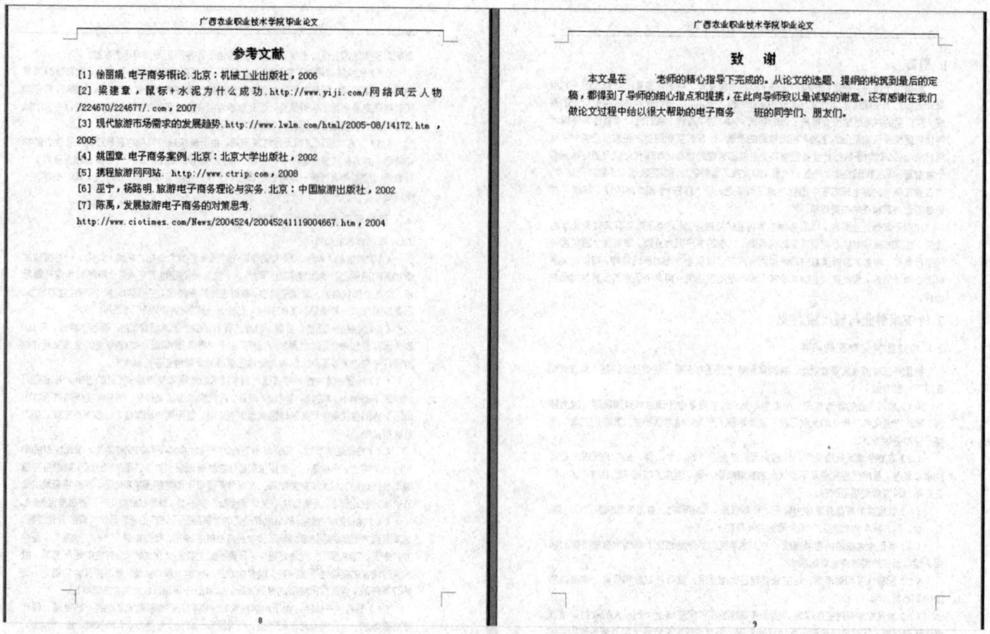

广西农业职业技术学院毕业论文

参考文献

[1] 徐丽娟. 电子商务概论. 北京: 机械工业出版社, 2006
[2] 梁建章, 鼠标+水泥为什么成功. http://www.yiji.com/网络风云人物/224670/224677/.com, 2007
[3] 现代旅游市场需求的发展趋势. http://www.lwlm.com/html/2005-08/14172.htm, 2005
[4] 姚国章. 电子商务案例. 北京: 北京大学出版社, 2002
[5] 携程旅游网网站. http://www.ctrip.com, 2008
[6] 巫宁, 杨路明. 旅游电子商务理论与实务. 北京: 中国旅游出版社, 2002
[7] 陈亮. 发展旅游电子商务的对策思考.
http://www.ciotimes.com/News/2004524/2004524119004667.htm, 2004

广西农业职业技术学院毕业论文

致 谢

本文是在　　老师的精心指导下完成的。从论文的选题、提纲的构筑到最后的定稿，都得到了导师的细心指点和提携，在此向导师以最诚挚的谢意。还有感谢在我们做论文过程中给以很大帮助的电子商务　　班的同学们、朋友们。

图 11-1　实训结果（续）

五、实训步骤

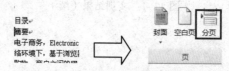

A 操作①

打开素材 WSC-11-1.docx，以 WSX11-KH.docx 为名将文件另存到 WSX11+学号文件夹中。
操作步骤略。

A 操作②

设置文档页面格式上边距为 3.5 cm、下边距为 3 cm、左边距为 3 cm、右边距为 2 cm，纸张大小为 A4，页眉线上边距为 2.5 cm，页脚下边距为 1.8 cm。
操作步骤略。

A 操作③

在相应位置插入分页符，使"目录""摘要""正文""参考文献""致谢"各部分分页。
（1）将光标定位在"摘要"之前。
（2）单击"插入"选项卡"页"组中的"分页"按钮。
（3）按如上方法，对其余各部分进行分页。
具体操作过程如图 11-2 所示。

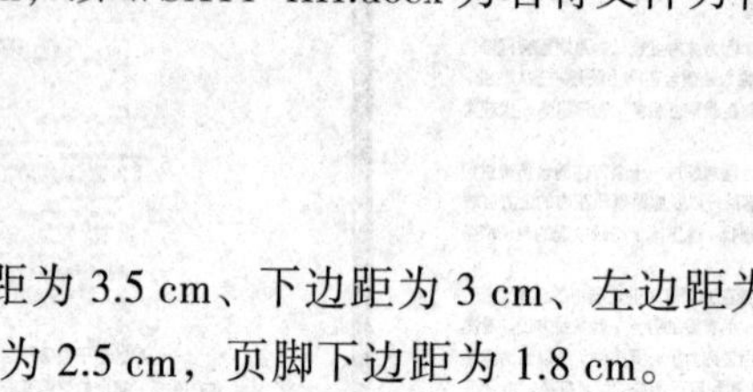

目录
摘要
电子商务，Electronic
络环境下，基于浏览

封面　空白页　分页

页

图 11-2　插入分页符的操作

操作④

设置全文行距为 1.25 倍。

（1）按【Ctrl+A】组合键全选。

（2）单击"开始"选项卡"段落"组中的对话框启动器按钮，在弹出的对话框中进行行间距设置。

 操作⑤

插入页码，设置首页不显示页码、起始页码为 0，实现页码从"摘要"部分开始。

（1）单击"插入"选项卡"页眉和页脚"组中的"页码"按钮，在下拉列表框中单击"页面底端"按钮。

（2）选择"普通数字 2"样式，进入页眉和页脚编辑状态，单击"关闭页眉页脚"按钮。

（3）单击"插入"选项卡"页眉和页脚"组中的"页码"按钮，在下拉列表框中单击"设置页码格式"按钮，弹出"页码格式"对话框。

（4）设置"起始页码"为"0"，单击"确定"按钮。

（5）双击首页页码，进入页脚编辑状态，勾选"选项"组中的"首页不同"复选框，将页码 0 删除。

具体操作过程如图 11-3 所示。

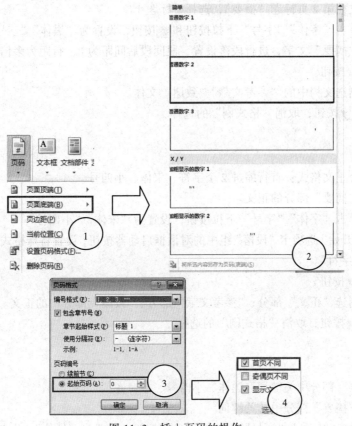

图 11-3　插入页码的操作

操作⑥

插入页眉文字：广西农业职业技术学院毕业论文，字体为宋体、五号。

（1）定位光标至文档第一页。

（2）单击"插入"选项卡"页眉和页脚"组中的"页眉"按钮，在下拉列表框中单击"编辑页眉"按钮，切换至页眉页脚编辑状态。

（3）在第一页的"页眉"位置输入"广西农业职业技术学院毕业论文"。

（4）单击"页眉和页脚"组中的"关闭页眉和页脚"按钮，退出页眉页脚编辑状态，或双击正文，退出页眉页脚编辑状态。

操作⑦

设置各部分标题格式："目录"部分标题设置为黑体、三号、居中；其余各部分标题设置为标题1样式、黑体、三号、居中。

（1）选定文档第1页文本"目录"。

（2）单击"字体"下拉按钮，在下拉列表框中选择"黑体"。

（3）单击"字号"下拉按钮，在下拉列表框中选择"三号"。

（4）单击▤按钮，设置居中。

（5）选定文档第2页标题"摘要"，选择"标题1"。

（6）分别单击"字体""字号"下拉按钮和▤按钮，设置为"黑体""三号""居中"。

（7）选择"摘要"文字，进行段落设置，段间段后间距为0，行距为多倍行距：1.25倍。

（8）双击📎按钮。

（9）依次刷选文档中的"参考文献""致谢"文体。

（10）单击📎按钮，取消"格式刷"的选择。

操作⑧

设置各部分正文格式：首行缩进2个字符、宋体、小四号。

（1）选择"摘要"部分的正文。

（2）分别单击"字体""字号"下拉按钮，设置为"宋体""小四号"。

（3）单击"开始"选项卡"段落"组中的对话框启动器按钮，设置特殊格式为"首行缩进"，量度值为"2个字符"。

（4）双击📎按钮。

（5）依次刷选"正文"部分、"参考文献"部分、"致谢"部分中的正文。

（6）单击📎按钮，取消"格式刷"的选择。

操作⑨

设置"摘要"部分中关键词：黑体、小四号、左对齐。

（1）选择"摘要"部分中的关键词。

（2）分别单击"字体""字号"下拉按钮和▤按钮，设置为"黑体""小四号""左对齐"。

操作⑩

设置正文部分各级别标题：1级标题设置为标题1样式、黑体、三号；2级标题设置为标题2样式、黑体、四号；3级标题设置为标题3样式、黑体、小四号。

1级标题设置：

（1）选择"正文"部分文本"1 引言"。

（2）单击"开始"选项卡"样式"组中的"标题1"按钮，选择"标题1"。

（3）分别单击"字体""字号"下拉按钮，设置为"黑体""三号"、不居中。

（4）双击 按钮。

（5）依次刷选"正文"部分的1级标题，

（6）单击 按钮，取消"格式刷"的选择。

2级标题设置：

（7）选择"正文"部分文本"2.1 传统旅游业存在的问题"。

（8）在"样式"列表框中选择"标题2"。

（9）设置"标题2"的段落为段间段后间距为0，行距为多倍行距：1.25倍。

（10）双击 按钮。

（11）依次刷选"正文"部分的2级标题。

（12）单击 按钮，取消"格式刷"的选择。

3级标题设置：

（13）选择"正文"部分文本"2.2.1 现代旅游业的特点"。

（14）单击"开始"选项卡"样式"组中的"标题3"按钮，选择"标题3"。

（15）分别单击"字体""字号"下拉按钮，设置为"黑体""小四号"。

（16）双击 按钮。

（17）依次刷选"正文"部分的3级标题。

（18）单击 按钮，取消"格式刷"的选择。

操作⑪

设置图片格式为居中对齐，利用插入题注形式插入各图标题，并设置为宋体、五号、加粗、居中。

（1）选择"正文"部分第1张图片。

（2）单击 按钮。

（3）将光标定位在图片下方的文本"用户注册"之前。

（4）单击"引用"选项卡"题注"组中的"插入题注"按钮，弹出"题注"对话框。

（5）单击"新建标签"按钮，弹出"新建标签"对话框。

（6）在"标签"文本框中输入"图"，单击"确定"按钮。

（7）单击"题注"对话框中的"确定"按钮，完成"图1"的插入。题注插入具体操作过程如图11-4所示。

（8）选定题注文本"图 1 用户注册"。

图 11-4　插入题注操作

（9）分别单击"字体""字号"下拉按钮，以及 **B**、≡ 按钮，设置为"宋体""五号""加粗""居中"。

操作⑫

设置参考文献引文标注：字体格式为上标。

（1）选择文档中的"[1]"。

（2）单击"开始"选项卡"字体"组中的对话框启动器按钮，弹出"字体"对话框，如图 11-5 所示。

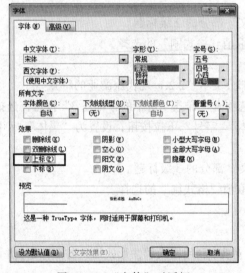

图 11-5　"字体"对话框

（3）勾选"效果"区域的"上标"复选框。

（4）单击"确定"按钮。

（5）按以上方法设置文档中其他参考文献引文标注。

操作⑬

利用插入"索引和目录"的形式插入论文目录，设置为显示页码、右对齐、显示级别为 3；字体格式设置为宋体、小四、无加粗、无倾斜，段落格式设置为分散对齐、左右无缩进、段前段后无间距、行距为 1.25 倍。

（1）将光标定位于文本"目录"之后，按【Enter】键产生新行。

（2）单击"引用"选项卡"目录"组中的"目录"下拉按钮，在下拉列表框中单击"插入目录"按钮，弹出"目录"对话框，如图 11-6 所示。

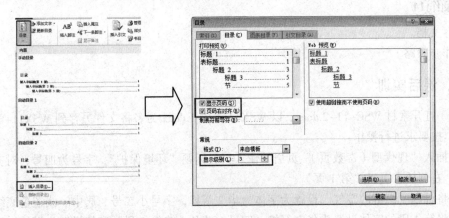

图 11-6　插入自动生成目录操作

（3）选择"目录"选项卡，设置为显示页码、右对齐、显示级别为3。

（4）单击"确定"按钮，结果如图 11-7 所示。

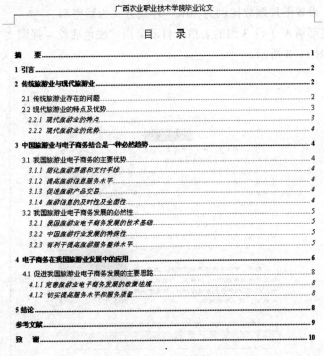

图 11-7　实训结果

（5）选择目录正文。

（6）单击"开始"选项卡"字体"组中的按钮，将字体格式设置为宋体、小四、无加粗、无倾斜。

（7）单击"开始"选项卡"段落"组中的对话框启动器按钮，弹出"段落"对话框，段落格式设置为分散对齐、左缩进为"0 字符"、右缩进为"0 字符"、段前间距为"0 行"、段后间距为"0 行"、行距为"多倍行距 1.25 倍"。

操作⑭

保存文档。

操作步骤略。

六、课后实训

（一）打开素材 WSC-11-2.docx，以 WSX11-KH-1.docx 为名将文件另存到 WSX11+学号文件夹中。按要求进行操作：

1. 插入"现代型（奇数页）"页眉，输入页眉标题"环境保护"，字号为四号，对齐方式为居中，右侧插入页码"第 1 页"。

2. 将标题"海滨的空气"设置为字体为华文新魏，字号小二号、居中、浅蓝色底纹。

3. 将第 1 段的字体设置为华文行楷、四号、蓝色；将第 2 段的字体设置为楷体、四号、绿色；将第 3 段的字体设置为华文新魏、四号、粉红色（RGB:255,50,200），第 4 段设置为隶书、四号、深蓝。

4. 将第 2、3、4 段设置为固定行距为 20 磅。

5. 插入图片，设置图片缩放比例为 80%，环绕方式为紧密型。

6. 在文档的尾部插入 3 行 3 列的表格，自动套用"浅色底纹 – 强调文字颜色 2"的表格样式。操作结果如图 11-8 所示。

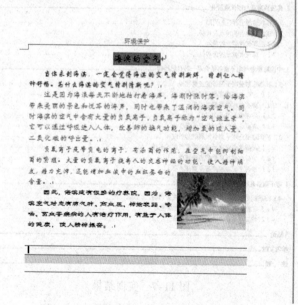

图 11-8　课后实训（一）的操作结果

7. 对文档进行加密操作，设置密码为 888888。

8. 保存退出。

（二）打开素材 WSC-11-3.docx，以 WSX11-KH-2.docx 为名将文件另存到 WSX11+学号文

件夹中。按要求进行操作：

1. 页面设置：设置纸张大小为 16 开，页边距上、下、左、右各为 2.3 cm。
2. 将标题文字"水族"设置为小二号、加下画线、居中。
3. 输入如下文字作为正文的第 3 段，并设置该段字体颜色为蓝色：水族人民创造了光辉灿烂的历史和文化。很早时候，水族人民就创造了一种古老的文字，称为"水书"或"水字"。在长期的生产斗争中，水族人民还创造了自己的历法——水历。
4. 设置正文各段落首行缩进 2 个字符，段前间距 0.5 行，行距为固定值 18 磅。
5. 将图片插入正文第 2 段，设置版式为"四周型"，大小缩放比例为 70%。
6. 对文档中的表格完成以下操作：
（1）设置第 2 列的底纹为蓝色；在表格第 3 列的右侧插入一列。
（2）设置表格内所有单元格水平、垂直居中对齐。
7. 保存退出。

操作结果如图 11-9 所示。

图 11-9　课后实训（二）的操作结果

七、理论习题

（一）填空题

1. "页面设置"对话框包括_____、_____、_____和_____4个选项卡。

2. 单击_____选项卡中_____按钮，进入"打印"界面。

3. 将鼠标定位在文档的最前面，单击_____选项卡_____组中_____按钮，在下拉列表中单击"插入目录"按钮，弹出"插入目录"对话框，切换到_____选项卡中设置目录格式，单击"确定"按钮即可插入目录。

4. 如果文档的内容和页码有所变化，此时用户需要对其进行更新。选定目录后右击，在快捷菜单中单击_____命令，在弹出的对话框中选择_____或_____单选按钮即可自动更新。

5. 将光标定位在图题前，单击_____选项卡_____组中的_____按钮，弹出"题注"对话框。如果所需题注没有标签，可以在对话框中单击_____按钮建立标签。

（二）单项选择题

1. 在 Word 2010 中，文档不能打印的原因不可能是（   ）。
   - A. 没有连接打印机
   - B. 没有设置打印机
   - C. 没有经过打印预览查看
   - D. 没有安装打印驱动程

2. 在 Word 2010 中，下面有关文档分页的叙述，错误的是（   ）。
   - A. 分页符也能打印出来
   - B. 可以自动分页，也可以人工分页
   - C. 按【Del】键可以删除人工分页符
   - D. 分页符标志着新一页的开始

3. 打印页码 4-10,16,20 表示打印的是（   ）。
   - A. 第 4 页，第 10 页，第 15 页，第 20 页
   - B. 第 4 页至第 10 页，第 16 页至第 20 页
   - C. 第 4 页至第 10 页，第 16 页，第 20 页
   - D. 第 4 页，第 10 页，第 16 页至第 20 页

4. 关于 Word 中的页面设置，说法不正确的是（   ）。
   - A. 每一章都可以有自己的页面设置
   - B. 默认值是不可改变的
   - C. 双击垂直标尺的刻度部位打开"页面设置"对话框
   - D. 同一章节可以有不同的页面设置

5. 在 Word 编辑状态，可以使插入点快速移到文档首部的组合键是（   ）。
   - A. 【Ctrl+Home】
   - B. 【Alt+Home】
   - C. 【Home】
   - D. 【PageUP】

6. 在 Word 2010 编辑状态，为文档设置页码，可以使用（   ）。
   - A. "视图"选项卡中的命令
   - B. "文件"选项卡中的命令
   - C. "引用"选项卡中的命令
   - D. "插入"选项卡中的命令

7. 要模拟显示打印效果，应当单击"文件"选项卡中的（   ）。
   - A. "打印预览"按钮
   - B. "打印"按钮
   - C. "打开"按钮
   - D. "新建"按钮

8. 如果文档中的内容在一页的情况下需要强制换页，最好的方法是（   ）。

A. 插入分页符   B. 不可以这样做

C. 多按几次【Enter】键直到出现下一页   D. 按住【Space】键不放

9. 要在 Word 文档中插入当前的日期和时间，首先单击（　　　）。

    A. "文件"选项卡   B. "开始"选项卡

    C. "插入"选项卡   D. "引用"选项卡

10. 在 Word 2010 的编辑状态中，编辑文档中的 A^2，应使用（　　　）对话框设置。

    A. "字体"对话框   B. "段落"对话框

    C. "页面设置"对话框   D. "样式"按钮

11. 在 Word 2010 的编辑状态中，关于页眉/页脚的显示状态，以下不可能出现的是（　　　）。

    A. 文档的每页上有相同的页眉/页脚

    B. 文档第一页的页眉/页脚与其他页不同

    C. 文档的奇偶页上有相同的页眉/页脚

    D. 文档最后一页的页眉/页脚与其他页不同

12. 在 Word 中，要查看某篇文档的字数、行数、段落数、文档编辑所花的时间等信息，可以通过（　　　）。

    A. "审阅"下的"字数统计"按钮   B. "页面布局"下的"页边距"按钮

    C. "视图"下的"显示比例"   D. "引用"下的"插入题注"按钮

13. 在 Word "文件"选项卡"最近使用文件"中有若干个文件名，其意思是（　　　）。

    A. 这些文件目前处于打开状态

    B. 这些文件正在排队等待打印

    C. 这些文件最近用 Word 处理过

    D. 这些文件是当前目录中扩展名为 docx 的文件

14. 对当前文档中的文字进行"字数统计"操作，应当使用（　　　）选项卡。

    A. "开始"   B. "引用"   C. "插入"   D. "审阅"

15. 在 Word 编辑状态下，按先后顺序依次打开了 Word1.docx、Word2.docx、Word3.docx、Word4.docx 这 4 个文档，则当前的活动窗口是（　　　）。

    A. Word1.docx 窗口   B. Word2.docx 窗口

    C. Word3.docx 窗口   D. Word4.docx 窗口

实训十二 Excel 工作表的建立

一、实训目的

1. 了解 Excel 2010 的窗口组成。
2. 掌握工作簿的创建。
3. 掌握输入各类常见数据的格式和方法。
4. 掌握快速输入有规律数据的方法。
5. 掌握工作表中有效性格式的设置方法。

二、实训准备

1. 硬件：PC 一台。
2. 软件：Windows 7、Microsoft Office 2010。

三、实训概述

Excel 2010 是一款目前最常用的电子表格处理软件，可用来制作各种电子表格，快速输入数据，对表中数据进行计算、排序、筛选、检索、分类汇总以及快速生成各种图表等。

本实训通过创建 EX12+学号.xlsx 文档，通过各类常见数据的输入、有效性格式的设置，掌握本次实训目的。

四、实训内容

1. 在 Excel 2010 中创建一个工作簿，以 EX12+学号.xlsx 为文件名另存到 EX12+学号文件夹中，了解 Excel 2010 窗口的组成，并向 Sheet1 工作表输入数据。表中数据如图 12-1 所示。

2. 设置课程成绩的输入条件，使其只能输入 0～100 范围内的数据，否则显示警告信息，如果工作表中已经输入了数据，使用"圈定无效数据"功能进行检测，并使用红色的椭圆圈标注出来。

3. 根据提示，将"-80""-90"两个负数更改为"80""90"。

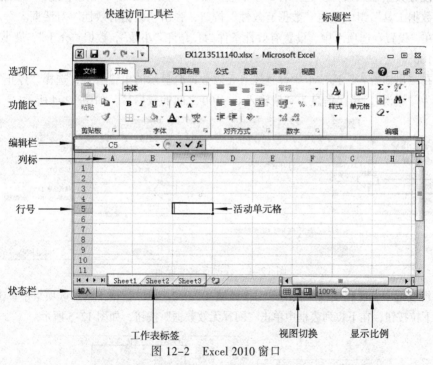

	A	B	C	D	E	F	G	H	I	J
1	学生成绩表									
2	学号	姓名	专业	计算机	大学英语	高等数学	总分	平均分	排名	总评
3	010519001	李大伟	物联网	85	86	88				
4	010519002	李成	物联网	92	-80	84				
5	010519003	程晓晓	交通运输	75	87	78				
6	010519004	陈一平	越南语	80	53	84				
7	010519005	刘亚平	越南语	80	82	86				
8	010519006	张小珊	越南语	65	63	48				
9	010519007	李美	会计	84	85	80				
10	010519008	张浩然	交通运输	58	45	65				
11	010519009	韦小冉	园林	65	84	86				
12	010519010	黄光宇	园林	83	-90	82				
13										

图 12-1 学生成绩表内容

五、实训步骤

操作①

在 Excel 2010 中创建一个工作簿，以 EX12+学号.xlsx 为文件名另存到 EX12+学号文件夹中，了解 Excel 2010 窗口的组成，并向 Sheet1 工作表输入数据。表中数据如图 12-1 所示。

（1）启动 Excel 2010。默认新建工作簿 Book1，单击"文件"选项卡中的"另存为"按钮，弹出"另存为"对话框，以 EX12+学号.xlsx 为文件名把工作簿保存到 EX12+学号文件夹中，观察了解 Excel 2010 的窗口结构：标题栏、快速访问工具栏、选项区、功能区、编辑栏、工作区和状态栏等，如图 12-2 所示。

图 12-2 Excel 2010 窗口

（2）单击工作表 Sheet1 中的 A1 单元格，使之成为活动单元格，输入标题"学生成绩表"；在第二行的 A2 到 J2 单元格中分别输入表头的各列名称；

（3）编写学号。单击 A3 单元格，输入英文的单引号"'"加上学号"010519001"即"'010519001"，在 A4 单元格输入"'010519002"，选中 A3 和 A4 单元格，把鼠标指针移到填充柄处，当鼠标指针变成实心的黑十字时，按住鼠标左键不放，并向下拖动至 A12 单元格即可，如图 12-3 所示。

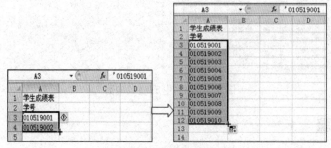

图 12-3　编写学号操作

（4）输入姓名、专业等其他信息。

操作②

设置课程成绩的输入条件，使其只能输入 0～100 范围内的数据，否则显示警告信息，如果工作表中已经输入了数据，使用"圈定无效数据"的功能进行检测，并使用红色的椭圆圈标注出来。

（1）设置数据输入条件。选中各课程成绩所在的单元格区域 D3:F12，选择"数据"选项卡，在"数据工具"组中单击"数据有效性"按钮，弹出"数据有效性"对话框。

（2）在"设置"选项卡中，设置有效性条件为：允许"小数"，数据"介于"，最小值"0"，最大值"100"。

（3）在"出错警告"选项卡中设置输入无效数据时显示的出错警告，选择"停止"样式，输入标题为"错误"，错误信息为"请输入 0～100 之间的数据！"，如图 12-4 所示。

图 12-4　数据有效性设置

（4）继续选中各课程成绩所在的单元格区域 D3:F12，在"数据工具"选项组中单击"数据有效性"下拉按钮，在下拉列表框中单击"圈释无效数据"按钮，如图 12-5 所示。

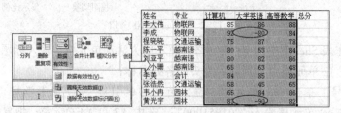

图 12-5　单击"圈释无效数据"按钮

操作③

根据提示,将"-80""-90"两个负数更改为"80""90"。

分别选中"-80"和"-90"两个负数所在的单元格,输入"80"与"90"两个数字,椭圆形圆圈自动消失。

六、课后实训

按下列要求使用 Excel 软件进行编辑:

1. 新建一个 Excel 工作簿,在 Sheet1 工作表中输入图 12-6 所示的数据并保存为 EXKH12+学号.xlsx。

2. 设置"扣款"列的输入条件,使其只能输入 0~200 范围内的数据,否则显示警告信息。

3. 在"姓名"列前增加一个字段,字段名为"序号",并采用填充方式从上至下输入 1~8。最终结果如图 12-7 所示。

	A	B	C	D	E	F
1	姓名	性别	基本工资	扣款	实发工资	报到日期
2	黄河玉	女	1500	100		2010年7月10日
3	兰艳	女	1350	150		2010年7月5日
4	黄帅	男	1500	120		2010年7月1日
5	张少凤	女	1550	150		2010年7月1日
6	吴鸿桂	男	1500	160		2010年7月1日
7	梁婷	女	1650	180		2010年7月1日
8	黄冠	男	1600	160		2010年7月6日
9	周洲	男	1550	150		2010年7月5日
10	合计					
11	平均值					

图 12-6　工资表原始数据

	A	B	C	D	E	F	G
1	序号	姓名	性别	基本工资	扣款	实发工资	报到日期
2	1	黄河玉	女	1500	100		2010年7月10日
3	2	兰艳	女	1350	150		2010年7月5日
4	3	黄帅	男	1500	120		2010年7月1日
5	4	张少凤	女	1550	150		2010年7月1日
6	5	吴鸿桂	男	1500	160		2010年7月1日
7	6	梁婷	女	1650	180		2010年7月1日
8	7	黄冠	男	1600	160		2010年7月6日
9	8	周洲	男	1550	150		2010年7月5日
10		合计					
11		平均值					

图 12-7　工资表最终效果

七、理论习题

(一)填空题

1. 在 Excel 中输入数据时,如果输入数据具有某种规律,则可以利用功能_____来输入。

2. Excel 产生的文件是一种三维电子表格,该文件又称_____,它由若干个_____构成。

3. Excel 可以方便地输入日期和时间,如果要输入当前日期,可按_____组合键。

4. 在单元格输入数据时,默认情况下,数值数据_____对齐存放,字符数据_____对齐存放;当输入内容超过列宽,而右边列有内容时,数值数据以_____形式显示,字符数据以_____形式显示。

5. 在 Excel 中以分数形式输入 2/5(不采用公式)的方法是输入_____。

6. Excel 2010 默认保存工作簿的格式扩展名为_____。

(二)单项选择题

1. 在 Excel 环境下,要想创建空白工作簿,可以按快捷键(　　)。
   A.【Ctrl+C】　　　　B.【Ctrl+N】　　　　C.【Ctrl+V】　　　　D.【Ctrl+X】

2. 新建的空白工作簿有(　　)个默认工作表。
   A. 4　　　　B. 3　　　　C. 2　　　　D. 1

3. 输入文本后,Excel 默认的文本的对齐方式是(　　)。
   A. 上对齐　　　　B. 居中对齐　　　　C. 左对齐　　　　D. 右对齐

4. 如果某单元格显示为若干个"#"号(如"########"),这表示(　　)。

A. 公式错误　　　　B. 数据错误　　　　C. 行高不够　　　　D. 列宽不够

5. 在某单元格输入完内容后，如果想继续在它下面的单元格输入，可以按（　　　）键。

A.【Tab】　　　　B.【Ctrl】　　　　C.【Enter】　　　　D.【Shift】

6. 如果想连续选择单元格，或选择不相邻的单元格，应该按（　　　）键。

A.【Tab】　　　　B.【Ctrl】　　　　C.【Enter】　　　　D.【Shift】

7. 如果某单元格输入：="电子商务" & "EC"，结果为（　　　）。

A. 电子商务&EC

B. "电子商务" & "EC"

C. 电子商务 EC

D. 以上都不是

8. 要在单元格中输入数字字符，例如学号"021021"，下列输入正确的是（　　　）。

A. "021021"　　　　B. =021021　　　　C. '021021　　　　D. 021021

9. 在 Excel 工作界面中，（　　　）将显示在名称框中。

A. 工作表名称　　　　B. 行号　　　　C. 列标　　　　D. 当前单元格地址

10. 在 Excel 中，选中单元格后，单击【Del】键，将（　　　）。

A. 删除选中单元格

B. 清除选中单元格中的内容

C. 清除选中单元格中的格式

D. 删除选中单元格中的内容和格式

11. 在 Excel 中，若希望确认工作表上输入数据的正确性，可为单元格区域指定输入数据的（　　　）。

A. 无效范围　　　　B. 条件格式　　　　C. 有效性条件　　　　D. 正确格式

12. "数据有效性"对话框中出错警告有（　　　）3 种样式。

A. 停止、警告和信息

B. 错误、警告和非法

C. 停止、警告和错误

D. 停止、错误和信息

13. 在 Excel 中，编辑栏由（　　　）3 部分组成。

A. 视图框、工具框、编辑框

C. 名称框、工具按钮、视图框

B. 公式框、审阅框、视图框

D. 名称框、工具按钮、编辑框

14. 在一个单元格中若输入了"3/4"，确认后应显示为（　　　）。

A. 3/4　　　　B. 3月4日　　　　C. 03/4　　　　D. 3 4

15. 在 Excel 中，利用填充柄可以将数据复制到相邻单元格中，若选择含有数值的左右相邻的两个单元格，拖动填充柄，则数据将以（　　　）填充。

A. 等差数列　　　　B. 等比数列　　　　C. 左单元格数值　　　　D. 右单元格数值

16. 在 Excel 中，单元格地址是指（　　　）。

A. 工作表标签

B. 单元格的大小

C. 单元格的数据

D. 单元格在工作表中的位置

实训十三　Excel 工作表的美化与编辑

一、实训目的

1. 了解工作表格式化、工作表编辑的概念。

2. 掌握工作表的格式化方法。

3. 掌握工作表的编辑方法。

二、实训准备

1. 硬件：PC 一台。
2. 软件：Windows 7、Microsoft Office 2010。

三、实训概述

Excel 2010 工作表美化和编辑操作的目的是使 Excel 2010 工作表数据排列整齐，重点突出，外观美观。

通过对学生成绩表_13sc.xlsx 的美化和编辑，掌握单元格格式的设置方法：数字的显示方式、单元格的对齐方式、字体字号、边框底纹和条件格式，以及简单的函数计算等；掌握工作表的插入、复制、移动、删除和重命名，以及简单数据计算等操作。

四、实训内容

1. 打开文件学生成绩表_13sc.xlsx，以 EX13+学号.xlsx 为文件名另存到 EX13+学号文件夹中，把工作表 Sheet1 中的全部数据复制到工作表 Sheet2 中，并把工作表 Sheet2 重命名为"美化和编辑"。

2. 在"美化和编辑"工作表中，将标题"学生成绩表"按表格实际宽度合并居中，设置字体为仿宋、字号 18 磅、加粗红色，将表头一行文字大小设置为 12 磅，淡蓝色底纹，并设置行高为 18。

3. 在"美化和编辑"工作表中，添加边框线，将表格线设置为蓝色，外边框使用粗线，内框用细线。

4. 将"美化和编辑"工作表中所有的成绩分数保留 1 位小数（即"计算机"至"平均分"这几列），并把单科考试成绩不及格的成绩分数用红色粗体标注出来。

5. 为工作表"美化和编辑"建立一个副本"美化和编辑（2）"，并把该副本重命名为"公式和函数"。

6. 在"公式和函数"工作表中，将单元格"会计"更改为"越南语"；在单元格 A14、A15、A16、A17 中分别输入文字"最高分""最低分""学生人数""及格人数"，并按照图 13-1 所示，将相关单元格区域合并居中，并加上蓝色外边框和内线，外边框线为粗线，内边框线为细线。

	A	B	C	D	E	F	G	H	I	J
1					学生成绩表					
2	学号	姓名	专业	计算机	大学英语	高等数学	总分	平均分	排名	总评
3	010519001	李大伟	物联网	85.0	86.0	88.0	259.0	86.3		
4	010519002	李成	物联网	92.0	80.0	84.0	256.0	85.3		
5	010519003	程晓晓	交通运输	75.0	87.0	78.0	240.0	80.0		
6	010519004	陈一平	越南语	80.0	53.0	84.0	217.0	72.3		
7	010519005	刘亚平	越南语	80.0	82.0	86.0	248.0	82.7		
8	010519006	张小珊	越南语	65.0	63.0	48.0	176.0	58.7		
9	010519007	李美	越南语	84.0	85.0	80.0	249.0	83.0		
10	010519008	张浩然	交通运输	58.0	45.0	65.0	168.0	56.0		
11	010519009	韦小冉	园林	65.0	84.0	86.0	235.0	78.3		
12	010519010	黄光宇	园林	83.0	90.0	82.0	255.0	85.0		
13										
14		最高分		92.0	90.0	88.0				
15		最低分		58.0	45.0	48.0				
16		学生人数		10						
17		及格人数								

图 13-1 公式和函数工作表

7. 在工作表"公式和函数"中，计算出"总分""平均分""最高分""最低分""学生人数"的数值。

8. 在工作表"美化和编辑"中，在标题行下方插入一空行，将该行高设置为 6；将学号所在列设为"最适合的列宽"；将图片 sx13.jpg 设为工作表背景。保存工作簿，退出 Excel 2010，结果如图 13-2 所示。

	学生成绩表								
学号	姓名	专业	计算机	大学英语	高等数学	总分	平均分	排名	总评
010519001	李大伟	物联网	85.0	86.0	88.0				
010519002	李成	物联网	92.0	80.0	84.0				
010519003	程晓晓	交通运输	75.0	87.0	78.0				
010519004	陈一平	越南语	80.0	53.0	84.0				
010519005	刘亚平	越南语	80.0	82.0	86.0				
010519006	张小珊	越南语	65.0	63.0	48.0				
010519007	李美	会计	84.0	85.0	80.0				
010519008	张浩然	交通运输	58.0	45.0	65.0				
010519009	韦小冉	园林	65.0	84.0	86.0				
010519010	黄光宁	园林	83.0	90.0	82.0				

图 13-2　美化和编辑工作表

五、实训步骤

操作①

打开文件学生成绩表_13sc.xlsx，以 EX13+学号.xlsx 为文件名另存到 EX13+学号文件夹中，把工作表 Sheet1 中的全部数据复制到工作表 Sheet2 中，并把工作表 Sheet2 重命名为"美化和编辑"。

（1）打开文件学生成绩表_13sc.xlsx，以 EX13+学号.xlsx 为文件名另存到 EX13+学号文件夹中，进行以下操作：

（2）选中工作表 Sheet1 中的单元格区域 A1:J12，单击"开始"选项卡中的"复制"按钮；切换到 Sheet2 工作表中，单击 A1 单元格，再单击"开始"选项卡中的"粘贴"按钮，将 Sheet1 中的数据复制到 Sheet2 中。

（3）右击工作表标签 Sheet2，在弹出的菜单中选择"重命名"命令，将工作表 Sheet2 重命名为"美化和编辑"。

具体操作如图 13-3 所示。

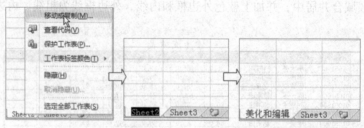

图 13-3　工作表重命名操作

操作②

在"美化和编辑"工作表中，将标题"学生成绩表"按表格实际宽度合并居中，设置字体为仿宋、字号 18 磅、加粗红色，将表头一行文字大小设置为 12 磅，浅蓝底纹，并设置行高为 18。

（1）选中标题"学生成绩表"所在行的单元格区域 A1:J1，单击"合并后居中"按钮 进行合并居中设置，设置字体为仿宋体、字号 18 磅、加粗、红色。

（2）选定单元格区域 A2:J2，设置字号为 12 磅。单击"开始"选项卡"单元格"组中的"格式"下拉按钮，在下拉列表框中单击"行高"按钮，在弹出的"行高"对话框中设置行高为 18，如图 13-4 所示；单击"开始"选项卡"字体"组中的"填充颜色"下拉按钮，在下拉列表框中选择"浅蓝"，如图 13-5 所示。

图 13-4　行高的设置

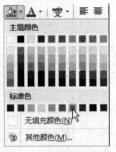

图 13-5　底纹的设置

操作③

在"美化和编辑"工作表中，添加边框线，将表格线设置为蓝色，外边框使用粗线，内框用细线。

（1）选定单元格区域 A2:J12，右击，在快捷菜单中单击"设置单元格格式"命令，弹出"单元格格式"对话框，在"边框"选项卡中选择线条的颜色为蓝色，接着选择最粗的实线样式，单击"预置"中的"外边框"即可设置蓝色粗线外边框；选择最细的实线样式，然后单击"预置"中的"内部"即可设置蓝色细线框内线条，如图 13-6 所示。

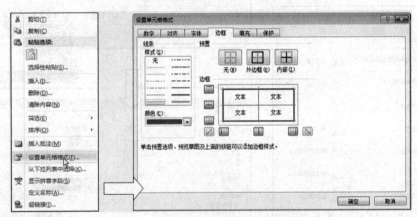

图 13-6　边框的设置

（2）单击"确定"按钮即可完成设置。

操作④

将"美化和编辑"工作表中所有的成绩分数保留 1 位小数（即"计算机"至"平均分"这几列），并把单科考试成绩不及格的成绩分数用红色粗体标注出来。

（1）选中所有成绩分数所在的单元格区域 D3:H12，在选中区域右击，选择"设置单元格格式"选项，在"单元格格式"对话框的"数字"选项卡中，选择分类为"数值"，设置小数位数为 1 位，如图 13-7 所示。

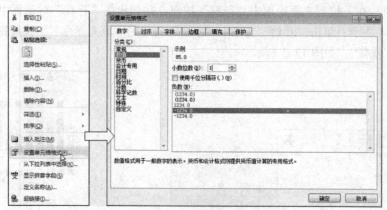

图 13-7　成绩分数格式的设置

（2）选中单科考试成绩所在的单元格区域 D3:F12，选择"开始"选项卡，在"样式"组中单击"条件格式"按钮，在弹出的下拉列表框中选择"突出显示单元格规则"→"小于"按钮，弹出"小于"对话框。

（3）在对话框的"为小于以下值的单元格设置格式"编辑框中输入 60，在"设置为"下拉列表框中选择"自定义格式"，弹出"设置单元格格式"对话框，字形设置为"加粗"，颜色选择"红色"，单击"确定"按钮完成设置，如图 13-8 所示。

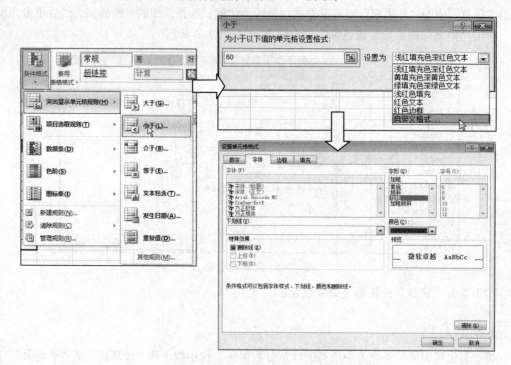

图 13-8　条件格式的设置

操作⑤

为工作表"美化和编辑"建立一个副本"美化和编辑（2）"，并把该副本重命名为"公式和函数"。

右击"美化和编辑"工作表标签，在快捷菜单中单击"移动或复制"命令，弹出"移动或复制工作表"对话框，勾选"建立副本"复选框，设置新建副本的位置为 Sheet3 之前，最后把其重命名为"公式和函数"，如图 13-9 所示。

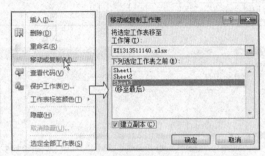

图 13-9　建立工作表副本的操作

操作⑥

在"公式和函数"工作表中，将单元格"会计"更改为"越南语"；在单元格 A14、A15、A16、A17 中分别输入文字"最高分""最低分""学生人数""及格人数"，并按照图 13-1 所示，将相关单元格区域合并居中，并加上蓝色外边框和内线，外边框线为粗线，内边框线为细线。

（1）选择单元格"会计"，将光标定位在编辑栏，删除"会计"两字，输入"越南语"3个字，并按【Enter】键确定。

（2）其余操作的操作方法同"操作 2"～"操作 5"。

操作⑦

在工作表"公式和函数"中，计算出"总分""平均分""最高分""最低分""学生人数"的数值。

（1）计算总分：

① 公式法：选定李大伟的总分单元格 G3，在编辑栏中输入总分计算公式"=D3+E3+F3"，然后按【Enter】键或单击 ✔ 按钮显示其总分，其余学生的总分使用填充方式完成。

② 函数法：使用"插入函数"按钮 _fx_ 进行设置。

（2）计算平均分。选定李大伟的平均分单元格 H3，单击编辑栏上的"插入函数"按钮 _fx_，弹出"插入函数"对话框，选择求平均值函数 AVERAGE 后，单击"确定"按钮，弹出"函数参数"对话框。

在"函数参数"对话框的"Number1"编辑框中，选择或输入 AVERAGE 函数需要计算的单元格区域 D3:F3，单击"确定"按钮，完成函数的输入，如图 13-10 所示。其余学生的平均分使用填充方式完成。

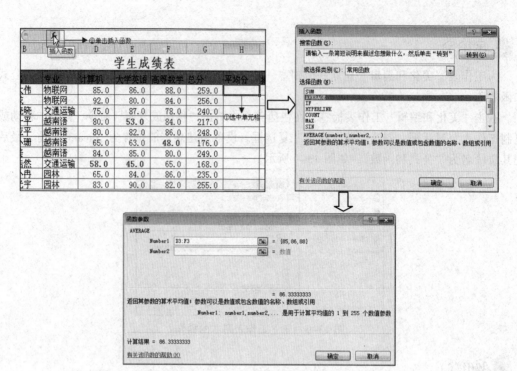

图 13-10　计算平均分的操作

（3）计算最高分。选定"计算机"一列的最高分单元格 D14，单击编辑栏上的"插入函数"按钮 f_x，弹出"插入函数"对话框，在"搜索函数"文本框中输入 MAX，单击"转到"选择中 MAX 函数后，单击"确定"按钮，如图 13-11 所示。

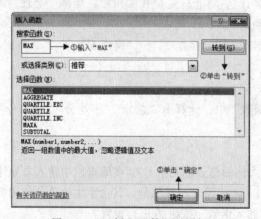

图 13-11　"插入函数"对话框

弹出"函数参数"对话框，在"Number1"编辑框中选择或输入 MAX 函数需要计算的单元格区域 D3:D12，单击"确定"按钮，完成函数的输入，如图 13-12 所示。其余学生的平均分使用填充方式完成。

（4）计算最低分。使用函数 MIN 计算，方法同计算最高分的操作。

（5）计算学生人数。使用函数 COUNT 计算，方法同计算最高分的操作。

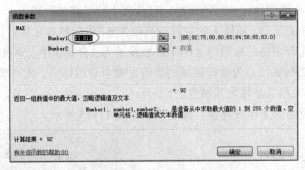

图 13-12 计算最高分的操作

操作⑧

在工作表"美化和编辑"中，在标题行下方插入一空行，将该行高设置为 6；将学号所在列设为"最适合的列宽"；将图片 sx13.jpg 设为工作表背景。保存工作簿，退出 Excel 2010，结果如图 13-2 所示。

（1）打开工作表"美化和编辑"，选中第 2 行中的任一单元格，选择"开始"选项卡，在"单元格"组中单击"插入"下拉按钮，在弹出的下拉列表框中单击"插入工作表列"按钮。再单击"单元格"组中的"格式"下拉按钮，在下拉列表框中单击"行高"按钮，弹出"行高"对话框，如图 13-13 所示。

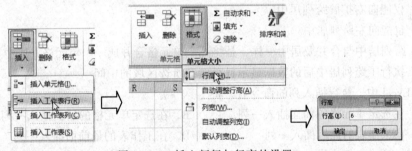

图 13-13 插入新行与行高的设置

（2）将学号所在列设为"最适合的列宽"

① 第 1 种方法：选定"学号"所在列；选择"开始"选项卡，在"单元格"组中单击"格式"下拉按钮，在弹出的下拉列表框中单击"自动调整列宽"按钮。

② 第 2 种方法：把光标定位在行号 A 与 B 的中间，双击，"学号"所在的列宽自动调整为"最适合的列宽"。

（3）选择"页面布局"选项卡，在"页面设置"组中单击"背景"按钮，弹出"工作表背景"对话框，找到图片"sx13.jpg"，将其设置为工作表背景。

六、课后实训

新建一个 Excel 工作簿，另存为 EXKH13+学号.xlsx，并在 Sheet1 工作表中输入图 13-14 所示的内容，完成如下操作：

1. 在 Sheet1 工作表表格的标题行下方插入一个空行；将表格中的"科技部"行与"办公

室"行对调（注意：不改变任何一行的信息，只是改为行所在的位置）。

2. 将标题行行高设为 28，新插入的空行行高设为 6，将标题单元格名称定义为"统计表"。

3. 将 Sheet1 工作表表格的标题行 A1:E1 区域设置为：合并居中，垂直居中，字体为隶书，加粗，18 磅，灰色-25%底纹。为数据区域的数值设置为货币样式，无小数位。

4. 为 A3:A10 单元格区域添加浅绿色底纹。

5. 将某幅图片设定为工作表背景，最终结果如图 13-15 所示。

	A	B	C	D	E
1	预算执行情况统计表				
2	部门	1998年	1999年	2000年	2001年
3	科技部	4545	5755	5654	8895
4	学生部	4554	5686	5566	8889
5	教务处	5022	7885	4555	7784
6	办公室	1222	7485	4465	6855
7	教材科	2333	7885	4545	4578
8	德育处	4566	5478	6745	4587
9	教育处	3545	2566	4568	7889

图 13-14　工作簿内容

	A	B	C	D	E
1 2	预算执行情况统计表				
3	部门	1998年	1999年	2000年	2001年
4	办公室	￥1,222	￥7,485	￥4,465	￥6,855
5	学生部	￥4,554	￥5,686	￥5,566	￥8,889
6	教务处	￥5,022	￥7,885	￥4,555	￥7,784
7	科技部	￥4,545	￥5,755	￥5,654	￥8,895
8	教材科	￥2,333	￥7,885	￥4,545	￥4,578
9	德育处	￥4,566	￥5,478	￥6,745	￥4,587
10	教育处	￥3,545	￥2,566	￥4,568	￥7,889

图 13-15　结果图示

七、理论习题

单项选择题

1. 关于跨列居中的叙述，下列正确的是（　　）。

    A. 仅能向右扩展跨列居中

    B. 也能向左跨列居中

    C. 跨列居中与合并及居中一样，是将几个单元格合并成一个单元格并居中

    D. 执行了跨列居中后的数据显示且存储在所选区域的中间

2. 在 Excel 中，执行插入列的命令后，将（　　）。

    A. 在选定单元格的前面插入一列　　　　B. 在选定单元格的后面插入一列

    C. 在工作表的最后插入一列　　　　　　D. 在工作表的最前面插入一列

3. 在 Excel 中，要在同一工作簿中把工作表 Sheet3 移动到 Sheet1 前面，应（　　）。

    A. 单击工作表 Sheet3 标签，并进行"剪切"操作，然后单击工作表 Sheet1 标签，再进行"粘贴"操作

    B. 单击工作表 Sheet3 标签，并按住【Ctrl】键沿着标签行拖到 Sheet1 前

    C. 单击工作表 Sheet3 标签，并进行"复制"操作，然后单击工作表 Sheet1 标签，再进行"粘贴"操作

    D. 单击工作表 Sheet3 标签，并沿着标签行拖动到 Sheet1 前

4. 在某个单元格的数值为 1.934E+04，它与（　　）相等。

    A. 1.934 05　　　　B. 1.934 5　　　　C. 19 340　　　　D. 193 400

5. 在 Excel 中，用鼠标右击要复制的工作表的标签处，在弹出的快捷菜单中选择（　　）命令，打开相应的对话框进行设置。

    A. 移动或复制　　　　C. 复制　　　　B. 移动　　　　D. 隐藏

6. 在 Excel 中，选中单元格后，按【Del】键，将（　　）。

    A. 删除选中单元格　　　　　　　　　　B. 清除选中单元格中的内容

C. 清除选中单元格中的格式　　　　　　D. 删除选中单元格中的内容和格式

7. 在 Excel 中，选定第 4、5、6 三行，右击执行"插入"→"整行"命令后，将插入（　　　）。

　　A. 6 行　　　　　　B. 1 行　　　　　　C. 4 行　　　　　　D. 3 行

8. 在 Excel 中，选定"视图"选项卡后，可以在（　　　）组中设置是否显示编辑栏。

　　A. 工作簿视图　　　C. 显示　　　　　　B. 宏　　　　　　　D. 窗口

9. 在 Excel 中，若想选定多个连续的单元格，方法是选定第一个单元格后（　　　）。

　　A. 按住【Ctrl】键，单击最后一个单元格

　　B. 按住【Shift】键，逐个单出其他单元格

　　C. 按住【Shift】键，单击最后一个单元格

　　D. 按住【Alt】键，逐个单出其他单元格

10. 在 Excel 中，若要对某工作表重新命名，可以采用（　　　）。

　　A. 单击表格标题行　　　　　　　　　B. 双击表格标题行

　　C. 单击工作表标签　　　　　　　　　D. 双击工作表标签

11. Excel 的单元格地址"A5"表示（　　　）。当列宽太小而导致单元格内数据无法完全显示时，系统将以一串（　　　）显示。

　　A. "A5"代表单元格的数据；？

　　B. "A"代表"A"行，"5"代表第"5"列；#

　　C. "A"代表"A"列，"5"代表第"5"行；#

　　D. A5 只是两个任意字符，*

12. 在 Excel 中，公式=sum(12,min(55, 4,18,24))的值为（　　　）。

　　A. 55　　　　　　　B. 16　　　　　　　C. 12　　　　　　　D. 6

13. 关于 Excel 的自动填充功能，下列说法中正确的是（　　　）。

　　A. 只能填充日期和数字系列

　　B. 不能填充公式

　　C. 数字、日期、公式和文本都可以进行填充

　　D. 日期和文本都不能进行填充

14. 当选定了不相邻的多张工作表进行复制时，选定的工作表将（　　　）。

　　A. 一起复制到新位置　　　　　　　　B. 只有一张复制到新位置

　　C. 复制后仍不相邻　　　　　　　　　D. 显示出错信息

15. 设 A2 单元格中的文本为"300"，A3 与 A4 单元格中分别为数值"200"和"500"，则=Count(A2:A4)的值为（　　　）。

　　A. 1 000　　　　　　B. 700　　　　　　C. 3　　　　　　　D. 2

实训十四　　Excel 2010 工作表计算与数据管理

一、实训目的

1. 掌握公式和常用函数的使用方法。

2. 掌握单元格相对引用和绝对引用的区别。

3. 掌握对工作表的数据进行排序、筛选、分类汇总等操作方法。

二、实训准备

1. 硬件：PC 一台。
2. 软件：Windows 7、Microsoft Office 2010。

三、实训概述

Excel 2010 不仅可以利用公式或函数进行数据计算，还可以对数据进行排序、筛选和分类汇总等数据管理操作。

打开文件"学生成绩表_14sc.xlsx"，在相应的工作表中完成数据计算、排序、筛选和分类汇总等操作。

四、实训内容

1. 打开学生成绩表_14sc.xlsx 工作簿，以 EX14+学号.xlsx 为文件名另存到 EX14+学号文件夹中，在"公式和函数"工作表中，使用公式或函数统计及格人数，根据总分或平均分给出排名和总评情况，如图 14-1 所示。

学号	姓名	专业	计算机	大学英语	高等数学	总分	平均分	排名	总评
010519001	李大伟	物联网	85.0	86.0	88.0	259.0	86.3	1	及格
010519002	李成	物联网	92.0	80.0	84.0	256.0	85.3	2	及格
010519003	程晓晓	交通运输	75.0	87.0	78.0	240.0	80.0	6	及格
010519004	陈一平	越南语	80.0	53.0	84.0	217.0	72.3	8	及格
010519005	刘亚平	越南语	80.0	82.0	86.0	248.0	82.7	5	及格
010519006	张小珊	越南语	65.0	63.0	48.0	176.0	58.7	9	不及格
010519007	李美	越南语	84.0	85.0	80.0	249.0	83.0	4	及格
010519008	张浩然	交通运输	58.0	45.0	65.0	168.0	56.0	10	不及格
010519009	韦小冉	园林	65.0	84.0	86.0	235.0	78.3	7	及格
010519010	黄光宇	园林	83.0	90.0	82.0	255.0	85.0	3	及格
	最高分		92.0	90.0	88.0				
	最低分		58.0	45.0	48.0				
	学生人数		10						
	及格人数		9	8	9				

图 14-1 公式和函数的应用结果

2. 为工作表"数据管理"建立 5 个副本"数据管理(2)""数据管理(3)""数据管理(4)""数据管理(5)""数据管理(6)"，将工作表"数据管理"更名为"简单排序"后，移动到最左侧位置，结果如图 14-2 所示。

学号	姓名	专业	计算机	大学英语	高等数学	总分	平均分
010519001	李大伟	物联网	85.0	86.0	85.0	256.0	85.3
010519002	李成	物联网	92.0	78.0	84.0	254.0	84.7
010519003	程晓晓	交通运输	75.0	87.0	78.0	240.0	80.0
010519004	陈一平	越南语	80.0	53.0	84.0	217.0	72.3
010519005	刘亚平	越南语	80.0	82.0	86.0	248.0	82.7
010519006	张小珊	越南语	65.0	63.0	48.0	176.0	58.7
010519007	李美	会计	84.0	85.0	80.0	249.0	83.0
010519008	张浩然	交通运输	58.0	45.0	65.0	168.0	56.0
010519009	韦小冉	园林	65.0	84.0	86.0	235.0	78.3
010519010	黄光宇	园林	83.0	90.0	82.0	255.0	85.0
010519011	李数	会计	58.0	45.0	60.0	163.0	54.3
010519012	陈光标	会计	65.0	63.0	50.0	178.0	59.3
010519013	周海燕	越南语	65.0	80.0	86.0	231.0	77.0
010519014	蒋婷婷	物联网	70.0	87.0	78.0	235.0	78.3
010519015	周振杰	交通运输	80.0	53.0	86.0	219.0	73.0
010519016	韦胜华	会计	80.0	80.0	86.0	246.0	82.0
010519017	陈敏岚	园林	83.0	92.0	82.0	257.0	85.7
010519018	蔡贝贝	交通运输	84.0	95.0	80.0	259.0	86.3
010519019	胡桂松	物联网	85.0	86.0	98.0	269.0	89.7
010519020	韦雪	园林	85.0	80.0	90.0	255.0	85.0

图 14-2 工作表的复制效果

3. 在工作表"简单排序"中，按"计算机"字段的值进行升序排序，结果如图 14-3 所示。

	A	B	C	D	E	F	G	H
1				学生成绩表				
3	学号	姓名	专业	计算机	大学英语	高等数学	总分	平均分
4	010519008	张浩然	交通运输	58.0	45.0	65.0	168.0	56.0
5	010519011	李数	会计	58.0	45.0	60.0	163.0	54.3
6	010519006	张小珊	越南语	65.0	63.0	48.0	176.0	58.7
7	010519009	韦小冉	园林	65.0	84.0	86.0	235.0	78.3
8	010519012	陈光标	会计	65.0	63.0	50.0	178.0	59.3
9	010519013	周海燕	越南语	65.0	80.0	86.0	231.0	77.0
10	010519014	蒋婷婷	物联网	70.0	87.0	78.0	235.0	78.3
11	010519003	程晓晓	交通运输	75.0	87.0	78.0	240.0	80.0
12	010519004	陈一平	越南语	80.0	53.0	84.0	217.0	72.3
13	010519005	刘亚平	越南语	80.0	82.0	86.0	248.0	82.7
14	010519015	周振杰	交通运输	80.0	53.0	86.0	219.0	73.0
15	010519016	韦胜华	会计	80.0	80.0	86.0	246.0	82.0
16	010519010	黄光宇	园林	83.0	90.0	82.0	255.0	85.0
17	010519017	陈敏岚	园林	83.0	92.0	82.0	257.0	85.7
18	010519007	李美	会计	84.0	85.0	80.0	249.0	83.0
19	010519018	蔡贝贝	交通运输	84.0	95.0	80.0	259.0	86.3
20	010519001	李大伟	物联网	85.0	86.0	85.0	256.0	85.3
21	010519019	胡桂松	物联网	85.0	86.0	98.0	269.0	89.7
22	010519002	李成	物联网	92.0	78.0	84.0	254.0	84.7
23	010519020	韦雪	园林	92.0	80.0	84.0	256.0	85.3

图 14-3　数据表的简单排序效果

4. 在工作表"数据管理(2)"中，以"专业"为主关键字，"计算机"为次要关键字，"大学英语"为第 3 关键字，按降序对数据列表中的记录进行多条件排序，结果如图 14-4 所示。

	A	B	C	D	E	F	G	H
1				学生成绩表				
3	学号	姓名	专业	计算机	大学英语	高等数学	总分	平均分
4	010519005	刘亚平	越南语	80.0	82.0	86.0	248.0	82.7
5	010519004	陈一平	越南语	80.0	53.0	84.0	217.0	72.3
6	010519013	周海燕	越南语	65.0	80.0	86.0	231.0	77.0
7	010519006	张小珊	越南语	65.0	63.0	48.0	176.0	58.7
8	010519020	韦雪	园林	92.0	80.0	84.0	256.0	85.3
9	010519017	陈敏岚	园林	83.0	92.0	82.0	257.0	85.7
10	010519010	黄光宇	园林	83.0	90.0	82.0	255.0	85.0
11	010519009	韦小冉	园林	65.0	84.0	86.0	235.0	78.3
12	010519002	李成	物联网	92.0	78.0	84.0	254.0	84.7
13	010519001	李大伟	物联网	85.0	86.0	85.0	256.0	85.3
14	010519019	胡桂松	物联网	85.0	86.0	98.0	269.0	89.7
15	010519014	蒋婷婷	物联网	70.0	87.0	78.0	235.0	78.3
16	010519018	蔡贝贝	交通运输	84.0	95.0	80.0	259.0	86.3
17	010519015	周振杰	交通运输	80.0	53.0	86.0	219.0	73.0
18	010519003	程晓晓	交通运输	75.0	87.0	78.0	240.0	80.0
19	010519008	张浩然	交通运输	58.0	45.0	65.0	168.0	56.0
20	010519007	李美	会计	84.0	85.0	80.0	249.0	83.0
21	010519016	韦胜华	会计	80.0	80.0	86.0	246.0	82.0
22	010519012	陈光标	会计	65.0	63.0	50.0	178.0	59.3
23	010519011	李数	会计	58.0	45.0	60.0	163.0	54.3

图 14-4　多条件排序后的结果

5. 在工作表"数据管理(3)"中，筛选出"越南语"专业的记录，结果如图 14-5 所示。

	A	B	C	D	E	F	G	H
1				学生成绩表				
3	学号 ▼	姓名 ▼	专业 ▼	计算机 ▼	大学英 ▼	高等数 ▼	总分 ▼	平均分 ▼
7	010519004	陈一平	越南语	80.0	53.0	84.0	217.0	72.3
8	010519005	刘亚平	越南语	80.0	82.0	86.0	248.0	82.7
9	010519006	张小珊	越南语	65.0	63.0	48.0	176.0	58.7
16	010519013	周海燕	越南语	65.0	80.0	86.0	231.0	77.0

图 14-5　数据自动筛选后的效果

6. 在工作表"数据管理(4)"中，筛选出"越南语"专业的平均分大于 70 分的记录，结果如图 14-6 所示。

	A	B	C	D	E	F	G	H
1	学生成绩表							
3	学号	姓名	专业	计算机	大学英	高等数	总分	平均分
7	010519004	陈一平	越南语	80.0	53.0	84.0	217.0	72.3
8	010519005	刘亚平	越南语	80.0	82.0	86.0	248.0	82.7
16	010519013	周海燕	越南语	65.0	80.0	86.0	231.0	77.0

图 14-6　数据复杂自动筛选后的结果

7. 在工作表"数据管理(5)"中，利用高级筛选筛选出三门课程成绩都大于或等于 80 分的记录，结果如图 14-7 所示。

	A	B	C	D	E	F	G	H
1	学生成绩表							
3	学号	姓名	专业	计算机	大学英语	高等数学	总分	平均分
4	010519001	李大伟	物联网	85.0	86.0	85.0	256.0	85.3
8	010519005	刘亚平	越南语	80.0	82.0	86.0	248.0	82.7
10	010519007	李美	会计	84.0	85.0	80.0	249.0	83.0
13	010519010	黄光宇	园林	83.0	90.0	82.0	255.0	85.0
19	010519016	韦胜华	会计	80.0	80.0	86.0	246.0	82.0
20	010519017	陈敏岚	园林	83.0	92.0	82.0	257.0	85.7
21	010519018	蔡贝贝	交通运输	84.0	95.0	80.0	259.0	86.3
22	010519019	胡桂松	物联网	85.0	86.0	98.0	269.0	89.7
23	010519020	韦雪	园林	92.0	80.0	84.0	256.0	85.3

图 14-7　数据复杂自动筛选后的结果

8. 在工作表"数据管理(6)"中进行分类汇总：统计各专业学生三门课程的平均分以及人数，结果如图 14-8 所示。

	A	B	C	D	E	F	G	H
1	学生成绩表							
3	学号	姓名	专业	计算机	大学英语	高等数学	总分	平均分
4	010519007	李美	会计	84.0	85.0	80.0	249.0	83.0
5	010519011	李教	会计	58.0	45.0	60.0	163.0	54.3
6	010519012	陈光标	会计	65.0	63.0	50.0	178.0	59.3
7	010519016	韦胜华	会计	80.0	80.0	86.0	246.0	82.0
8			会计 计数	4				
9			会计 平均值	71.8	68.3	69.0		
10	010519003	程晓晓	交通运输	75.0	87.0	78.0	240.0	80.0
11	010519008	张浩然	交通运输	58.0	45.0	65.0	168.0	56.0
12	010519015	周猛杰	交通运输	80.0	53.0	86.0	219.0	73.0
13	010519018	蔡贝贝	交通运输	84.0	95.0	80.0	259.0	86.3
14			交通运输 计数	4				
15			交通运输 平均值	74.3	70.0	77.3		
16	010519001	李大伟	物联网	85.0	86.0	85.0	256.0	85.3
17	010519002	李成	物联网	92.0	78.0	84.0	254.0	84.7
18	010519014	蒋烨烨	物联网	70.0	87.0	78.0	235.0	78.3
19	010519019	胡桂松	物联网	85.0	86.0	98.0	269.0	89.7
20			物联网 计数	4				
21			物联网 平均值	83.0	84.3	86.3		
22	010519009	李小冉	园林	65.0	84.0	86.0	235.0	78.3
23	010519010	黄光宇	园林	83.0	90.0	82.0	255.0	85.0
24	010519017	陈敏岚	园林	83.0	92.0	82.0	257.0	85.7
25	010519020	韦雪	园林	92.0	80.0	84.0	256.0	85.3
26			园林 计数	4				
27			园林 平均值	80.8	86.5	83.5		
28	010519004	陈一平	越南语	80.0	53.0	84.0	217.0	72.3
29	010519005	刘亚平	越南语	80.0	82.0	86.0	248.0	82.7
30	010519006	张小珊	越南语	65.0	63.0	48.0	176.0	58.7
31	010519013	周海燕	越南语	65.0	80.0	86.0	231.0	77.0
32			越南语 计数	4				
33			越南语 平均值	72.5	69.5	76.0		
34			总计数	20				
35			总计平均值	76.5	75.7	78.4		

图 14-8　嵌套分类汇总后的结果

五、实训步骤

操作①

打开学生成绩表_14sc.xlsx 工作簿，以 EX14+学号.xlsx 为文件名另存到 EX14+学号文件夹中，在"公式和函数"工作表中，使用公式或函数统计及格人数，根据总分或平均分给出排名和总评情况，如图 14-1 所示。

（1）打开学生成绩表_14sc.xlsx 工作簿，以 EX14+学号.xlsx 为文件名另存到 EX14+学号文件夹中。

（2）统计及格人数。选定单元格 D17，单击编辑栏上的"插入函数"按钮 f_x，弹出"插入函数"对话框，选择 COUNTIF 函数。单击"确定"按钮，弹出"函数参数"对话框中，设置计算区域 Range 为"D3:D12"，统计条件 Criteria 为">=60"，按【Enter】键确认。求其他课程的及格人数使用填充柄快速填充完成，如图 14-9 所示。

图 14-9　统计及格人数的操作

（3）求排名情况。选定单元格 I3，单击编辑栏上的"插入函数"按钮，弹出"插入函数"对话框选择函数"RANK"。单击"确定"按钮，弹出"函数参数"对话框，设置如图 14-10 所示（注意：在设置 Ref 值时，要使用绝对引用符号）。求其他学生的排名使用填充方式完成。

图 14-10　统计排名的设置

（4）求总评情况。选定单元格 J3，单击编辑栏上的"插入函数"按钮，弹出"插入函数"对话框，选择函数 IF。单击"确定"按钮，弹出"函数参数"对话框中，设置如图 14-11 所示（注意：文本框中的双引号不用手动输入，只需在相应位置输入文字即可）。求其他学生的总评情况使用填充方式完成。

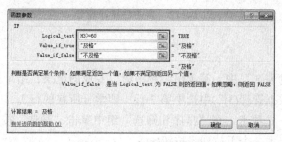

图 14-11　求总评的设置

操作②

为工作表"数据管理"建立 5 个副本"数据管理(2)""数据管理(3)""数据管理(4)""数据管理(5)""数据管理(6)"，将工作表"数据管理"更名为"简单排序"后，移动到最左侧位置，结果如图 14-2 所示。

操作方法同实训十三"操作 5"。

操作③

在工作表"简单排序"中，按"计算机"字段的值进行升序排序，结果如图 14-3 所示。

（1）选定计算机成绩所在单元格区域中的任一单元格；

（2）选择"数据"选项卡，在"排序与筛选"组中单击命令按钮，数据列表中的记录将按照计算机成绩由低到高完成排序。

操作④

在工作表"数据管理(2)"中，以"专业"为主关键字，"计算机"为次要关键字，"大学英语"为第 3 关键字，按降序对数据列表中的记录进行多条件排序，结果如图 14-4 所示。

（1）在工作表"数据管理(2)"中，选中数据列表中的任一个单元格。

（2）选择"数据"选项卡，在"排序和筛选"组中单击"排序"按钮，弹出"排序"对话框。

（3）在"主关键字"下拉列表框中选择"专业"，在对应的"次序"下拉列表框中选择"降序"。

（4）在同样的对话框中，单击"添加条件"按钮，将新添加一行"次要关键字"，再次单击"添加条件"按钮，进行图 14-12 所示的设置，最后单击"确定"按钮，完成设置。

图 14-12　多条件排序设置

操作⑤

在工作表"数据管理(3)"中，筛选出"越南语"专业的记录，结果如图 14-5 所示。

（1）在工作表"数据管理(3)"中选中第 3 行（即学号所在的行）。

（2）选择"数据"选项卡，在"排序和筛选"组中单击"筛选"按钮，数据列表的标题行各字段名右边将出现一个下拉列表按钮。

（3）如图 14-13 所示，单击"专业"字段名右边的下拉按钮，弹出下拉列表框。选择"越南语"项，单击"确定"按钮，符合条件的记录就会被显示出来，其他记录将被隐藏。

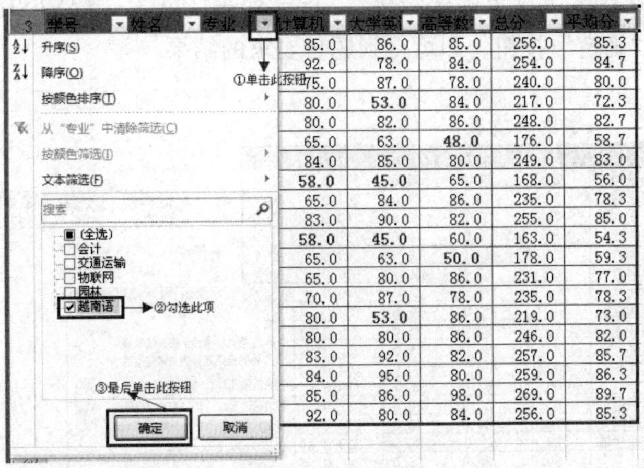

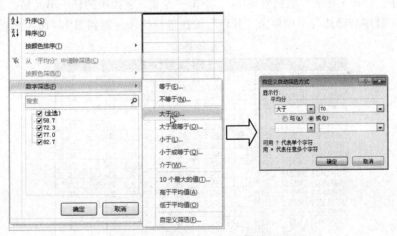

图 14-13　简单自动筛选

操作⑥

在工作表"数据管理(4)"中，筛选出"越南语"专业的平均分大于 70 分的记录，结果如图 14-6 所示。

（1）按照"操作 5"筛选出"越南语"专业的记录。

（2）单击"平均分"字段名右边的下拉按钮，弹出下拉列表框。单击"数字筛选"→"大于"按钮，弹出"自定义自动筛选方式"对话框。

（3）在"大于"下拉列表框中输入 70，最后单击"确定"按钮，如图 14-14 所示。

图 14-14　自定义自动筛选的操作

操作⑦

在工作表"数据管理(5)"中，利用高级筛选，筛选出三门课程成绩都大于或等于 80 分的记录，结果如图 14-7 所示。

（1）如图 14-15 所示，在数据列表外建立条件区域。

（2）选择"数据"选项卡，在"排序和筛选"组中单击"高级"按钮，弹出"高级筛选"对话框，选择"在原有区域显示筛选结果"，指定列表区域为"$A$3:$H$23"，条件区域为"$J$5:$L$6"，单击"确定"按钮，即可得到题目要求的结果。

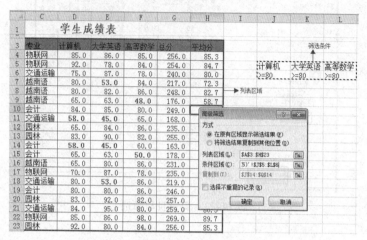

图 14-15 数据高级筛选的操作

操作⑧

在工作表"数据管理(6)"中进行分类汇总：统计各专业学生三门课程的平均分以及人数，结果如图 14-8 所示。

说明： 在做分类汇总前，必须先对要分类的字段进行排序。

（1）排序：打开工作表"数据管理(6)"，单击"专业"字段中的任一单元格，选择"数据"选项卡，在"排序与筛选"组中单击"升序"按钮进行排序，得到图 14-16 所示的结果。

学生成绩表

学号	姓名	专业	计算机	大学英语	高等数学	总分	平均分
010519007	李美	会计	84.0	85.0	80.0	249.0	83.0
010519011	李数	会计	58.0	45.0	60.0	163.0	54.3
010519012	陈光标	会计	65.0	63.0	50.0	178.0	59.3
010519016	韦胜华	会计	80.0	80.0	86.0	246.0	82.0
010519003	程晓晓	交通运输	75.0	87.0	78.0	240.0	80.0
010519008	张浩然	交通运输	58.0	45.0	65.0	168.0	56.0
010519015	周振杰	交通运输	80.0	53.0	86.0	219.0	73.0
010519018	蔡贝贝	交通运输	84.0	95.0	80.0	259.0	86.3
010519001	李大伟	物联网	85.0	86.0	85.0	256.0	85.3
010519002	李成	物联网	92.0	78.0	84.0	254.0	84.7
010519014	蒋婷婷	物联网	70.0	87.0	78.0	235.0	78.3
010519019	胡桂松	物联网	85.0	86.0	98.0	269.0	89.7
010519009	韦小冉	园林	65.0	84.0	86.0	235.0	78.3
010519010	黄光宇	园林	83.0	90.0	82.0	255.0	85.0
010519017	陈敏岚	园林	83.0	92.0	82.0	257.0	85.7
010519020	韦雪	园林	92.0	80.0	84.0	256.0	85.3
010519004	陈一平	越南语	80.0	53.0	84.0	217.0	72.3
010519005	刘亚平	越南语	80.0	82.0	86.0	248.0	82.7
010519006	张小珊	越南语	65.0	63.0	48.0	176.0	58.7
010519013	周海燕	越南语	65.0	80.0	86.0	231.0	77.0

图 14-16 分类汇总 1

（2）在"分级显示"选项组中单击"分类汇总"按钮，弹出"分类汇总"对话框，进行图 14-17 和图 14-18 所示的设置，单击"确定"按钮，完成求平均分的分类汇总，得到图 14-19 所示的结果。

图 14-17 "分类汇总"对话框 1　　　　　图 14-18 "分类汇总"对话框 2

1 2 3		A	B	C	D	E	F	G	H
	3	学号	姓名	专业	计算机	大学英语	高等数学	总分	平均分
	4	010519007	李美	会计	84.0	85.0	80.0	249.0	83.0
	5	010519011	李数	会计	58.0	45.0	60.0	163.0	54.3
	6	010519012	陈光标	会计	65.0	63.0	50.0	178.0	59.3
	7	010519016	韦胜华	会计	80.0	80.0	86.0	246.0	82.0
	8			会计 平均	71.8	68.3	69.0		
	9	010519003	程晓晓	交通运输	75.0	87.0	78.0	240.0	80.0
	10	010519008	张浩然	交通运输	58.0	45.0	65.0	168.0	56.0
	11	010519015	周振杰	交通运输	80.0	53.0	86.0	219.0	73.0
	12	010519018	蔡贝贝	交通运输	84.0	95.0	80.0	259.0	86.3
	13			交通运输	74.3	70.0	77.3		
	14	010519001	李大伟	物联网	85.0	86.0	85.0	256.0	85.3
	15	010519002	李成	物联网	92.0	78.0	84.0	254.0	84.7
	16	010519014	蒋婷婷	物联网	70.0	87.0	78.0	235.0	78.3
	17	010519019	胡桂松	物联网	85.0	86.0	98.0	269.0	89.7
	18			物联网 平	83.0	84.3	86.3		
	19	010519009	韦小冉	园林	65.0	84.0	86.0	235.0	78.3
	20	010519010	黄光宇	园林	83.0	90.0	82.0	255.0	85.0
	21	010519017	陈敏岚	园林	83.0	92.0	82.0	257.0	85.7
	22	010519020	韦雪	园林	92.0	80.0	84.0	256.0	85.3
	23			园林 平均	80.8	86.5	83.5		
	24	010519004	陈一平	越南语	80.0	53.0	84.0	217.0	72.3
	25	010519005	刘亚平	越南语	80.0	82.0	86.0	248.0	82.7
	26	010519006	张小珊	越南语	65.0	63.0	48.0	176.0	58.7
	27	010519013	周海燕	越南语	65.0	80.0	86.0	231.0	77.0
	28			越南语 平	72.5	69.5	76.0		
	29			总计平均	76.5	75.7	78.4		

图 14-19 分类汇总 2

如若要取消分类汇总，可在"分类汇总"对话框中单击"全部删除"按钮进行删除。

六、课后实训

新建一个 Excel 工作簿文件 EXKH14+学号.xlsx，并在 Sheet1 工作表中输入图 14-20 所示的内容，完成如下操作：

	A	B	C	D	E	F	G
1	学生成绩表						
2	姓名	性别	高等数学	大学英语	计算机基础	总分	总评
3	张伟	男	78	80	90		
4	王维	男	89	86	80		
5	王芳	女	79	75	86		
6	李伟	男	90	92	88		
7	李娜	女	96	95	97		
8	章宇	男	69	74	79		
9	张秀英	女	60	68	75		
10	覃华	女	72	79	80		

图 14-20 工作表内容

1. 将 Sheet1 的数据复制到 Sheet2 中，然后进行下面的操作：

（1）在 Sheet2 中计算每个学生的总分和总评（总分大于等于 270 分，显示"优秀"，否则不显示），如图 14-21 所示。

（2）对 Sheet2 中的数据以"性别"为主要关键字递增排列，以"总分"为次要关键字递减排列，如图 14-22 所示。

图 14-21 计算总分和总评	图 14-22 排序结果

（3）将 Sheet2 工作表中的表格自动套用"彩色 2"格式。

（4）在 Sheet2 中，筛选出总分大于 240 及小于 270 的男生记录。如图 14-23 所示。

图 14-23 筛选结果

2. 新建 Sheet4 工作表，将 Sheet1 中的数据复制到 Sheet4 中，然后对 Sheet4 中的数据进行下列分类汇总操作：

（1）以"性别"为分类字段，进行各科平均分的分类汇总。

（2）在原有分类汇总的基础上，再汇总出男生和女生的人数，如图 14-24 所示。

图 14-24 分类汇总结果

3. 对 Sheet4 工作表进行如下页面设置，并打印预览：

（1）纸张大小为 A4，文档打印时水平居中，上、下边距为 3 cm。

（2）设置页眉为"分类汇总"、居中、粗斜体，设置页脚为当前日期，靠右安放。

七、理论习题

（一）填空题

1. 在 Excel 中，对数据列表进行分类汇总以前，必须先对作为分类依据的字段进行_____操作。

2. 当利用函数或公式对某些单元格内容（简称数据源）进行统计后，若改变数据源的某些值后，系统_____修改统计结果。

3. 在 Excel 中，进行了如下操作：单击 A3，按住【Shift】键并单击 B9，再按住【Shift】键并单击 C6，则选定的区域是_____。

4. 在 Excel 的某工作表中，已知 A 列第 2 行至第 E 列第 8 行是学生成绩，若要求出其中的最大值放入 F8 单元格，则 F8 中应填入_____。

5. _____就是指把符合条件的记录筛选显示出来，将不满足条件的记录暂时隐藏起来。

（二）单项选择题

1. 在 Excel 中，函数计算选定的单元格区域内数值的最大值（　　　）。

    A. SUM   B. COUNT   C. AVERAGE   D. MAX

2. 若某单元格中的公式为 "=IF("教授">"助教",TRUE,FALSE)"，其计算结果为（　　　）。

    A. TRUE   B. FALSE   C. 教授   D. 助教

3. 如果将 B3 单元格中的公式 "=C3–$D5" 复制到同一工作表的 D7 单元格中，该单元格公式为（　　　）。

    A. =C3–$D5   B. =D7–$E9   C. =E7–$D9   D. =E7–$D5

4. 在 Excel 中，要在公式中引用某个单元的数据时就在公式中输入该单元格的（　　　）。

    A. 格式   B. 附注   C. 数据   D. 名称

5. 要在当前工作表（Sheet1）的 A2 单元格引用另一个工作表（如 Sheet4）中 A2 到 A7 单元格的和，则在当前工作表的 A2 单元格输入的表达式应为（　　　）。

    A. =SUM(Sheet4!A2: Sheet4!A7)   B. =SUM(Sheet4!A2:A7)

    C. =SUM(Sheet4)A2:A4   D. =SUM((Sheet4)A2: (Sheet4)A7

6. Excel 的运算符有算术运算符、比较运算符、文本运算符，其中符号 "<>" 属于（　　　）。

    A. 算术运算符   B. 比较运算符

    C. 文本运算符   D. 逻辑运算符

7. 在 Excel 中，当使用错误的参数或运算对象类型，或者当自动更正公式功能不能更正时，将产生错误值（　　　）。

    A. #####!   B. #VALUE!   C. #Name?   D. #div/0

8. 为了取消分类汇总的操作，必须（　　　）。

    A. 选择 "数据" 选项卡，在 "数据工具" 组中单击 "删除重复项"

    B. 按【Del】键

    C. 在分类汇总对话框中单击 "全部删除" 按钮

    D. 以上都不可以

9. 若单元格 A1、B1、C1、D1 中的数据为 5、3、7、3，则公式 "=SUM(A1:C1)/D1" 的结果为（　　　）。

    A. 4   B. 5   C. 15   D. 18

10. 在 Excel 中，"排序" 对话框中提供了指定 3 个关键排序方式，其中（　　　）。

    A. 3 个关键字都必须指定   B. 3 个关键都不必指定

    C. "主要关键字" 必须指定   D. 主、次关键必须指定

实训十五　Excel 2010 工作表数据图表化

一、实训目的

1. 掌握建立图表的操作方法。

2. 掌握修改图表的操作方法。

3. 掌握图表格式化的操作方法。

4. 掌握工作表的页面设置方法。

二、实训准备

1. 硬件：PC 一台。

2. 软件：Windows 7、Microsoft Office 2010。

三、实训概述

图表是将工作表中的数据用图形化的方式表示，可以更加直观地反映出数据的变化规律或发展趋势。对工作表进行页面设置，可将工作表更加清晰明了地打印出来，方便查看。

打开文件 Excel 实训 15 素材.xlsx，建立图表、修改图表、对图表进行格式化操作，并对相应工作表进行页面设置。

四、实训内容

1. 打开学生成绩表_15sc.xlsx 工作簿，以 EX15+学号.xlsx 为文件名另存到 EX15+学号文件夹中，在该工作簿中新建一个工作表，并重命名为"数据图表化"。把工作表"数据管理"中的所有数据和格式复制到这个新工作表中。

2. 在工作表"数据图表化"中，创建一个柱形图，要求如下：

（1）图表类型为"三维簇状柱形图"。

（2）设置图表标题的字体为宋体、字号 14 磅、加粗、字体颜色为"红色"。

（3）数值轴的最大值及主要刻度单位如图 15-1 所示；分类轴的文字方向为纵向；坐标轴标题如图 15-1 所示。

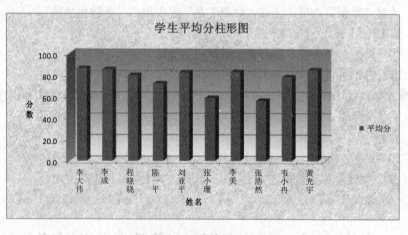

图 15-1　三维簇状柱形图

（4）图表的背景墙预设为"雨后初晴"，图表区填充"蓝色面巾纸"纹理。

（5）其他设置如图 15-1 所示。

3. 为工作表"数据管理"建立一个副本"数据管理(2)"，并在工作表"数据管理(2)"中创建学生各门课程成绩的柱形迷你图，如图 15-2 所示。

学号	姓名	专业	计算机	大学英语	高等数学	平均分	
				学生成绩表			
010519001	李大伟	物联网	85.0	86.0	88.0	86.3	
010519002	李成	物联网	92.0	80.0	84.0	85.3	
010519003	程晓晓	交通运输	75.0	87.0	78.0	80.0	
010519004	陈一平	越南语	80.0	53.0	84.0	72.3	
010519005	刘亚平	越南语	80.0	82.0	86.0	82.7	
010519006	张小珊	越南语	65.0	63.0	48.0	58.7	
010519007	李美	会计	84.0	85.0	80.0	83.0	
010519008	张浩然	交通运输	58.0	45.0	65.0	56.0	
010519009	韦小冉	园林	65.0	84.0	86.0	78.3	
010519010	黄光宇	园林	83.0	90.0	82.0	85.0	

图 15-2　创建柱形迷你图

4. 在工作表"数据管理"中创建一个饼图，图表类型为"分离型三维饼图"，如图 15-3 所示。

部分学生计算机成绩图

■李大伟　■李成　■程晓晓　■陈一平　■刘亚平

图 15-3　分离型三维饼图

5. 对工作表"监考表"进行如下的页面设置，并进行打印预览：

（1）纸张大小为 A4，文档打印时水平居中，上、下、左、右边距均设为 2 cm.

（2）设置页脚为当前日期.

（3）设置打印区域为 A1:F194；表格中第一行和第二行为打印标题行。

（4）对工作表进行冻结，在工作表滚动时保持行、列标题始终可见。

五、实训步骤

操作①

打开学生成绩表_15sc.xlsx 工作簿，以 EX15+学号.xlsx 为文件名另存到 EX15+学号文件夹中，在该工作簿中新建一个工作表，并重命名为"数据图表化"。把工作表"数据管理"中的所有数据和格式复制到这个新工作表中。

（1）打开学生成绩表_15sc.xlsx 工作簿，以 EX15+学号.xlsx 为文件名另存到 EX15+学号文件夹中。

（2）在 EX15+学号.xlsx 文件中，单击工作表标签的"插入工作表"按钮 ，即可新建

项目（三）Excel 2010 的使用

一个工作表 Sheet2，将该工作表重命名为"数据图表化"。

（3）单击工作表"数据管理"中的全选按钮 ▨▨，单击"开始"选项卡"剪贴板"组中的"复制"按钮，切换到"数据图表化"工作表中，然后单击 A1 单元格，执行"粘贴"操作，将工作表"数据管理"中的数据和结构全部复制到工作表"数据图表化"中。

A 操作②

在工作表"数据图表化"中，创建一个柱形图，要求如下：①图表类型为"三维簇状柱形图"；②设置图表标题的字体为宋体、字号 14 磅、加粗、字体颜色为"红色"；③数值轴的最大值及主要刻度单位如图 15-1 所示；分类轴的文字方向为纵向；坐标轴标题如图 15-1 所示；④图表的背景墙预设为"雨后初晴"，图表区填充"蓝色面巾纸"纹理；⑤其他设置如图 15-1 所示。

（1）在工作表"数据图表化"中，选中"姓名"列（即单元格区域 B2:B12），然后按住【Ctrl】的同时选择"平均分"列数据所在的单元格区域。

（2）选择"插入"选项卡，在"图表"组中单击"柱形图"下拉按钮，在弹出的下拉列表框中单击"三维柱形图"栏中的"三维簇状柱形图"图标，即可完成图表的插入，如图 15-4 所示。

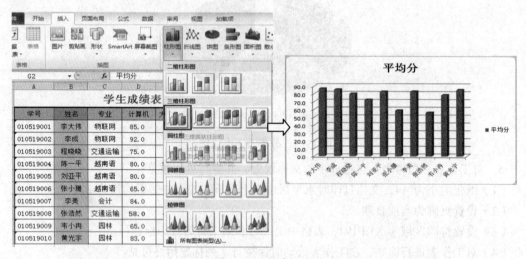

图 15-4　创建图表

（3）设置图表标题。选中图表中的标题"平均分"3 个字，并将字体设置为宋体、字号 14 磅、加粗、字体颜色为"红色"，将标题"平均分"更改为"学生平均分柱形图"，如图 15-5 所示。

图 15-5　图表标题的设置

（4）设置刻度。双击垂直轴（即数值轴），弹出"设置坐标轴格式"对话框，在"坐标轴选项"中设置最大值、主要刻度单位，如图 15-6 所示。

（5）设置分类轴的文字方向。双击水平轴（即分类轴），弹出"设置坐标轴格式"对话框，在"对齐方式"选项中设置文字方向如图 15-7 所示。

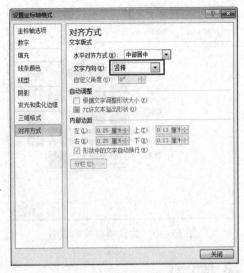

图 15-6 刻度的设置   图 15-7 分类轴文字方向的设置

（6）坐标轴标题的设置。选中图表，选择"布局"选项卡，单击"标签"组中的"坐标轴标题"按钮，依次选中"主要横坐标轴标题"下拉列表框中的"坐标轴下方标题""主要纵坐标轴标题"下拉列表框中的"竖排标题"进行设置，如图 15-8 和图 15-9 所示，分别在相应位置输入"姓名"和"分数"两个坐标轴标题。

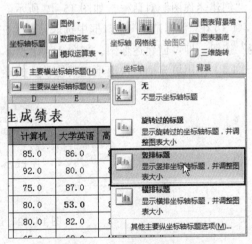

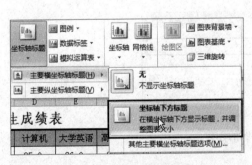

图 15-8 横轴标题的设置   图 15-9 纵轴标题的设置

（7）图表背景墙预设"雨后初晴"效果。在背景墙区域双击，弹出"设置背景墙格式"对话框，进行如图 15-10 的设置，单击"关闭"按钮，退出背景墙的设置状态。

（8）图表区填充"蓝色面巾纸"纹理。在图表区双击，弹出"设置图表区格式"对话框，进行如图 15-11 的设置，单击"关闭"按钮，退出图表区的设置状态。

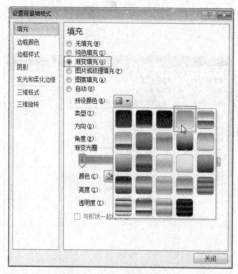

图 15-10　背景墙格式的设置

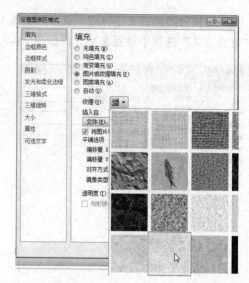

图 15-11　图表区格式的设置

A 操作③

为工作表"数据管理"建立一个副本"数据管理(2)"，并在工作表"数据管理(2)"中创建学生各门课程成绩的柱形迷你图，如图 15-2 所示。

（1）为工作表"数据管理"建立一个副本"数据管理(2)"。

（2）选中 H3 单元格，选择"插入"选项卡，在"迷你图"组中单击"柱形图"按钮，弹出"创建迷你图"对话框，如图 15-12 所示。

（3）在"数据范围"编辑框中选取该学生三门课程成绩所在的单元格区域 D3:G3，单击"确定"按钮，即可创建迷你图，如图 15-12 所示。

（4）使用填充柄，快速填充其他学生的迷你图，最后得到图 15-2 所示的结果。

图 15-12　迷你图的创建

A 操作④

在工作表"数据管理"中创建一个饼图，图表类型为"分离型三维饼图"，如图 15-3 所示。

（1）打开工作表"数据管理"，按照"操作2"的方法进行设置。

（2）图例的设置。单击选中图表，选择"布局"选项卡，单击"标签"组"图例"下拉列表框中的"在底部显示图例"按钮，如图 15-13 所示。

（3）数据标签的设置。选中图表，选择"布局"选项卡，单击"标签"组中"数据标签"下拉列表框中的"居中"按钮，如图 15-14 所示。

图 15-13　图例的设置　　　　　　　　图 15-14　数据标签的设置

操作⑤

对工作表"监考表"进行如下的页面设置，并进行打印预览：①纸张大小为 A4，文档打印时水平居中，上下左右边距均设为 2 厘米；②设置页脚为当前日期；③设置打印区域为 A1：F194；表格中第一行和第二行为打印标题行；④对工作表进行冻结，在工作表滚动表时保持行、列标题始终可见。

（1）打开工作表"监考表"，选择"页面布局"选项卡，单击"页面设置"组的对话框启动器按钮，弹出"页面设置"对话框，如图 15-15 所示，选择纸张大小为 A4。

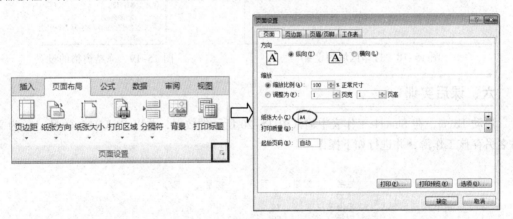

图 15-15　纸张大小的设置

（2）在"页边距"选项卡中设置上、下、左、右边距均为 2 cm，居中方式为水平，如图 15-16 所示。

（3）在"页眉/页脚"选项卡中设置页脚显示为"第 1 页，共？页"，如图 15-17 所示。

（4）在"工作表"选项卡中设置打印区域、打印标题，如图 15-18 所示，单击"确定"按钮完成设置。单击快速访问工具栏中的"打印预览"按钮即可看到页面设置效果。

（5）冻结工作表。将光标定位于单元格 B3，单击"视图"选项卡"窗口"组中的"冻结窗格"按钮，在下拉列表框中单击"冻结拆分窗格"按钮，如图 15-19 所示，完成设置。

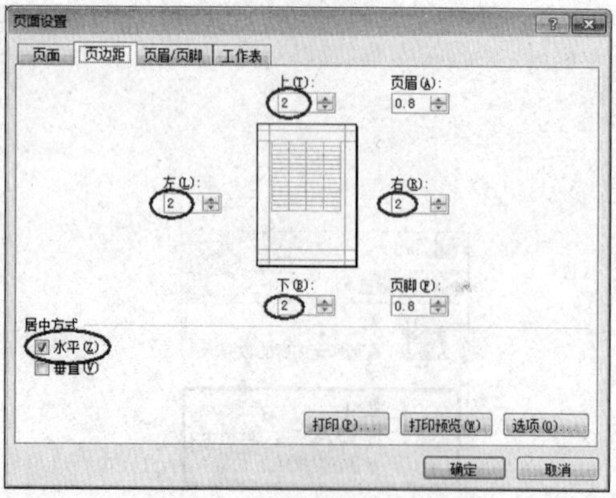

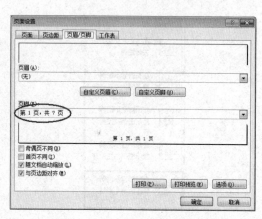

图 15-16 页边距的设置

图 15-17 页眉/页脚的设置

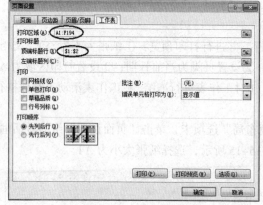

图 15-18 打印区域的设置

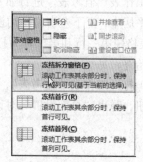

图 15-19 冻结窗格的设置

六、课后实训

启动 Excel，在 Sheet1 工作表中输入图 15-20 所示的数据，并以 EXKH15+学号.xlsx 为文件名另存该工作簿，并进行如下操作：

	A	B	C	D	E
1	姓名	数学	英语	物理	总分
2	张云	86	87	67	
3	李海三	78	90	89	
4	刘畅	65	92	67	
5	石磊	64	83	90	

图 15-20 成绩表数据

1. 对 Sheet1 工作表进行编辑：

（1）在第一行前面插入一个空行，然后在 A1 单元格输入标题"期末考试成绩表"。

（2）合并 A1:E1 单元格区域并居中。

2. 函数和公式的应用。利用公式，计算机每个学生的总分（总分=数学+英语+物理）。

3. 工作表的编辑：

（1）将标题设置为 18 号、隶书、红色。

（2）将表格中（标题除外）的文字及数据设置为 14 号，楷体 GB-2312，居中对齐。

4. 单元格属性设置：

（1）为标题单元格增加蓝色底纹。

（2）为 A2:E6 区域的单元格添加边框线，线型为粗实线，底纹为黄色。

5. 条件格式设置：将单科成绩小于等于 85 分的数据设置字体为加粗、粉红色底纹。

操作后的结果如图 15–21 所示。

期末考试成绩表				
姓名	数学	英语	物理	总分
张云	86	87	67	240
李海三	78	90	89	257
刘畅	65	92	67	224
石磊	64	83	90	237

图 15–21　格式设置后的结果

6. 图表的创建与编辑：

（1）创建图表，图表类型为三维簇状柱形图，图表的标题是"成绩统计图"，并嵌入到当前工作表中，如图 15–22 所示。

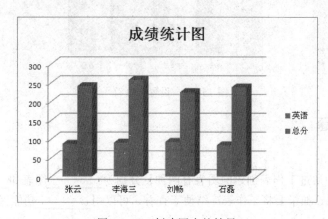

图 15–22　创建图表的结果

（2）将图表区域设置为预设（雨后初晴），如图 15–23 所示。

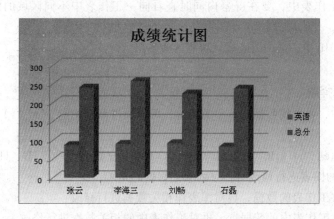

图 15–23　将图表区域设置为预设

7. 工作表打印设置：

（1）在 Sheet1 工作表的第 7 行前面插入分页符，调整图表的位置，使 Sheet1 可以分两页完整打印出来，如图 15–24 所示。

（2）设置表格的标题设为打印标题。然后打印预览，观察结果。

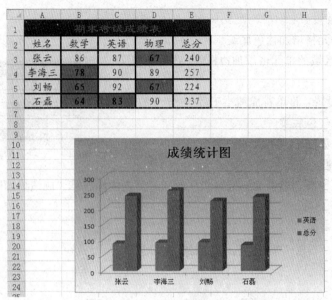

图 15-24　设置分页符

七、理论习题

（一）填空题

1. 在 Excel 中通过工作表创建的图表有两种，分别为_____图表和_____图表。

2. 在 Excel 中，如果要将工作表冻结便于查看，可以用_____功能区的"冻结窗格"来实现。

3. 在 Excel 中，若只需打印工作表的一部分数据时，应先_____。

4. 在 Excel 工作表中，要在屏幕内同时查看同一工作表中不同区域的内容，可以使用_____操作。

5. 在 Excel 2010 中，选中图表后，功能区会多出_____、_____、_____3 个选项卡。

（二）单项选择题

1. 在 Excel 中，要查找数据清单中的内容，可以通过筛选功能，（　　　）符合指定条件的数据行。

    A. 部分隐藏　　　　　B. 只隐藏　　　　　　C. 部分显示　　　　　D. 只显示

2. 当对建立的图表进行修改时，下列叙述正确的是（　　　）。

    A. 先修改工作表的数据，再对图表作相关数据进行修改

    B. 先修改工作表中的数据点，再对工作表中的相关数据进行修改

    C. 工作表的数据和相应的图表是关联的，用户只要对工作表的数据进行修改，图表就会自动相应更改

    D. 当在图表中删除了某个数据点，则工作表中相关的数据也被删除

3. 对图表对象的编辑，下列叙述不正确的是（　　　）。

    A. 图例的位置可以在图表区的任何处

    B. 对图表区对象的字体改变，将同时改变图表区内所有对象的字体

C. 鼠标指向图表区的 8 个方向控制点之一后拖放，可进行对图表的缩放

D. 不能实现将嵌入图表与独立图表的互转

4. 建立图表后，在（　　　）选项卡中，可更改图表的数据源。

   A. 设计　　　　　　B. 布局　　　　　　C. 格式　　　　　　D. 图表

5. .对于 Excel 所提供的数据图表，下列说法正确的是（　　　）。

   A. 独立式图表是与工作表相互无关的表

   B. 独立式图表是将工作表数据和相应图表分别存放在不同的工作簿

   C. 独立式图表是将工作表数据和相应图表分别存放在不同的工作表

   D. 当工作表数据变动时，与它相关的独立式图表不能自动更新

6. 在 Excel 中，设置已建立图表坐标轴的颜色，可在（　　　）选项卡中进行设置。

   A. 图表　　　　　　B. 格式　　　　　　C. 编辑　　　　　　D. 工具

7. 关于筛选掉的记录的叙述，下列错误的是（　　　）。

   A. 不能打印出来　　B. 不显示　　　　　C. 永远丢失　　　　D. 可以恢复

8. 制作 Excel 饼图时，选中的数值行列（　　　）。

   A. 只有末一行或末一列有用　　　　　B. 只有前一行或前一列有用

   C. 各列都有用　　　　　　　　　　　D. 各列都无用

9. 在 Excel 2010 中要想设置行高、列宽，应单击（　　　）选项卡中的"格式"按钮。

   A. 开始　　　　　　B. 插入　　　　　　C. 页面布局　　　　D. 视图

10. 在 Excel 中，图表是工作表数据的一种视觉表示形式，图表是动态的，改变图表的（　　　）后，系统会自动更新图表。

   A. X 轴数据　　　　B. Y 轴数据　　　　C. 图例　　　　　　D. 所依赖的数据

实训十六　　Excel 2010 综合实训

一、实训目的

1. 复习 Excel 2010 公式和函数的应用。

2. 复习 Excel 2010 图表的建立、修改和格式化。

3. 复习 Excel 2010 数据排序、筛选。

4. 掌握数据透视表的建立方法。

5. 掌握合并计算的方法。

二、实训准备

1. 硬件：PC 一台。

2. 软件：Windows 7、Microsoft Office 2010。

三、实训概述

复习前面介绍的知识点，掌握数据透视表的建立方法、合并计算的方法，将所学知识点进行综合应用。

四、实训内容

（一）打开工作簿实训 161sc.xlsx，以 EX16+学号.xlsx 为文件名另存到 EX16+学号文件夹中，并完成下拉操作：

1. 在 Sheet1 工作表中输入浮动率的具体数值，结果如图 16-1 所示。

	A	B	C	D	E
1	序号	姓名	原工资	浮动率	浮动额
2	1	李军	1500	0.70%	
3	2	王芸	1800	1.20%	
4	3	李洛	2300	1.50%	
5	4	张明	2580	1.00%	
6	总计				

图 16-1　工资表中的原始数据

2. 在第 1 行前插入一个新行，并在 A1 单元格中输入标题"工资情况表"，将该标题合并居中于 A1:E1 单元格。

3. 将"李军"一行与"李洛"一行互换位置。

4. 计算浮动额。计算公式为"浮动额=原工资*浮动率"。

5. 用公式或者函数计算原工资和浮动额的"总计"结果。

6. 将标题设置为 20 号、隶书、红色，表格中其他所有的文字及数据均为 14 号、仿宋 GB2312，表格中的数据内容居中。

7. 设置表格内容的边框线。外边框为红色粗实线，内边框为黄色的双画线。

8. 建立"三维簇状柱形图"图表，图表标题为"职工工资情况表"，图表的背景为系统预设的渐变色"雨后初晴"，并将工作表 Sheet1 更名为"工资情况表"。最终结果如图 16-2 所示。

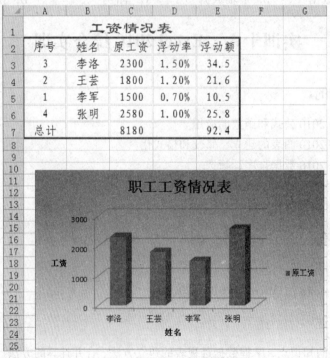

图 16-2　Sheet1 工作表

9. 在 Sheet2 工作表中统计出各类职称教师年终总分的平均值，结果如图 16-3 所示。

10. 合并计算：使用 Sheet3 工作表中的数据，将甲乙两部门的数据进行行求和合并计算，并将标题设置为"第 1 季度销售总表"，将工作表 Sheet3 更名为"合并计算"，结果如图 16-4 所示。

	A	B	C	D	E	F	G	H
1			外国语学院教师积分表					
2	姓名	性别	职称	出勤奖分	评教得分	竞赛奖分	其它	年终总分
3	杨凤	女	副教授	78	96	65	78	317
4	刘英	女	副教授	78	87	75	84	324
5	叶华	女	副教授	75	87	84	75	321
6			副教授 平均值					320.6667
7	石富	男	讲师	79	86	85	86	336
8	张宝	男	讲师	77	88	85	87	337
9	李国	男	讲师	71	85	74	84	314
10			讲师 平均值					329
11	孔德	男	教授	78	85	78	87	328
12	石淸	女	教授	74	68	74	78	294
13	李珍	女	教授	77	78	57	85	297
14	李武	男	教授	76	87	74	74	311
15			教授 平均值					307.5
16			总计平均值					317.9

图 16-3　各类职称教师年终总分的平均值

26	第一季度销售总表		
27	名称	1月	2月	3月
28	新飞冰箱	98285	83238	78951
29	格力空调	174820	109424	65082
30	水仙洗衣机	70824	50824	31750
31	格兰士微波炉	143883	101115	92893
32	熊猫电视	117498	131748	51496
33	荣声冰箱	104942	1174992	73094
34	长虹电视	106656	96359	40172

图 16-4　合并计算后的结果

（二）打开文件实训 162sc.xlsx，以 EX162+学号.xlsx 为文件名另存到 EX16+学号文件夹中，并完成下列操作：

1. 在 Sheet1 工作表中，在"5月用电量"后插入一列"6月用电量"数据：68，66，0，70。

2. 在 Sheet1 工作表中，将为 0 数据的单元格插入批注"6月份该宿舍全体外出实习"。

3. 在 Sheet1 工作表中，利用公式或函数计算总的用电量，总用电量 = 4 月用电量 + 5 月用电量 + 6 月用电量。

4. 在 Sheet1 工作表中，对 6 月份的用电量进行从高到低的排序。

5. 将 Sheet1 整个工作表复制到 Sheet2 中，在 Sheet2 工作表中，筛选出 4 月份用电总量小于 80，用电总量超过 210 的宿舍，如图 16-5 所示。

	A	B	C	D	E	F
1	宿舍号	班别	4月用电	5月用电	6月用电	用电总计
3	1-601	网络0501	73	70	68	211
4	1-602	网络0501	76	72	66	214

图 16-5　Sheet2 筛选结果

6. 在 Sheet1 工作表中，建立四间宿舍用电量的簇状柱形图，并嵌入本工作表中，将绘图区填充预设"雨后初晴"效果，如图 16-6 所示。将工作簿存盘，退出 Excel。

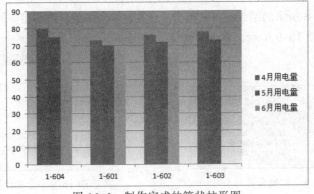

图 16-6　制作完成的簇状柱形图

五、实训步骤（只说明应特别注意的操作题）

操作①

在 Sheet2 工作表中，统计出各类职称教师年终总分的平均值，结果如图 16-3 所示。

（1）考核的是分类汇总知识点。

（2）先对"职称"这类字段进行升序排序。

（3）进行分类汇总设置。具体知识点可参考实训十四的相关操作。

操作②

合并计算：使用 Sheet3 工作表中的数据，将甲乙两部门的数据进行求和合并计算，并将标题设置为"第 1 季度销售总表"，将工作表 Sheet3 更名为"合并计算"，结果如图 16-4 所示。

（1）打开 Sheet3，将光标定位于单元格 A27 中，在"数据"选项卡"数据工具"组中单击"合并计算"按钮，弹出相应的对话框；将光标定位于"引用位置"处，选择 A2:D9 作为第 1 个引用位置，单击"添加"按钮，选择 A15:D22 作为第 2 个引用位置，单击"添加"按钮，从而选择了两部分区域作为合并计算的引用位置；勾选"首行"复选框，如图 16-7 所示，单击"确定"按钮。

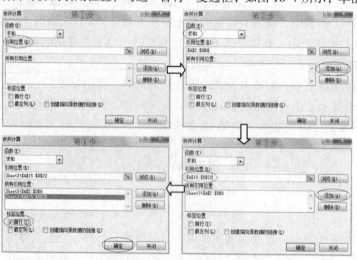

图 16-7　合并计算过程 1

（2）得到图 16-8 所示的结果，再次单击"合并计算"按钮，弹出相应的对话框，勾选"最左列"复选框，如图 16-9 所示，单击"确定"按钮。

27	名称	1月	2月	3月
28		98285	83238	78951
29		174820	109424	65082
30		70824	50824	31750
31		143883	101115	92893
32		117498	131748	51496
33		104942	1174992	73094
34		106656	96359	40172

图 16-8　初始合并计算

图 16-9　合并计算过程 2

（3）得到图 16-10 所示的结果，在单元格 A26 中输入标题"第一季度销售总表"。

（4）适当调整列宽，将工作表 Sheet3 更为名"合并计算"，结果如图 16-4 所示。

名称	1月	2月	3月
新飞冰箱	98285	83238	78951
格力空调	174820	109424	65082
水仙洗衣机	70824	50824	31750
格兰士微波炉	143883	101115	92893
熊猫电视	117498	131748	51496
荣声冰箱	104942	1174992	73094
长虹电视	106656	96359	40172

图 16-10　合并计算结果

六、课后实训

打开文件 kh_162sc.xlsx，并以 EXKH16+学号.xlsx 为文件名另存该工作簿。

1. 表格的环境设置与修改：

（1）在 Sheet1 工作表表格的标题下插入一行。

（2）将 Sheet1 工作表重命名为"公粮统计表"。

2. 表格格式的编排与修改：

（1）将表格中标题区域 A1:E1 合并居中；设置标题行行高为 28；将表格的标题字体设置为华文行楷，字号为 24 磅，并添加黄色底纹。

（2）设置新插入的行高为 5，并将 A1:E2 单元格合并居中。

（3）将表头一行字体设置为加粗，并添加浅青绿色底纹。

（4）将表格的数据区域设置为水平居中格式。

（5）为 A1:E9 添加单实线边框，如图 16-11 所示。

3. 数据的管理与分析：

（1）使用 Sheet2 工作表表格中的内容，利用公式计算出超额部分的数据（超额=实缴数量-应缴数量）。

（2）在 Sheet2 工作表中，统计各专业的男、女生人数，在 Sheet2 工作表的 L4 单元格中建立数据透视表，如图 16-12 所示。

大李乡缴售公粮统计表

编号	农产品名称	负责人	实缴数量(千克)	应缴数量(千克)
1	小麦	李旺盛	5665	5560
2	玉米	周民义	6476	6400
3	大豆	田翠花	6464	5124
4	花生	田翠花	2155	2140
5	水稻	周民义	4145	4211
6	油菜	李旺盛	6532	6542

图 16-11　公粮统计表

计数项:学号	性别		
专业	男	女	总计
会计	2	2	4
交通运输	3	1	4
物联网	2	2	4
园林	2	2	4
越南语	2	2	4
总计	11	9	20

图 16-12　数据透视表

4. 利用 Sheet3 工作表中相应的数据，在 Sheet3 工作表中创建一个带数据标记的折线图图表，如图 16-13 所示。

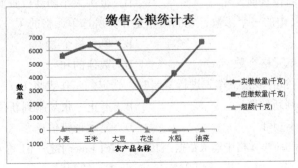

图 16-13　数据点折线图

项目（二）　Excel 2010 的使用

七、理论习题

（一）填空题

1. 要对某单元格中的数据加以说明，一般在该单元格插入_____，然后输入说明性文字。

2. 在 Excel 中，已输入的数据清单含有字段：学号、姓名和成绩，若希望只显示成绩处于前 5 名的学生信息，可以使用_____功能。

3. Excel 2010 的运算符有算术运算符、比较运算符、文本运算符，其中符号&属于_____。

（二）单项选择题

1. 要把当前单元格的数值 2011 逐个递增向右填充，应按（　　）键的同时拖动填充柄。

    A.【Alt】　　　　　　　B.【Ctrl】　　　　　　　C.【Shift】　　　　　　　D.【Tab】

2. 在 Excel 中的某个单元格内输入文字，要文字能自动换行，可利用"设置单元格格式"对话框的（　　）选项卡，选择"自动换行"。

    A. 数字　　　　　　　B. 对齐　　　　　　　C. 图案　　　　　　　D. 保护

3. 设 A2 单元格为文字"一百"，A3 与 A4 单元格中分别为数值"200"和"300"，则 =Count(A2:A4) 值为（　　）。

    A. 600　　　　　　　B. 500　　　　　　　C. 3　　　　　　　D. 2

4. 在 Excel 工作表中已输入的数据如下：

	A	B	C	D
1	20	12	2	=$A$1*C1
2	30	16	3	

如果将 D1 单元格中的公式复制到 D2 单元格，那么 D2 单元格的值为（　　）。

    A. ####　　　　　　　B. 60　　　　　　　C. 40　　　　　　　D. 90

5. 在 Excel 中，一个数据清单由（　　）组成。

    A. 区域、记录和字段　　　　　　　　　　B. 公式、数据和记录

    C. 工作表、数据和工作簿　　　　　　　　D. 单元格、工作表和工作簿

6. 在 Excel 的单元格内输入日期时，年、月分隔符可以是（　　）。

    A. /或-　　　　　　　B. 空格或/　　　　　　　C. /或\　　　　　　　D. \或-

7. 在 Excel 公式复制时，为使公式中的（　　），必须使用绝对地址。

    A. 单元格地址随新位置而变化　　　　　　B. 范围随新位置而变化

    C. 范围不随新位置而变化　　　　　　　　D. 范围大小随新位置而变化

8. Count 是 Excel 中的一个函数，它的用途是计算所选单元格的（　　）。

    A. 数据的和　　　　　　　　　　　　　　B. 单元格个数

    C. 有数值的单元格个数　　　　　　　　　D. 数值的和

9. 当选定了不相邻的多张工作表进行复制时，选定的工作表将（　　）。

    A. 一起复制到新位置　　　　　　　　　　B. 不止一张复制到新位置

    C. 复制后仍不相邻　　　　　　　　　　　D. 显示现错信息

10. 在 Excel 中，在 B1 单元格中输入数据"$12345"，按【Enter】键后 B1 单元格的格式为（　　）。

    A. $12345　　　　　　　B. $12,345　　　　　　　C. 12345　　　　　　　D. 12,345

实训十七　Windows 网络基本操作

一、实训目的

1. 掌握 IE 浏览器的使用。
2. 掌握 IE 浏览器信息的保存方法。
3. 掌握网络基本配置。

二、实训准备

1. 硬件：PC 一台。
2. 软件：Windows 7。

三、实训概述

本实训要求掌握如何开启 IE 浏览器，如何利用 IE 浏览器浏览相关网页，并把自己喜欢的网页或网页中的图片保存到本地计算机，或把相关网页添加到"收藏夹"中。默认页的功能是设置自己要经常打开的网页为默认主页，以后每次启动 IE 浏览器就可直接进入该页面，同时掌握安全级别的设置等。当无法访问对方共享的文件时学会用 ping 命令和关闭 Windows 防火墙来进行简单处理，同时学会设置"Internet 选项"里的相关内容。

四、实训内容

1. 使用手工分配的方式给计算机分配 IP 地址，IP 地址为 10.0.213.1，默认网关为 10.0.213.254，DNS 服务器为 202.103.224.68。
2. 通过 ping 命令测试网络的连通性。
3. 关闭 Windows 防火墙。
4. 启动 IE 浏览器。
5. 通过 IE 浏览器浏览 www.sina.com.cn 网站。
6. 浏览新浪网站中的某条新闻，并把该新闻以"文本文件（*.txt）"或"单一文件（*.mht）"等保存类型把该网页的内容保存到本地计算机中。
7. 浏览该网站中的某条新闻，并把该新闻页面中的图片保存到本地计算机中。
8. 浏览该网站中的某条新闻，把该网页地址添加到"收藏夹"中；并通过"收藏夹"快速浏览该新闻；退出页面时删除浏览历史记录。

9. 把 www.2345.com 网站设置为默认页。

10. 未访问和已访问过的链接颜色均为"红 12 绿 24 蓝 36"，网页字体为"幼园"，纯文本字体为"楷体 2312"。

11. Internet 的安全级别设置为自定义，要求"ActiveX 控件和插件"下的项目全部启用。

12. 本地 Intranet 安全级别为"中低"，受限站点的安全级别为"高"。

13. 将网站 http://www.ccb.com 设置为可信任站点，且可信站点的安全级别为"低"。

14. 为了节约网络流量，设置不播放网页中的动画和声音。

五、实训步骤

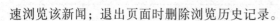

A 操作①

使用手工分配的方式给计算机分配 IP 地址，IP 地址为 10.0.213.1，默认网关为 10.0.213.254，DNS 服务器为 202.103.224.68。

右击桌面上的"网络"图标，在快捷菜单中单击"属性"命令，在弹出的对话框左窗口处单击"更改适配器设置"，在出现的窗口中找到"本地连接"图标并右击，在快捷菜单中单击"属性"命令，在弹出的"本地连接属性"对话框中双击"Internet 协议版本 4(TCP/IPv4)"，如图 17-1 所示，在弹出的"Internet 协议版本 4"对话框中输入相应的地址信息。

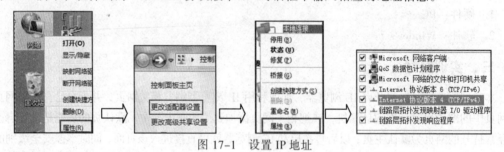

图 17-1　设置 IP 地址

A 操作②

通过 ping 命令测试网络的连通性。

选择"开始"→"所有程序"→"附件"→"命令提示符"命令，在弹出的对话框中输入 ping 10.0.213.2（该 IP 地址是与你同一网段的某个地址），弹出图 17-2 所示的窗口时，表示两台计算机之间可以通信。

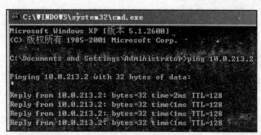

图 17-2　测试网络连通性

操作③

关闭 Windows 防火墙。

打开资源管理器窗口，单击"打开控制面板"按钮，在出现的窗口中单击"Windows 防火墙"，在出现的窗口左侧单击"打开或关闭 Windows"防火墙，在弹出的"自定义设置"窗口相应位置选择关闭。具体操作过程如图 17-3 所示。

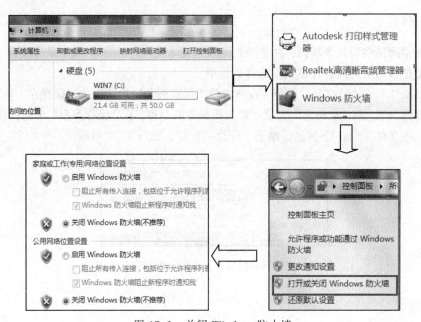

图 17-3　关闭 Windows 防火墙

操作④

启动 IE 浏览器。

（1）双击桌面上的 Internet Explorer 图标；或右击 Internet Explorer 图标，在快捷菜单中单击"打开主页"命令，如图 17-4 所示。

（2）单击任务栏中的 Internet Explorer 图标也可启动 IE 浏览器，如图 17-5 所示。

图 17-4　右键打开 IE 浏览器

图 17-5　通过快速图标打开 IE 浏览器

操作⑤

通过 IE 浏览器浏览 www.sina.com.cn 网站。

启动 IE 浏览器，在"地址"栏中输入 www.sina.com.cn，按【Enter】键即可打开该网页，如图 17-6 所示。

图 17-6　在浏览器中打开新浪网

操作⑥

浏览新浪网站中的某条新闻，并把该新闻以"文本文件（*.txt）"或"单一文件（*.mht）"等保存类型把该网页的内容保存到本地计算机中。

单击"文件"→"另存为"命令，在弹出的"保存网页"对话框的"保存在"选项中设置网页要保存的位置，在"文件名"选项中输入要保存的名称，在"保存类型"中选择保存类型，本例以"文本文件（*.txt）"演示，单击"保存"按钮，如图 17-7 所示。

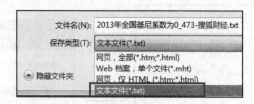

图 17-7　把网页以文本文件的类型保存在 D 盘

操作⑦

浏览该网站中的某条新闻，并把该新闻页面中的图片保存到本地计算机中。

右击要保存的图片，在快捷菜单中单击"图片另存为"命令（见图 17-8），然后根据"操作 6"的保存方法设置图片要保存的位置、文件名和保存类型，单击"保存"按钮。

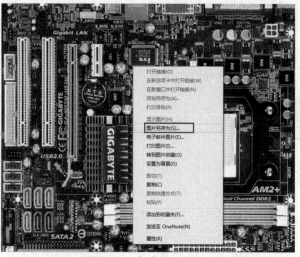

图 17-8　保存网页图片

操作⑧

浏览该网站中的某条新闻，把该网页地址添加到"收藏夹"中；并通过"收藏夹"快速浏览该新闻；退出页面时删除浏览历史记录。

（1）在要收藏网页中单击"收藏夹"→"添加到收藏夹"命令，弹出"添加到收藏夹"对话框，在"名称"文本框中输入要保存的名称，单击"确定"按钮，如图17-9所示。

图17-9 把网页地址添加到"收藏夹"中

（2）单击"收藏夹"按钮，在桌面左侧出现的窗格中单击保存的网站名即可以打开该网页，如图17-10所示。

（3）单击"工具"→"Internet 选项"命令，弹出"Internet 选项"对话框，勾选"退出时删除浏览历史记录"复选框，即可完成设置，如图17-11所示。

图17-10 通过"收藏夹"打开收藏的网页

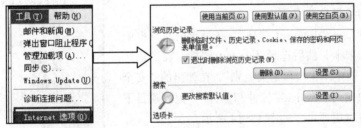

图17-11 退出页面时删除浏览历史记录

操作⑨

把 www.2345.com 网站设置为默认页。

右击 Internet Explorer 图标，在快捷菜单中单击"属性"命令，弹出"Internet 属性"对话框，在"常规"选项卡的"主页"中输入该网址，单击"确定"按钮即可，如图17-12所示。

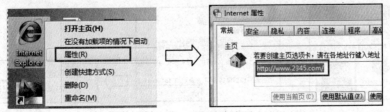

图17-12 设置默认页

操作⑩

已访问和未访问过的链接颜色均为"红 12 绿 24 蓝 36"，网页字体为"幼园"，纯文本字体为"楷体 2312"。

单击"工具"→"Internet 选项"命令，弹出的"Internet 选项"对话框，单击"颜色"按钮，然后单击"颜色"对话框中"访问过的"右侧的颜色块，在弹出的对话框中单击"规定自定义颜色"按钮，并在其中输入"红 12 绿 24 蓝 36"值，如图 17-13 所示。未访问过的和网页字体用同样的方法在"Internet 选项"对话框中进行相应设置即可。

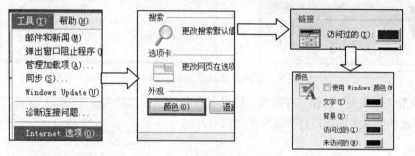

图 17-13　链接颜色的设置

操作⑪

Internet 的安全级别设置为自定义，要求"ActiveX 控件和插件"下的项目全部启用。

单击"工具"→"Internet 选项"，在弹出的对话框中选择"安全"选项卡，然后选择 Internet 图标，在"该区域的安全级别"框中单击"自定义级别"，在弹出的"安全设置"对话框中找到"ActiveX 控件和插件"，把该项目下的全部内容设置启用即可，如图 17-14 所示。

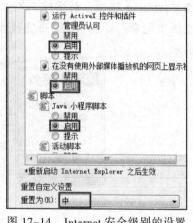

图 17-14　Internet 安全级别的设置

操作⑫

本地 Intranet 安全级别为"中低"，受限站点的安全级别为"高"。

单击"工具"→"Internet 选项"命令，在弹出的对话框中选择"安全"选项卡，然后选择"本地 Intranet"图标，在"该区域的安全级别"框中单击"自定义级别"，弹出"安全设置"对话框，在"重置自定义设置"中把安全级设为"中低"，如图 17-15 所示。受限站点用同样方法设置。

图 17-15　本地 Intranet 安全级别的设置

操作⑬

将网站 http://www.ccb.com 设置为可信任站点，且可信站点的安全级别为"低"。

单击"工具"→"Internet 选项"命令，在弹出对话框中选择"安全"选项卡，选择"可信站点"图标，单击"受信任的站点"右侧的"站点"按钮，并在出现的"可信站点"对话框的"将该网站添加到区域中"文本框中输入 http://www.ccb.com，同时取消勾选"对该区域中的所有站点要求服务器验证（https:）"复选框，单击"添加"按钮完成设置，如图 17-16 所示。

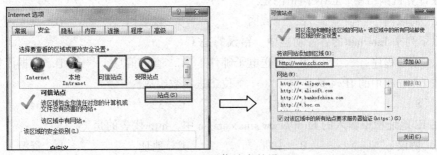

图 17-16　可信站点的设置

 操作⑭

为了节约网络流量，设置不播放网页中的动画和声音。

单击"工具"→"Internet 选项"命令，在弹出的对话框中选择"高级"选项卡，取消勾选"多媒体"中的"播放网页中的动画"和"播放网页中的声音"复选框即可，如图 17-17 所示。

图 17-17　设置不播放网页中的动画和声音

六、课后实训

1. 在浏览器中打开 www.163.com 网页，然后浏览某条新闻，把该新闻以"单一文件（*.mht）"类型保存在 D 盘中。

2. 打开某个网站，浏览某条带有图片的新闻，然后把新闻中的图片另存到 D 盘。

3. 设置 www.hao123.com 网址作为默认页，后启动 IE 浏览器验证结果。

4. 打开 www.gxnyxy.com.cn 网页，把该网址收藏到"收藏夹"中，然后通过"收藏夹"打开该网页以验证结果。

七、课后作业

单项选择题

1. 下列描述计算机网络功能的说法中，不正确的是（　　　　）。

　　A. 有利于计算机间的信息交换　　　　　　　　B. 计算机间的安全性更强

项目四　计算机网络基础

C. 有利于计算机间的协同操作　　　　D. 有利于计算机间的资源共享

2. 被译为万维网的是（　　　）。

　　A. Internet　　　　　　B. PPP　　　　　　C. TCP/IP　　　　　D. WWW

3. 计算机网络的应用越来越普遍，它的最大好处在于（　　　）。

　　A. 节省人力　　　　　　　　　　　　B. 存储容量大

　　C. 可实现资源共享　　　　　　　　　D. 使信息存储速度提高

4. 在计算机网络中，LAN 网指的是（　　　）。

　　A. 局域网　　　　　　　B. 广域网　　　　　C. 城域网　　　　　D. 以太网

5. 以下列举 Internet 的各种功能中，错误的是（　　　）。

　　A. 编译程序　　　　　　B. 传送电子邮件　　C. 查询信息　　　　D. 数据库检索

6. 在 Internet 中的 IPv4 地址由（　　　）位二进制数组成。

　　A. 8　　　　　　　　　　B. 16　　　　　　　C. 32　　　　　　　D. 64

7. 在 IE 地址栏中输入的 http://www.sina.com.cn 中，http 代表的是（　　　）。

　　A. 协议　　　　　　　　B. 主机　　　　　　C. 地址　　　　　　D. 资源

8. 在 Internet 上用于收发电子邮件的协议是（　　　）。

　　A. TCP/IP　　　　　　　B. IPX/SPX　　　　　C. POP3/SMTP　　　D. NetBEUI

9. 在 Internet 上广泛使用的 WWW 是一种（　　　）。

　　A. 浏览服务模式　　　　　　　　　　B. 网络主机

　　C. 网络服务器　　　　　　　　　　　D. 网络模式

10. 因特网（Internet）又称（　　　）网络。

　　A. 国际互联　　　　　　B. 局部计算机　　　C. 城市计算网　　　D. 高速信息火车

11. 当前，在计算机应用方面已进入以（　　　）为特征的时代。

　　A. 并行处理技术　　　　　　　　　　B. 分布式系统

　　C. 微型计算机　　　　　　　　　　　D. 计算机网络

12. 局域网的拓扑结构主要包括（　　　）。

　　A. 总线结构、环状结构和星状结构

　　B. 环网结构、单环结构和双环结构

　　C. 单环结构、双环结构和星型结构

　　D. 网状结构、单总线结构和环状结构

13. 因特网是目前全世界最大的计算机网络，采用（　　　）通信协议将分布在世界各地的各种计算机网络连接到一起，使它们能方便地交流信息。

　　A. ASCII　　　　　　　B. TCP/IP　　　　　C. 电报　　　　　　D. 电话

14. 电子邮件又称（　　　），是目前因特网上使用最广泛的应用服务之一。

　　A. ASCII　　　　　　　B. TCP/IP　　　　　C. E-mail　　　　　D. Internet

15. 因特网可以看做是有史以来第一个（　　　）的图书馆和资料库，为人们提供了巨大的，不断增长的信息资源和服务资源。

　　A. 由我国各大图书馆以及省、市级科技情报所组成

　　B. 由美国政府、科学院、大学、图书馆和大公司组成

　　C. 由世界各国的政府、科研机构、大学、企业、大公司、大图书馆和情报所组成

D. 由美国 IBM 公司、微软公司以及美国电信局组成

16. 为了预防计算机病毒的感染，应当（　　　）。
 A. 经常让计算机晒太阳　　　　　　　B. 定期用高温对软盘消毒
 C. 对操作者定期体检　　　　　　　　D. 用抗病毒软件检查外来的软件

17. 病毒在感染计算机系统时，一般（　　　）感染系统的。
 A. 病毒程序都会在屏幕上提示，待操作者确认后
 B. 是在操作者不觉察的情况下
 C. 病毒程序会要求操作者指定存储的磁盘和文件夹后
 D. 在操作者为病毒指定存储的文件名以后

18. 下列关于计算机病毒的说法中，正确的有（　　　）。
 A. 计算机病毒是磁盘发霉后产生的一种会破坏计算机的微生物
 B. 计算机病毒是患有传染病的操作者传染给计算机，影响计算机正常运行
 C. 计算机病毒由故障的计算机自己产生的、可以影响计算机正常运行的程序
 D. 计算机病毒是人为制造出来的、干扰计算机正常工作的程序

19. 以下（　　　）是预防计算机病毒传染的有效办法。
 A. 操作者不要得病　　　　　　　　　B. 经常将计算机晒太阳
 C. 控制软盘的交换　　　　　　　　　D. 经常清洁计算机

20. 计算机病毒主要是造成（　　　）破坏。
 A. 软盘　　　　　B. 磁盘驱动器　　　　C. 硬盘　　　　　D. 程序和数据

21. 发现病毒后，比较彻底的清除方式是（　　　）。
 A. 用查毒软件处理　　　　　　　　　B. 用杀毒软件处理
 C. 删除磁盘文件　　　　　　　　　　D. 格式化磁盘

22. 防病毒卡能够（　　　）。
 A. 杜绝病毒对计算机的侵害　　　　　B. 自动发现病毒入侵的某些迹象
 C. 自动消除已感染的所有病毒　　　　D. 自动发现并阻止任何病毒的入侵

23. 文件型病毒传染的主要对象是（　　　）。
 A. 文本文件　　　　　　　　　　　　B. 系统文件
 C. 可执行文件　　　　　　　　　　　D. .EXE 和 .COM 文件

24. 微机病毒是指（　　　）。
 A. 生物病毒感染　　　　　　　　　　B. 细菌感染
 C. 被损坏的程序　　　　　　　　　　D. 特制的具有损坏性的小程序

25. 从本质上讲，计算机病毒是一种（　　　）。
 A. 细菌　　　　　B. 文本　　　　　C. 程序　　　　　D. 微生物

实训十八　电子邮箱的申请与使用

一、实训目的

1. 熟悉 Foxmail 的基本功能。

2. 掌握申请免费电子邮箱的基本方法。

3. 掌握利用 Foxmail 收发电子邮件的基本方法。

二、实训准备

1. 硬件：PC 一台。

2. 软件：Windows 7、Foxmail。

三、实训概述

本实训要求掌握使用 Foxmail 来写一封电子邮件，邮件内容包含本机的 IP 地址、网关、DNS 和一张图片等，并把邮件保存在本地计算机中。学会申请一个免费电子邮箱并能正确收发电子邮件。

四、实训内容

1. 打开 www.163.com 网站，申请一个免费邮箱，并给同学发一封邮件。

2. 查看本地计算机的 IP 地址信息。

3. 使用 Foxmail 创建一封电子邮件。

五、实训步骤

操作①

打开 www.163.com 网站，申请一个免费邮箱，并给同学发一封邮件。

启动 IE 浏览器，在地址栏中输入 www.163.com 并按【Enter】键，在出现的网页顶部单击"注册免费邮箱"（见图 18-1），在出现的页面中按要求输入相关信息，单击"创建账号"按钮完成申请（见图 18-2）。申请完成后在 163 主页顶部邮箱入口处输入账号和密码即可进入邮箱写邮件。

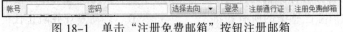

图 18-1 单击"注册免费邮箱"按钮注册邮箱

图 18-2 邮箱注册页面

操作②

查看本地计算机的 IP 地址信息。

右击桌面上的"网络"图标，在弹出的快捷菜单中单击"属性"命令，在弹出的对话框左窗口处单击"更改适配器设置"，在出现的窗口中右击"本地连接"图标，在弹出的快捷菜单中选择"属性"命令，在弹出的"本地连接属性"对话框中双击"Internet 协议版本 4(TCP/IPv4)"，即可以看到本机 IP 地址信息，具体操作如图 18-3 所示。

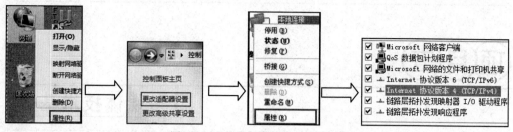

图 18-3　查看本机的 IP 地址信息

操作③

使用 Foxmail 创建一封电子邮件。

（1）启动 Foxmail，单击"邮箱"→"新建邮箱账户"命令，将刚才申请到的邮箱在"向导"窗口按向导的提示说明填写相关信息。选择刚才新建的账户，单击"撰写"按钮写一封信，收信人为同学邮箱，主题为：IP 地址信息；内容为本机的 IP 地址、网关和 DNS 信息，并单击"插入"→"增加附件"命令添加一张 nzy18 文件夹中的"nzy18.JPG"图片，然后发送邮件。具体操作过程如图 18-4 所示。

图 18-4　创建邮件

（2）单击"插入"→"增加附件"命令，弹出"打开"对话框，在"查找范围"中找到图片所在位置，选择 nzy18.JPG 图片，单击"附件"按钮把图片作为附件添加到邮件中，具体操作过程如图 18-5 所示。

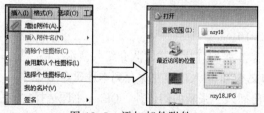

图 18-5　添加邮件附件

（3）单击"发送"按钮把邮件发送出去。

六、课后实训

1. 在 D 盘以 T+学号为名称创建一个文件夹，查看本机的 IP 地址、默认网关、DNS 服务器的地址，把这些地址写到一个文本文件里并保存在所创建的文件夹中。

2. 给 user@sina.com 邮箱创建一封邮件，并把本机的 IP 信息作为邮件内容，把"IP 地址.JPG"图片作为附件添加到邮件中，最后把邮件保存到 T+学号文件夹中。

实训十九　PowerPoint 2010 的基本操作

一、实训目的

1. 掌握 PowerPoint 2010 的启动和退出。
2. 掌握创建演示文稿的基本步骤。
3. 掌握演示文稿的保存和打开方法。

二、实训准备

1. 硬件：PC 一台。
2. 软件：Windows 7、Microsoft Office 2010。

三、实训综述

本实训要求掌握如何使用 PowerPoint 2010 来创建一个演示文稿，幻灯片版式的选择及幻灯片中艺术字的插入。把创建的演示文稿保存到本地磁盘中，并掌握打开已创建好的演示文稿的方法。

四、实训内容

1. 启动 PowerPoint 2010。
2. 创建一个内容包含 6 张幻灯片的"团队介绍"演示文稿（见图 19-1），要求幻灯片的 Office 主题都为"标题和文本"，输入内容并保存到本地磁盘 D 盘中。
3. 在第一张幻灯片前插入一张新的幻灯片，Office 主题选择"空白"。

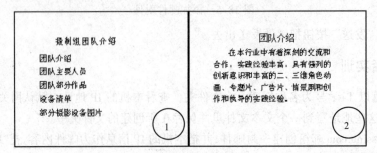

图 19-1　插入 6 张幻灯片

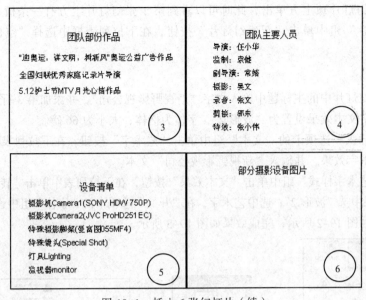

图 19-1　插入 6 张幻灯片（续）

4. 在第一张幻灯片中的主标题中输入文字"新视野影视公司"，并添加第 3 行第 2 列的艺术字效果，艺术字文本效果设置为"波形 2"，字体为楷体，大小为 66 磅。

5. 保存并退出演示文稿。

五、实训步骤

操作①

启动 PowerPoint 2010。

单击"开始"→"所有程序"→Microsoft Office→Microsoft Office PowerPoint 2010 命令启动演示文稿；或在桌面空白处右击，在弹出的快捷菜单中单击"新建"→"Microsoft PowerPoint 演示文稿"命令，即可在桌面上建立一个演示文稿，双击也可启动 PowerPoint。

操作②

创建一个内容包含 6 张幻灯片的"团队介绍"演示文稿（见图 19-1），要求幻灯片的 Office 主题都为"标题和内容"，输入内容，保存到本地磁盘 D 盘中。

（1）单击"开始"选项卡"幻灯片"组中的"新建幻灯片"按钮，在下拉列表中选择"标题和内容"，重复以上步骤添加 6 张幻灯片。

（2）根据图 19-1 所示分别在每张幻灯片的标题和文本框中输入内容。

（3）单击"文件"选项卡中"另存为"按钮，在"另存为"对话框中选择"本地磁盘（D：）"盘，文件名设置为"团队介绍.pptx"，单击"保存"按钮。

操作③

在第一张幻灯片前插入一张新的幻灯片，幻灯片 Office 主题选择"空白"。

在第一张幻灯片顶上方单击，此时可以看到第 1 张幻灯片上方有一条横直线在闪动，然后在"幻灯片"组中单击"新建幻灯片"按钮，在下拉列表框中选择"空白"。

操作④

在第 1 张幻灯片中的主标题中输入文字"新视野影视公司"，并添加第 3 行第 2 列的艺术字效果，艺术字文本效果设置为"波形 2"，字体为楷体，大小为 66 磅。

（1）在"插入"选项卡的"文本"组中单击"艺术字"按钮，在下拉列表框中选择第 3 行第 2 列的艺术字效果，并输入"新视野影视公司"文本。

（2）在"艺术字样式"组中单击"文本效果"按钮，在下拉列表中单击"转换"按钮，并在"弯曲"效果中选"波形 2"；选中艺术字，在"开始"选项卡的"字体"组中设置字体大小。

具体操作如图 19-2 所示，完成效果如图 19-3 所示。

图 19-2　插入的第 1 张幻灯片操作

图 19-3　插入新的幻灯片

操作⑤

保存并退出演示文稿。

单击"文件"选项卡中的"保存"按钮即可保存演示文稿，完成后关闭演示文稿。

六、课后实训

打开 nzy19 文件夹中的 nzy19.pptx，按如下要求完成操作：

1. 设置演示文稿的页面格式：

（1）将第 1 张幻灯片的标题字体设置为华文行楷，60 磅，红色。

（2）在第 1 张幻灯片中添加艺术字副标题（副标题内容为：红日实业公司），设置艺术字的字体为楷体，字号为 40 磅，形状为波形 1，填充颜色为深蓝色，线条颜色为红色。

（3）将所有幻灯片的页脚设置为"汪洋工作室"。

2. 演示文稿的插入设置：

（1）在第 4 张幻灯片中插入图 19-4 所示的组织结构图。

（2）在第 2 张幻灯片中插入链接第 1 张和下一张幻灯片的动作按钮。

3. 设置幻灯片放映：

（1）设置全部幻灯片切换效果为分割，声音为鼓声，换页方式为单击鼠标换页。

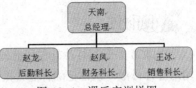
图 19-4 课后实训样图

（2）设置第 1 张幻灯片中标题文本的动画效果为旋转，按字母发送，打字机的声音，单击鼠标启动动画效果。

（3）设置第 2 张幻灯片中标题和正文文本的动画效果为从左飞入，按字母发送，打字机的声音，在前一事件后一秒启动动画效果。

实训二十　幻灯片的基本编辑

一、实训目的

1. 掌握幻灯片的格式化方法。
2. 掌握在幻灯片中插入图片、影片和声音的方法。
3. 掌握在幻灯片中插入表格和图表的方法。
4. 掌握幻灯片的插入、删除、复制和移动的方法。

二、实训准备

1. 硬件：PC 一台。
2. 软件：Windows 7、Microsoft Office 2010。

三、实训概述

本实训要求学会设置文本的格式和布局，使幻灯片看起来美观、大方。掌握在幻灯片中插入图片、影片等功能；掌握幻灯片母版的使用，掌握在已有演示文稿中添加、删除及移动幻灯片，以及为幻灯片中的图片添加声音等。

四、实训内容

1. 把除第 1 张幻灯片外的所有幻灯片标题文本设置为华文行楷，36 磅，加粗，蓝色字体。用幻灯片母版一次性把除标题外的所有幻灯片中的文本内容设置为仿宋，28 磅。

2. 在第 6 张幻灯片中插入 nzy20 文件夹中的 3 张图片。

3. 在第 2 张幻灯片中添加 nzy20 文件夹中的 nzy20-2.mid 声音文件，循环播放直到停止，放在左上角。

4. 在第 7 张幻灯片后插入一张新幻灯片，在其中添加一个 2 行 2 列的表格。

5. 把第 7 张幻灯片移动到第 6 张幻灯片前面，删除某张幻灯片。

6. 为所有幻灯片添加页脚"新视野影视"。

五、实训步骤

操作①

把除第 1 张幻灯片外的所有幻灯片标题文本设置为华文行楷，36 磅，加粗，蓝色字体。用幻灯片母版一次性把除标题外的所有幻灯片中的文本内容设置为仿宋，28 磅。

（1）选中第 1 张幻灯片的标题文本，单击"开始"选项卡"字体"组中的"字体"下拉按钮，按要求分别设置，如图 20-1 所示；或者在选中的文字上右击，在快捷菜单中单击"字体"命令，在"字体"对话框中进行相应的设置，如图 20-2 所示。用同样的方法设置其他幻灯片的标题文字。

图 20-1　在"字体"组中设置字体格式　　　图 20-2　在"字体"对话框中设置字体格式

（2）幻灯片母版的使用：单击"视图"选项卡"母版视图"组中的"幻灯片母版"按钮，将光标放在第 1 张幻灯片上会显示该母版由 1～7 张幻灯片使用，选中该幻灯片中的"单击此处编辑母版文本样式"字体，在"字体"组中设置字体为仿宋，字号为 28 磅，完成后单击"关闭母版视图"完成设置。具体操作过程如图 20-3 所示。

图 20-3　使用幻灯片母版一次性设置字体

操作②

在第 6 张幻灯片中插入 nzy20 文件夹中的 3 张图片。

单击"插入"选项卡"插图"组中的"图片"按钮，弹出"插入图片"对话框选择要插入的图片后单击"插入"按钮。重复上述操作插入另外两张图片。具体操作过程如图 20-4 所示。

图 20-4　向幻灯片中插入图片

操作③

在第 2 张幻灯片中添加 nzy20 文件夹中的 nzy20-2.mid 声音文件，循环播放直到停止，放在左上角。

（1）单击"插入"选项卡"媒体"组中的"音频"按钮，在下拉列表框中单击"文件中的音频"按钮，弹出"插入音频"对话框，选择图片后单击"插入"按钮。具体操作过程如图 20-5 所示。

（2）选中插入的声音图标，勾选"播放"选项卡"音频选项"组中的"循环播放，直到停止"复选框。具体操作过程如图 20-5 所示。

图 20-5　向幻灯片中插入声音文件

 操作④

在第 7 张幻灯片后插入一张新幻灯片，并在其中添加一个 2 行 2 列的表格。具体操作过程如图 20-6 所示。

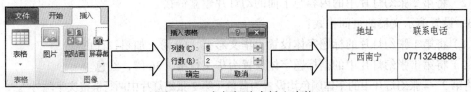

图 20-6　向幻灯片中插入表格

单击"插入"选项卡"表格"组中选择"表格"下拉列表框中的"插入表格"按钮，弹出"插入表格"对话框，设置表格的行列数，单击"确定"按钮。

 操作⑤

把第 7 张幻灯片移到第 6 张幻灯片前面，并删除某张幻灯片。

（1）拖住第 7 张幻灯片往第 6 张幻灯片上面移动，当看到第 6 张幻灯片上方出现一条横线时松开鼠标即可以完成。

（2）选中某张幻灯片后右击，在快捷菜单中单击"删除幻灯片"命令即可以完成。

 操作⑥

为所有幻灯片添加页脚"新视野影视"。

单击"插入"选项卡"文本"组中的"页眉和页脚"按钮，在弹出的"页眉和页脚"对话框的"幻灯片"选项卡中勾选"页脚"复选框，并在文本框中输入"新视野影视"，单击"全部应用"按钮。具体操作如图 20-7 所示。

项目五　多媒体技术基础

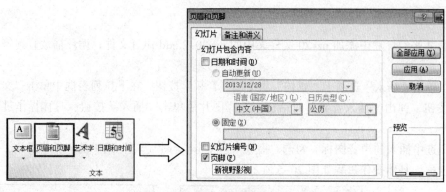

图 20-7　向幻灯片中添加页脚

六、课后实训

打开 nzy20 文件夹中的 nzy20-2.pptx，按如下要求完成操作：

1. 设置演示文稿的编排格式：

将所有幻灯片的背景填充为 nzy20 文件夹中的图片 nzy20-3.jpg。

2. 演示文稿的插入设置：

（1）在第 1 张幻灯片的下方插入一张摘要幻灯片（即为第 2~7 张幻灯片生成一个目录）。

（2）将第 2 张幻灯片中的内容与下面的幻灯片建立链接。

3. 设置演示文稿的页面格式：

（1）将第 1 张幻灯片的标题字体设置为华文彩云，60 磅，加粗，红色。

（2）将第 1 张幻灯片中的副标题字体设置为华文行楷，36 磅，红色。

将第 2~4 张幻灯片中的字体颜色均设置为蓝色（第 2 张幻灯片中两行链接文字除外）。

实训二十一　幻灯片的美化和放映

一、实训目的

1. 掌握配色方案、背景的使用。

2. 掌握幻灯片切换的设置方法。

3. 掌握幻灯片中对象的自定义动画设置。

4. 掌握超链接的建立方法。

5. 掌握设置放映方式、启动和控制幻灯片放映的方法。

二、实训准备

1. 硬件：PC 一台。

2. 软件：Windows 7、Microsoft Office 2010。

三、实训概述

本实训要求掌握演示文稿编辑的基本功能。通过背景的设置来美化幻灯片，可以给背景赋予单一颜色、预设的混合颜色或图片。切换与自定义动画功能可以赋予幻灯片或图片一定的动画效果，在放映时更能引起观众的注意。通过给相应的文本设置超链接，能快速找到相应幻灯片。掌握动作按钮的设置及通过自定义幻灯片来设置幻灯片的放映顺序。

四、实训内容

1. 把所有幻灯片的主题效果设置为波形，主题颜色为凤舞九天。
2. 把所有幻灯片的切换效果设置为立方体，效果选项为自右侧，风铃的声音效果。
3. 把第 7 张幻灯片中 3 张图片的动画效果设置为轮子，效果选项为轮辐图案 2，风铃的声音效果。
4. 为第 2 张幻灯片的文本内容与演示文稿中的相应幻灯片建立超链接。
5. 把第 6 张幻灯片的背景样式设置为渐变填充预设颜色中的红日西斜。
6. 按 1→2→7→3→6→5→4 的顺序自定义幻灯片的放映顺序，并浏览幻灯片。
7. 为第 1 张幻灯片的标题建立超链接，链接到网址 www.xsy.com。
8. 在第 2 张幻灯片右下角插入两个动作按钮，第 1 个动作按钮链接到"第一张"幻灯片，第 2 个动作按钮链接到"下一张"幻灯片。

五、实训步骤

A 操作①

把所有幻灯片的主题效果设置为波形，主题颜色为凤舞九天。

单击"设计"选项卡"主题"组中的"波形"主题，然后在"颜色"下拉列表框中单击"凤舞九天"。具体操作过程如图 21-1 所示。

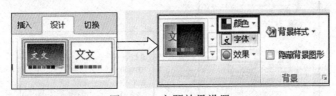

图 21-1　主题效果设置

A 操作②

把所有幻灯片的切换效果设置为立方体，效果选项为"自右侧"，风铃的声音效果。

单击"切换"选项卡"切换到此幻灯片"组中的"立方体"，并在"效果选项"下拉列表框中选择"自右侧"，在"声音"下拉列表框中选择"风铃"，最后单击"计时"组中的"全部应用"按钮。

具体操作过程如图 21-2 所示。

图 21-2　切换效果设置

操作③

把第 7 张幻灯片中 3 张图片的动画效果设置为轮子，效果选项为轮辐图案 2，风铃的声音效果。

（1）选中第 7 张图片，单击"动画"选项卡"动画"组中的"轮子"，在"效果选项"下拉列表框中选择"轮辐图案 2"。具体操作过程如图 21-3 所示。

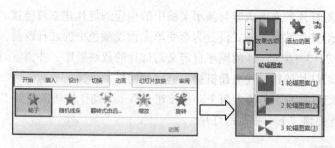

图 21-3　动画效果设置

（2）风铃的声音效果设置：点击"高级动画"组中的"动画窗格"按钮，弹出"动画窗格"任务窗格，分别右击（如"图片 1"处）上一步设置好的动画效果，然后选择"效果选项"命令。具体操作如图 21-4 所示。

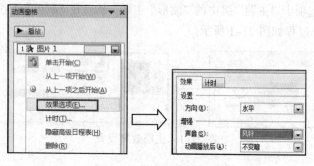

图 21-4　声音效果的设置

操作④

为第 2 张幻灯片的文本内容与演示文稿中的相应幻灯片建立超链接。

选中"团队介绍"文本，单击"插入"选项卡"链接"组中的"超链接"按钮，弹出"插入超链接"对话框，选择"本文档中的位置"，然后在右侧窗口中选择"团队介绍"，单击"确定"按钮完成。用同样方法建立其他几行文本的超链接。具体操作过程如图 21-5 所示。

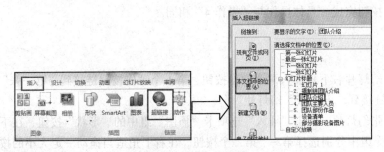

图 21-5　建立超链接

操作⑤

把第 6 张幻灯片的背景样式设置为渐变填充预设颜色中的红日西斜。

单击"设计"选项卡"背景"组中的"背景样式"下拉按钮，在下拉列表框中单击"设置背景样式"按钮，弹出"设置背景格式"对话框，设置即可。具体操作过程如图 21-6 所示。

图 21-6　背景样式的设置

操作⑥

按 1→2→7→3→6→5→4 的顺序设置幻灯片放映顺序，浏览幻灯片。

单击"幻灯片放映"选项卡"开始放映幻灯片"组中的"自定义幻灯片"按钮，在弹出的对话框中单击"新建"按钮。弹出"定义自定义放映"对话框，在左侧按放映顺序依次单击需要的幻灯片并单击"添加"按钮到右边列表中。具体操作过程如图 21-7 所示。

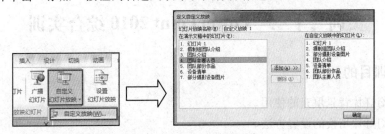

图 21-7　自定义放映顺序

操作⑦

为第 1 张幻灯片的标题建立超链接，链接到网址 www.xsy.com。

选中标题文本"新视野影视公司"，然后单击"插入"选项卡"链接"组中的"超链接"按钮，弹出"插入超链接"对话框，选择"原有文件或网页"，在对话框地址栏中输入网址，单击"确定"按钮完成。具体操作与"操作 4"相同。

操作⑧

在第 2 张幻灯片右下角插入两个动作按钮，第 1 个动作按钮链接到"第一张"幻灯片，第 2 个动作按钮链接到"下一张"幻灯片。

选中第 2 张幻灯片，单击"插入"选项卡"插图"组中的"形状"按钮，在下拉列表框中的"动作按钮"组中分别选择第一、第二个按钮，在右下角适当拖动一定大小的按钮后放开左键，并在"超链接到"选项中按要求进行选择并完成设置。具体操作如图 21-8 所示。

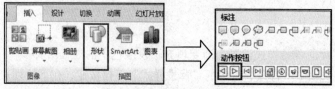

图 21-8   动作按钮的设置

六、课后实训

打开 nzy21 文件夹中的 nzy21-2.pptx，按如下要求完成操作：

1. 设置演示文稿的页面格式：

（1）将第 1 张幻灯片中的标题字体设置为华文行楷，字号为 60 磅，字体颜色为天蓝色。

（2）将副标题的字体颜色设置为天蓝色。

2. 设置演示文稿的编排格式：

（1）将第 2 张幻灯片文本占位符中的前 4 项内容与相应的幻灯片建立超链接。

（2）设置第 5 张幻灯片对象占位符中段落的项目符号为◇。

3. 设置幻灯片放映：

（1）设置所有张幻灯片切换效果为显示，效果选项为从左侧淡出，爆炸的声音，单击鼠标换页。

（2）使用幻灯片母版将所有幻灯片的标题和文本的动画效果设置为弹跳，风铃的声音，按字母发送，单击鼠标启动动画效果。

实训二十二   PowerPoint 2010 综合实训

一、实训目的

1. 掌握幻灯片背景填充的使用。

2. 掌握幻灯片切换的设置方法。

3. 掌握幻灯片中对象的自定义动画设置。

4. 掌握图片的插入。

5. 掌握幻灯片格式化的设置。

二、实训准备

1. 硬件：PC 一台。

168

2. 软件：Windows 7、Microsoft Office 2010。

三、实训概述

本实训要求掌握演示文稿编辑的基本功能。通过背景的设置来美化幻灯片，可以给背景赋予单一颜色、预设的混合颜色或图片。掌握插入图片及声音文件到幻灯片中，并进行相应效果的设置。掌握幻灯片切换效果及动画选项的设置。

四、实训内容

1. 打开 nzy22 文件夹中的 nzy22-1.pptx，将第 1 张幻灯片的背景填充为 nzy22 文件夹中的 nzy22-1.gif 图片。并设置所有幻灯片的主题为内置主题"龙腾四海"，主题颜色为"活力"。

2. 把第 1 张幻灯片中的标题字体设置为 Monotype Corsiva、72 磅、白色、有阴影。

3. 为所有幻灯片添加页脚"母亲节快乐"，字体为华文行楷，字号为 24，对齐方式为居中，字体颜色为绿色。

4. 把第 4 张幻灯片的文本部分设置为 1.5 倍行距，并将文本框填充为中心辐射的渐变效果。

5. 在第 1 张幻灯片中插入 nzy22 文件夹中的 nzy22-2.mid 声音文件，并设置其播放方式为单击时开始播放，且循环播放直到停止。

6. 在第 2 张幻灯片中插入 nzy22 文件夹中的 nzy22-3.gif 图片，设置图片的高度和宽度都为 7.5 cm，对比度为 30%，图片样式为"映像圆角矩形"。

7. 设置所有幻灯片的切换效果为水平百叶窗，风铃的声音，单击换页。

8. 把第 1 张幻灯片的标题文本动画效果设置为自顶部飞入，打字机的声音，按字母发送，单击启动动画。

五、实训步骤

A 操作①

打开 nzy22 文件夹中的 nzy22-1.pptx，将第 1 张幻灯片的背景填充为 nzy22 文件夹中的 nzy22-1.gif 图片。并设置所有幻灯片的主题为内置主题"龙腾四海"，主题颜色为"活力"。

（1）单击"设计"选项卡"背景"组中的"背景样式"按钮，在下拉列表框中单击"设置背景格式"按钮，弹出"设置背景格式"对话框，选择"填充"项中的"图片或纹理填充"，然后单击"插入自"下方的"文件"按钮，在弹出的对话框中选择 nzy22-1.gif。具体操作过程如图 22-1 所示。

（2）设置所有幻灯片的主题请参考实训二十一的相关内容。

图 22-1　背景填充图片设置

操作②

把第 1 张幻灯片中的标题字体设置为 Monotype Corsiva、72 磅、白色、有阴影。

在"开始"选项卡的"字体"组中进行设置，如图 22-2 所示。

图 22-2　字体设置

操作③

为所有幻灯片添加页脚"母亲节快乐"，字体为华文行楷，字号为 24，对齐方式为居中，字体颜色为绿色。

该部分操作请参考实训二十中的"操作 6"。

操作④

把第 4 张幻灯片的文本部分设置为 1.5 倍行距，将文本框填充为中心辐射的渐变效果。

（1）选中文本，单击"开始"选项卡"段落"组的对话框启动器按钮，在弹出的"段落"对话框中进行设置，如图 22-3 所示。

图 22-3　行距的设置

（2）选中文本框，单击"开始"选项卡"绘图"组中的"形状填充"按钮，在下拉列表框中单击"渐变"→"中心辐射"按钮，如图 22-4 所示。

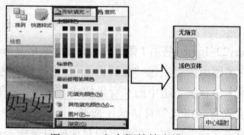

图 22-4　文本框的填充设置

操作⑤

在第 1 张幻灯片中插入 nzy22 文件夹中的 nzy22-2.mid 声音文件，并设置其播放方式为单击时开始播放，且循环播放直到停止。

该小题请参考实训二十中"操作 3"。

操作⑥

在第 2 张幻灯片中插入 nzy22 文件夹中的 nzy22-3.gif 图片，设置图片的高度和宽度都为 7.5 cm，对比度为 30%，图片样式为"映像圆角矩形"。

（1）单击"插入"选项卡"图像"组中的"图片"按钮，弹出"插入图片"对话框，选择 nzy22-3.gif 图片并单击"插入"按钮。具体操作过程如图 22-5 所示。

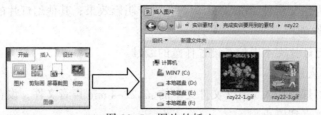

图 22-5　图片的插入

（2）选中插入的图片，然后单击"大小"组中的对话框启动器按钮，弹出"设置图片格式"对话框，取消勾选"锁定纵横比"复选框，然后在"尺寸和旋转"区域设置高和宽的值，如图 22-6 所示。完成后在"图片样式"组中选择"映像圆角矩形"样式。

图 22-6　图片大小的设置

操作⑦

设置所有幻灯片的切换效果为水平百叶窗，风铃的声音，单击换页。

请参考实训二十一的"操作 2"。

操作⑧

把第 1 张幻灯片标题文本的动画效果设置为自顶部飞入，打字机的声音，按字母发送，单击启动动画。

选中第 1 张幻灯片的标题文本，选择"动画"选项卡"动画"组中的"飞入"效果，然后在"效果选项"下拉列表框中选择"自顶部"；在"高级动画"组中单击"动画窗格"按钮，打开"动画窗格"任务窗格，在出现的效果处右击，选择"效果选项"命令，然后在出现的对话框要按要求进行设置。具体操作如图 22-7 所示。

图 22-7　动作按钮的设置

六、课后实训

打开 nzy22 文件夹中的 nzy22-2.pptx，按如下要求完成操作：

1. 设置演示文稿的页面格式：

（1）将第 1 张幻灯片的版式设置为标题幻灯片，输入标题文字"打击恐怖，维护和平"，并设置标题的字体为华文新魏，60 磅，深蓝色，带阴影效果；其他幻灯片的标题字体设置为华文行楷，48 磅，红色。

（2）为第 5 张幻灯片文本占位符设置任意的编号。

2. 演示文稿插入设置：

（1）在第 4 张幻灯片插入 nzy22 文件夹中的 nzy22-4.mid 声音文件，设置其播放方式为自动播放，且循环播放直到停止。

（2）在第 6 张幻灯片中插入链接到首页的动作按钮，并将按钮的边缘柔化 10 磅。

3. 设置幻灯片放映：

（1）设置所有幻灯片切换效果为显示，效果选项为从左侧淡出，爆炸的声音，单击鼠标换页。

（2）使用幻灯片母版将所有幻灯片的标题和文本的动画效果设置为弹跳，风铃的声音，按字母发送，单击鼠标启动动画效果。

七、理论习题

1. 所谓媒体，是指（　　　）。

   A. 表示和传播信息的载体　　　　　B. 字处理软件

   C. 计算机输入与输出信息　　　　　D. 计算机屏幕显示的信息

2. 多媒体技术是（　　　）。

   A. 一种图像和图形处理技术

   B. 文本和图形处理技术

   C. 超文本处理技术

   D. 计算机技术、电视技术和通信技术相结合的综合技术

3. 下面关于多媒体系统的描述中，（　　　）是不正确的。

   A. 多媒体系统是对文字、图形、声音、活动图像等信息及其资源进行管理的系统

   B. 数据压缩是多媒体处理的关键技术

   C. 多媒体系统也是一种多任务系统

   D. 多媒体系统只能在微型计算机上运行

4. 对同一幅照片采用以下格式存储时，占用存储空间最大的格式是（　　　）。

   A. .JPG　　　　　B. .TIF　　　　　C. .BMP　　　　　D. .GIF

5. 扩展名为.MOV 的文件通常是一个（　　　）。

   A. 音频文件　　　B. 视频文件　　　C. 图片文件　　　D. 文本文件

6. 一个多媒体计算机硬件系统，主要包括主机、I/O 设备、CD-ROM、磁盘存储器、声卡和（　　　）。

   A. 话筒　　　　　B. 扬声器　　　　C. 视频卡　　　　D. 加法器

7. 用 PowerPoint 2010 制作的演示文稿默认的扩展名为（　　　）。

   A. .pwp　　　　　B. .pptx　　　　　C. .ppn　　　　　D. .pop

8. （　　　）是制作幻灯片的主要视图。

   A. 浏览视图　　　B. 幻灯片放映视图　C. 备注视图　　　D. 普通视图

9. 下列关于 PowerPoint 2010 的插入对象，说法不正确的是（　　）。

    A. 能插入图片　　　B. 不能插入公式　　C. 能插入视频　　　D. 可以插入表格

10. 在设计幻灯片的背景时，如果单击"全部应用"按钮，结果是（　　）。

    A. 所有对象全部被该背景覆盖

    B. 仅当前一张应用该背景

    C. 现有每一张及插入的新幻灯片都是该背景

    D. 现有的每一张幻灯片是该背景，插入的新幻灯片背景需另外设置

11. 在 PowerPoint 2010 的幻灯片浏览视图下，不能完成的操作是（　　）。

    A. 调整个别幻灯片位置　　　　　　B. 删除个别幻灯片

    C. 编辑个别幻灯片内容　　　　　　D. 复制个别幻灯片

12. PowerPoint 的"超链接"命令的作用是（　　）。

    A. 插入幻灯片　　B. 复制幻灯片　　　C. 删除幻灯片　　　D. 内容跳转

13. 在 PowerPoint 2010 中，"添加动画"的功能是____。

    A. 插入 Flash 动画　　　　　　　　B. 设置放映方式

    C. 给幻灯片内的对象添加动画效果　　D. 设置幻灯片的放映方式

14. 在 PowerPoint 2010 中，当一个幻灯片要建立超链接时，（　　）是不正确的。

    A. 可以链接到其他幻灯片上　　　　B. 可以链接到本页幻灯片上

    C. 可以链接到其他演示文稿上　　　D. 不可以链接到其他演示文稿上

15. 已经设置了幻灯片的动画，但没有显示动画效果，是因为（　　）。

    A. 没有切换到幻灯片浏览视图　　　B. 没有切换到普通视图

    C. 没有设置动画　　　　　　　　　D. 没有切换到幻灯片放映视图

16. PowerPoint 中，下列说法中错误的是（　　）。

    A. 可以动态显示文本和对象　　　　B. 可以更改动画对象的出现顺序

    C. 图表中的元素不可以设置动画效果　D. 可以设置幻灯片切换效果

17. PowerPoint 2010 中，演示文稿中，插入超链接中所链接的目标不能是（　　）。

    A. 同一演示文稿的某一张幻灯片　　B. 另一个演示文稿

    C. 其他应用程序　　　　　　　　　D. 幻灯片中的某个对象

18. PowerPoint 2010 中关于设计主题，正确的是（　　）。

    A. 用户可以创建自己的设计主题　　B. 所有的设计主题都是系统自带的

    C. 演示文稿所用的设计主题不能更换　D. 设计主题文档的扩展名为 .ppt

19. PowerPoint 2010 中，下面说法正确的是（　　）。

    A. 更改幻灯片的主题是在"切换"选项卡中进行

    B. 每个演示文稿一定要有主题

    C. 一个演示文稿只能有一个主题

    D. 使用主题可能简化演示文稿的创建过程。

20. PowerPoint 2010 中，有关幻灯片母版的说法中错误的是（　　）。

    A. 可以更改占位符的大小和位置　　　B. 可能更改文本格式

    C. 只有标题区、对象区、日期区、页脚区　D. 可以设置占位符的格式

实训二十三　搜索引擎的使用

一、实训目的

1. 掌握百度搜索引擎的基本使用方法。
2. 掌握 Google 搜索引擎的基本使用方法。

二、实训准备

1. 硬件：PC 一台。
2. 软件：Windows 7。

三、实训综述

本实训要求学会使用百度和 Google 搜索引擎在网络上查找需要的资料、歌曲和图片等信息。

四、实训内容

1. 通过百度搜索引擎搜索"大学生就业形势"信息。
2. 通过百度搜索引擎搜索"万水千山总是情.mp3"这首歌。
3. 通过 Google 搜索引擎搜索"广西农业职业技术学院"网站主页。
4. 通过百度搜索引擎搜索"客厅装修效果图"图片。

五、实训步骤

A 操作①

通过百度搜索引擎搜索"大学生就业形势"信息。

启动 IE 浏览器，在地址栏中输入 www.baidu.com 并按【Enter】键，然后在出现的搜索框中输入"大学生就业形势"，单击"百度一下"按钮即出现相关信息的网页，单击即可浏览。具体操作过程如图 23-1 所示。

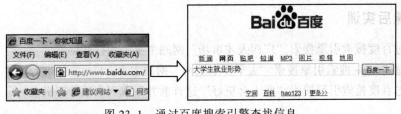

图 23-1　通过百度搜索引擎查找信息

A 操作②

通过百度搜索引擎搜索"万水千山总是情.mp3"这首歌。

启动 IE 浏览器，在地址栏中输入 www.baidu.com 并按【Enter】键，在出现的网页中单击"音乐"超链接，然后在弹出网页的搜索框中输入"万水千山总是情"，单击"百度一下"按钮即出现该歌曲。具体操作过程如图 23-2 所示。

图 23-2　通过百度搜索引擎查找歌曲

A 操作③

通过 Google 搜索引擎搜索"广西农业职业技术学院"网站主页。

启动 IE 浏览器，在地址栏中输入 www.google.cn 并按【Enter】键，然后在弹出网页的搜索框中输入"广西农业职业技术学院"，单击"Google 搜索"按钮即出现与该校有关的信息的网页，单击即可浏览。具体操作过程如图 23-3 所示。

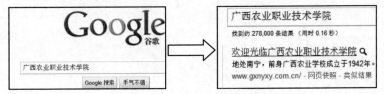

图 23-3　通过 Google 搜索引擎查找学校主页

A 操作④

通过百度搜索引擎搜索"客厅装修效果图"图片。

启动 IE 浏览器，在地址栏中输入 www.baidu.com 并按【Enter】键，在弹出的网页中单击"图片"超链接，然后在弹出网页的搜索框中输入"客厅装修效果图"，单击"百度一下"按钮即可。具体操作过程如图 23-4 所示。

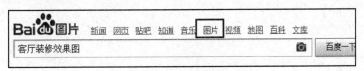

图 23-4　通过百度搜索引擎查找图片

六、课后实训

1. 通过百度搜索引擎搜索"广西人才市场"网站主页，并打开浏览。
2. 通过 Google 搜索引擎搜索"太平洋电脑网"网站主页。
3. 通过百度搜索引擎搜索"明天会更好"这首歌并下载到本地计算机上。

全国计算机等级考试一级 MS Office 考试大纲

基本要求

1. 具有微型计算机的基础知识（包括计算机病毒的防治常识）。
2. 了解微型计算机系统的组成和各部分的功能。
3. 了解操作系统的基本功能和作用，掌握 Windows 的基本操作和应用。
4. 了解文字处理的基本知识，熟练掌握文字处理 MS Word 的基本操作和应用，熟练掌握一种汉字（键盘）输入方法。
5. 了解电子表格软件的基本知识，掌握电子表格软件 Excel 的基本操作和应用。
6. 了解多媒体演示软件的基本知识，掌握演示文稿制作软件 PowerPoint 的基本操作和应用。
7. 了解计算机网络的基本概念和因特网（Internet）的初步知识，掌握 IE 浏览器软件和 Outlook Express 软件的基本操作和使用。

考试内容

一、计算机基础知识

1. 计算机的发展、类型及其应用领域。
2. 计算机中数据的表示、存储与处理。
3. 多媒体技术的概念与应用。
4. 计算机病毒的概念、特征、分类与防治。
5. 计算机网络的概念、组成和分类；计算机与网络信息安全的概念和防控。
6. 因特网网络服务的概念、原理和应用。

二、操作系统的功能和使用

1. 计算机软、硬件系统的组成及主要技术指标。
2. 操作系统的基本概念、功能、组成及分类。
3. Windows 操作系统的基本概念和常用术语，文件、文件夹、库等。
4. Windows 操作系统的基本操作和应用：
（1）桌面外观的设置，基本的网络配置。
（2）熟练掌握资源管理器的操作与应用。
（3）掌握文件、磁盘、显示属性的查看、设置等操作。

（4）中文输入法的安装、删除和选用。

（5）掌握检索文件、查询程序的方法。

（6）了解软、硬件的基本系统工具。

三、文字处理软件的功能和使用

1. Word 的基本概念，Word 的基本功能和运行环境，Word 的启动和退出。

2. 文档的创建、打开、输入、保存等基本操作。

3. 文本的选定、插入与删除、复制与移动、查找与替换等基本编辑技术；多窗口和多文档的编辑。

4. 字体格式设置、段落格式设置、文档页面设置、文档背景设置和文档分栏等基本排版技术。

5. 表格的创建、修改；表格的修饰；表格中数据的输入与编辑；数据的排序和计算。

6. 图形和图片的插入；图形的建立和编辑；文本框、艺术字的使用和编辑。

7. 文档的保护和打印。

四、电子表格软件的功能和使用

1. 电子表格的基本概念和基本功能，Excel 的基本功能、运行环境、启动和退出。

2. 工作簿和工作表的基本概念和基本操作，工作簿和工作表的建立、保存和退出；数据输入和编辑；工作表和单元格的选定、插入、删除、复制、移动；工作表的重命名和工作表窗口的拆分和冻结。

3. 工作表的格式化，包括设置单元格格式、设置列宽和行高、设置条件格式、使用样式、自动套用模式和使用模板等。

4. 单元格绝对地址和相对地址的概念，工作表中公式的输入和复制，常用函数的使用。

5. 图表的建立、编辑和修改以及修饰。

6. 数据清单的概念，数据清单的建立，数据清单内容的排序、筛选、分类汇总，数据合并，数据透视表的建立。

7. 工作表的页面设置、打印预览和打印，工作表中链接的建立。

8. 保护和隐藏工作簿和工作表。

五、PowerPoint 的功能和使用

1. 中文 PowerPoint 的功能、运行环境、启动和退出。

2. 演示文稿的创建、打开、关闭和保存。

3. 演示文稿视图的使用，幻灯片基本操作（版式、插入、移动、复制和删除）。

4. 幻灯片基本制作（文本、图片、艺术字、形状、表格等插入及其格式化）。

5. 演示文稿主题选用与幻灯片背景设置。

6. 演示文稿放映设计（动画设计、放映方式、切换效果）。

7. 演示文稿的打包和打印。

六、因特网（Internet）的初步知识和应用

1. 了解计算机网络的基本概念和因特网的基础知识，主要包括网络硬件和软件，TCP/ IP 协议的工作原理，以及网络应用中常见的概念，如域名、IP 地址、DNS 服务等。

2. 能够熟练掌握浏览器、电子邮件的使用和操作。

考试方式

1. 采用无纸化考试，上机操作。考试时间为 90 min。
2. 软件环境：Windows 7 操作系统，Microsoft Office 2010 办公软件。
3. 在指定时间内，完成下列各项操作：
（1）选择题（计算机基础知识和网络的基本知识）。（20 分）
（2）Windows 操作系统的使用。（10 分）
（3）Word 操作。（25 分）
（4）Excel 操作。（20 分）
（5）PowerPoint 操作。（15 分）
（6）浏览器（IE）的简单使用和电子邮件收发。（10 分）

全国计算机等级考试一级 MS Office 考试样题

试题一

一、选择题。下列 A、B、C、D 四个选项中，只有一个选项是正确的。（20 题，每小题 1 分，共 20 分）

1. 第三代计算机采用的电子元件是（   ）。

   A. 晶体管　　　　　　　　　B. 中、小规模集成电路

   C. 大规模集成电路　　　　　D. 电子管

2. 目前各部门广泛使用的人事档案管理、财务管理等软件，按计算机应用分类，应属于（   ）。

   A. 过程控制　　　B. 科学计算　　　C. 计算机辅助工程　　　D. 信息处理

3. 二进制数 110001 转换成十进制数是（   ）。

   A. 47　　　　　　B. 48　　　　　　C. 49　　　　　　D. 51

4. 下列各进制的整数中，值最小的一个是（   ）。

   A. 十六进制数 5A　　　　　　B. 十进制数 121

   C. 八进制数 135　　　　　　　D. 二进制数 1110011

5. 十进制整数 95 转换成二进制整数是（   ）。

   A. 01011111　　B. 01100001　　C. 01011011　　D. 01100111

6. 一个字符的标准 ASCII 码的长度是（   ）。

   A. 7bits　　　　B. 8bits　　　　C. 16bits　　　　D. 6bits

7. 已知 a=00101010B 和 b=40D，下列关系式成立的是（   ）。

   A. a>b　　　　　B. a=b　　　　　C. a<b　　　　　D. 不能比较

8. 下列关于汉字编码的叙述中，错误的是（   ）。

   A. BIG5 码通行于香港和台湾地区的繁体汉字编码

   B. 一个汉字的区位码就是它的国标码

   C. 无论两个汉字的笔画数相差多大，但它们的机内码长度是相同的

   D. 同一汉字用不同的输入法输入时，其输入码不同但机内码却是相同的

9. 下列叙述中，正确的是（　　　）。

    A. 高级语言编写的程序的可移植性差

    B. 机器语言就是汇编语言，无非是名称不同而已

    C. 指令是由一串二进制数 0、1 组成的

    D. 同机器语言编写的程序可读性好

10. 操作系统是计算机系统中的（　　　）。

    A. 主要硬件　　　　　　B. 系统软件　　　　　　C. 工具软件　　　　　　D. 应用软件

11. 下列英文缩写和中文名字的对照中，错误的是（　　　）。

    A. CPU 是控制程序部件　　　　　　　　　B. ALU 是算术逻辑部件

    C. CU 是控制部件　　　　　　　　　　　D. OS 是操作系统

12. 下列 4 种设备中，属于计算机输入设备的是（　　　）。

    A. UPS　　　　　　　　B. 服务器　　　　　　　C. 绘图仪　　　　　　　D. 扫描仪

13. 下列关于软件的叙述中，错误的是（　　　）。

    A. 计算机软件系统由多个程序组成

    B. Windows 操作系统是系统软件

    C. Word 2000 是应用软件

    D. 软件具有知识产权，不可以随便复制使用。

14. 在所列的软件中：①WPS Office 2003；②Windows 2000；③UNIX；④Auto CAD；⑤Oracle；⑥Photoshop；⑦Linux。属于应用软件的是（　　　）。

    A. ①④⑤⑥　　　　　　B. ①③④　　　　　　　C. ②④⑤⑥　　　　　　D. ①④⑥

15. 下列不属于计算机特点的是（　　　）。

    A. 存储程序控制，工作自动化　　　　　　B. 具有逻辑推理和判断能力

    C. 处理速度快、存储量大　　　　　　　　D. 不可靠、故障率高

16. 下列关于 CPU 的叙述中，正确的是（　　　）。

    A. CPU 能直接读取硬盘上的数据　　　　　B. CPU 能直接与内存储器交换数据

    C. CPU 主要组成部分是存储器和控制器　　D. CPU 主要用来执行算术运算

17. 把存储在硬盘上的程序传送到指定的内存区域中，这种操作称为（　　　）。

    A. 输出　　　　　　　　B. 写盘　　　　　　　　C. 输入　　　　　　　　D. 读盘

18. 计算机技术中，下列度量存储器容量的单位中，最大的单位是（　　　）。

    A. KB　　　　　　　　　B. MB　　　　　　　　　C. Byte　　　　　　　　D. GB

19. 硬盘属于（　　　）。

    A. 内部存储器　　　　　B. 外部存储器　　　　　C. 只读存储器　　　　　D. 输出设备

20. 下列关于计算机病毒的叙述中，正确的是（　　　）。

    A. 所有计算机病毒只在可执行文件中传染

    B. 计算机病毒可通过读写移动硬盘或 Internet 网络进行传播

    C. 只要把带毒优盘设置成只读状态，盘上的病毒就不会因读盘而传染给另一台计算机

    D. 清除病毒最简单的方法是删除已感染病毒的文件

二、基本操作题。Windows 基本操作题，不限制操作方式。注意：下面出现的所有文件都必须保存在考生文件夹下。（本题共 5 个小题，共 10 分。）

1. 将考生文件夹下 ME\YOU 文件夹中的文件 SHE.EXE 移动到考生文件夹下 HE 文件夹中，并将该文件重命为 WHO.PRC。

2. 将考生文件夹下 RE 文件夹中的文件 SANG.TMP 删除。

3. 将考生文件夹下 MEEST 文件夹中的文件 TOG.FOR 复制到考生文件夹下 ENG 文件夹中。

4. 在考生文件夹下 AOG 文件夹中建立一个新文件夹 KING。

5. 将考生文件夹下 DANG\SENG 文件夹中的文件 OWER.DBF 设置为隐藏和存档属性。

三、文字处理（25 分）。请在"答题"菜单下选择"文字处理"命令，然后按照题目要求操作：

注意：下面出现的所有文件都必须保存在考生文件夹下。

请用 Word 2010 对考生文件夹下 Word.docx 文档中的文字进行编辑、排版和保存，具体要求如下：

1. 将标题段（"十年后的家电"）文字设置为三号、蓝色、黑体、居中，加红色文字底纹。

2. 将正文各段落（"科技改变生活……都是做什么的"）中的中文文字设置为 5 号宋体、西文文字设置 5 号 Arial 字体；将正文第一段（"科技改变生活……会是什么样子呢？"）首字下沉 2 行（距正文 0.2 cm）；其余各段落（"目前各地的……都是做什么的。"）首行缩进 2 字符。

3. 在页面底端中插入页码（普通数字 2），并设置起始页码为"Ⅱ"。

4. 将文中后 11 行文字转换为一个 11 行 4 列的表格；设置表格居中，表格第一列列宽为 2 cm、其余各列列宽为 3 cm、行高为 0.7 cm，表格中单元格对齐方式为水平居中（垂直、水平均居中）。

5. 设置表格外框线为 0.5 磅蓝色双实线、内框线为 0.5 磅红色单实线；按"销售台数列"（依据："数字"类型）降序排列表格内容。

四、电子表格（20 分）。请在"答题"菜单下选择"电子表格"命令，然后按照题目要求再打开相应的命令，完成下面的内容，具体要求如下：

注意：下面出现的所有文件都必须保存在考生文件夹下。

1. 在考生文件夹下打开 EXCEL.ELSX 文件，将 Sheet1 工作表的 A1：G1 单元格合并为一个单元格，内容水平居中；用公式计算三年各月降水量的平均值（利用 AVERAGE 函数，保留小数点后两位，数值型）；计算"最大值"和"最小值"行的内容（利用 MAX 函数和 MIN 函数，数值型，保留小数点后两位）；将 A2：G5 区域的全部框线设置为双线样式，颜色为红色，将工作表命名为"降水量变化情况表"。

2. 选取 A2：G5 单元格区域的内容建立"带数据标记的堆积折线图"，（数据系列产生在"行"），在图表上方插入图表标题为"降水量变化的情况图"，图例位置在底部，为 X 坐标轴添加主要网格线，Y 坐标轴添加次要网格线，将图插入到表的 A10：G28 单元格区域内，保存 EXCEL.XLSX 文件。

3. 打开工作簿文件 EXC.XLSX，对工作表"学校运动会成绩单"内的数据清单的内容进行分类汇总，条件为"各班级所有队员全部项目的总成绩"（汇总前先按班级升序排序，汇总结果显示在数据下方），汇总后的工作表还保存在 EXC.XLSX 工作簿文件中，工作表名不变。

五、演示文稿（15 分）。请在"答题"菜单下选择"演示文稿"命令，然后按照题目要求再打开相应的命令，完成下面的内容，具体要求如下（下面出现的所有文件都必须保存在考生文件夹下）：

打开考生文件夹下的演示文稿 yswg.pptx，按照下列要求完成对此文稿的修饰并保存。

1. 在第一张幻灯片的主标题处办输入"全国计算机等级考试"；字号设置成加粗、66 磅。在当前幻灯片之后插入一张"标题和内容"幻灯片，使之成为演示文稿的第二张幻灯片，标题处输入"科目"，文本处输入"共有 4 个级别"，此幻灯片的文本部分动画设置为"进入_飞入"、"自顶部"。

2. 使用"波形"主题模板修饰全文；全部幻灯片的切换效果设置为"切出"。

六、上网（10 分）。请在"答题"菜单下选择相应的命令，完成下面的内容。

注意：下面出现的所有文件都必须保存在考生文件夹下。

1. 某考试网站的主页地址是：HTTP://NCRE/1.JKS/INDEX.HTML，打开此主页，浏览"证书考试"页面，查找"全国电子商务中、高级职业证书考试"页面内容，并将它以文本文件的格式保存到考生文件夹下，命名为"ljswks08.txt"。

2. 接收并阅读由 zhenglili@mail.neeaedu 发来的 E-mail 中的指令回复邮件（回复主题为：确认发货；回复内容为：邮件已经收到，明天就发货）。

试题二

一、选择题。下列 A、B、C、D 四个选项中，只有一个选项是正确的。（20 题，每小题 1 分，共 20 分）

1. 第一台计算机 ENIAC 在研制过程中采用了哪位科学家的两点改进意见（　　　）。

　　A. 莫克利　　　　　　B. 冯·诺依曼　　　　C. 摩尔　　　　　　D. 戈尔斯坦

2. 一个字长为 6 位的无符号二进制数能表示的十进制数值范围是（　　　）。

　　A. 0–64　　　　　　　B. 1–64　　　　　　　C. 1–63　　　　　　D. 0–63

3. 二进制数 111100011 转换成十进制数是（　　　）。

　　A. 480　　　　　　　B. 482　　　　　　　　C. 483　　　　　　D. 485

4. 十进制数 54 转换成二进制整数是（　　　）。

　　A. 0110110　　　　　B. 0110101　　　　　　C. 0111110　　　　D. 0111100

5. 在标准 ASCII 码表中，已知英文字母 D 的 ASCII 码是 01000100，英文字母 A 的 ASCII 码是（　　　）。

　　A. 01000001　　　　B. 01000010　　　　　C. 01000011　　　　D. 01000000

6. 已知汉字"中"的区位码是 5448，则其国标码是（　　　）。

　　A. 7468D　　　　　　B. 3630H　　　　　　　C. 6862H　　　　　D. 5650H

7. 一个汉字的 16×16 点阵字形码长度的字节就是（　　　）。

　　A. 16　　　　　　　　B. 24　　　　　　　　C. 32　　　　　　　D. 40

8. 根据汉字图标码 GB 2312-80 的规定，将汉字分为常用汉字（一级）和非常用汉字（二级）两级汉字。一级常用汉字的排列是按（　　　）。

　　A. 偏旁部首　　　　　B. 汉语拼音字母　　　C. 笔画多少　　　D. 使用表率多少

9. 下列叙述中，正确的是（　　　）。

　　A. 用高级语言编写的程序称为源程序

　　B. 计算机能直接识别、执行用汇编语言编写的程序

　　C. 机器语言编写的程序执行效率最低

D. 不同型号的 CPU 具有相同的机器语言

10. 用来控制、指挥和协调计算机各部件工作的是（　　　）。
  A. 运算器   B. 鼠标器   C. 控制器   D. 存储器

11. 下列关于软件的叙述中，正确的是（　　　）。
  A. 计算机软件分为系统软件和应用软件两大类
  B. Windows 就是广泛使用的软件之一
  C. 所谓软件就是程序
  D. 软件可以随便复制使用，不用购买

12. 下列叙述中，正确的是（　　　）。
  A. 字长为 16 位表示这台计算机最大能计算一个 16 位的十进制数
  B. 字长为 16 位表示这台计算机的 CPU 一次能处理 16 位的二进制数
  C. 运算器只能进行算术运算
  D. SRAM 的集成度高于 DRAM

13. 把硬盘上的数据传送到计算机内存中的操作称为（　　　）。
  A. 读盘   B. 写盘   C. 输出   D. 存盘

14. 通常用 GB、KB、MB 表示存储器容量，三者之间最大的是（　　　）。
  A. GB   B. KB   C. MB   D. 三者一样大

15. 下面叙述中错误的是（　　　）。
  A. 移动硬盘的容量比优盘的容量大
  B. 移动硬盘和优盘均有重量轻、体积小的特点
  C. 闪存（Flash Memory）的特点是断电后还能保持存储的数据不丢失
  D. 移动硬盘和硬盘都不易携带

16. 显示器的主要技术指标之一是（　　　）。
  A. 分辨率   B. 亮度   C. 彩色   D. 对比度

17. 计算机的系统总线是计算机各部件间传递信息的公共通道，它分为（　　　）。
  A. 数据总线和控制总线   B. 地址总线和数据总线
  C. 数据总线、控制总线和地址总线 D. 地址总线和控制总线

18. 多媒体信息不包括（　　　）。
  A. 音频、视频 B. 声卡、光盘 C. 影像、动画 D. 文字、图形

19. 正确的 IP 地址是（　　　）。
  A. 202.112.111.1 B. 202.2.2.2.2 C. 202.202.1 D. 202.257.14.13

20. 用综合业务数字网（又称一线通）接入因特网的优点是上网通话两不误，它的英文缩写是（　　　）。
  A. ADSL   B. ISDN   C. ISP   D. TCP

二、基本操作题。Windows 基本操作题，不限制操作的方式。注意：下面出现的所有文件都必须保存在考生文件夹下。（本题共 5 个小题，共 10 分。）

1. 在考生文件夹下 INSIDE 文件夹中创建名为 PENG 文件夹，并设置属性为隐藏。

2. 将考生文件下 JIN 文件夹中的 SUN.C 文件复制到考生文件夹下的 MQPA 文件夹中。

3. 将考生文件夹下 HOWA 文件夹中的 GNAEL.DBF 文件删除。

4. 为考生文件夹下 HEIBEI 文件夹中的 QUAN.FOR 文件建立名为 QUAN 的快捷方式，存放在考生文件夹下。

5. 将考生文件夹下 QUTAM 文件夹中的 MAN.DBF 文件移动到考生文件夹下的 ABC 文件夹中。

三、文字处理（25 分）。请在"答题"菜单下选择"文字处理"命令，然后按照题目要求操作：

注意：下面出现的所有文件都必须保存在考生文件夹下。

请用 Word 2010 对考生文件夹下 Word.docx 文档中的文字进行编辑、排版和保存，具体要求如下：

1. 将标题段（"在美国的中国广告"）文字设置为楷体、三号字、加粗、居中并添加红色文字底纹。

2. 设置正文各段落（"说纽约是个广告之都……一段路要走。"）左右各缩进 0.5 cm、首行缩进 2 字符，行距设置为 1.25 倍，并将正文中所有"广告"加波浪线。

3. 将正文第二段（"同为亚洲国家……平起平坐。"）分为等宽的两栏，栏宽为 19 字符，栏中间加分隔线。

4. 先将文中后 5 行文字设置为五号，然后转换成一个 5 行 5 列的表格，选择"根据内容调整表格"。计算"季度合计"列的值；设置表格居中、行高为 0.8 cm，表格中所有文字靠上居中。

5. 设置表格外框线为 1.5 磅蓝色双实线，内框线为 0.5 磅红色单实线，但第一行的下框线为 0.75 磅红色双实线。

四、电子表格（20 分）。请在"答题"菜单下选择"电子表格"命令，然后按照题目要求再打开相应的命令，完成下面的内容，具体要求如下：

注意：下面出现的所有文件都必须保存在考生文件夹下。

1. 在考生文件夹下打开 Excel.xlsx 文件，将 Sheet1 工作表的 A1：G1 单元格合并为一个单元格，内容水平居中；计算"利润"列（利润=销售价–进货价），按降序次序计算各产品利润的排名（利用 RANK 函数）；如果利润大于或等于 600，在"说明"列内给出信息"畅销品种"，否则给出信息"一般品种"（利用 IF 函数实现）；将工作表命名为"产品利润情况表"。

2. 选择"产品""利润"两列数据，建立"簇状圆柱图"（图据系列产生在"列"），在图表上方插入图表标题为"产品利润情况图"，设置横坐标轴的标题为"产品"（坐标轴下方标题），纵坐标轴的标题为"利润"（竖排标题），嵌入在工作表 A10：F20 中。

3. 打开工作簿文件 EXC.XLS，对工作表"某年级考试成绩"内数据清单内容进行自动筛选，条件为语文、数学、英语三门课程均大于或等于 75 分，对筛选后的内容按主要关键字"平均成绩"的降序次序和次要关键字"班级"的升序次序进行排序，保存 EXC.XLS 文件。

五、演示文稿（15 分）。请在"答题"菜单下选择"演示文稿"命令，然后按照题目要求再打开相应的命令，完成下面的内容，具体要求如下：

注意：下面出现的所有文件都必须保存在考生文件夹下。

1. 打开考生文件下的演示文稿 yswg.pptx，按照下列要求完成对此文稿的修饰并保存。

2. 一张幻灯片的文本部分动画设置为"进入_飞入""自底部"。在第一张幻灯片前插入一张新幻灯片，幻灯片版式为"仅标题"，标题区域输入"欢度圣诞"，并设置为楷体、加粗、字号 61 磅、红色（请用自定义标签的红色 250、绿色 0、蓝色 0），将第三张幻灯片背景填充的填充效果设置为"大棋盘"图案。

3. 全部幻灯片切换效果为"切出"，放映方式设置为"观众自行浏览（窗口）"。

六、上网（10分）。请在"答题"菜单下选择相应的命令，完成下面的内容：

注意： 下面出现的所有文件都必须保存在考生文件夹下。

1. 用 IE 浏览器打开如下地址：HTTP://NCRE/1JKS/INDEX.HTML，浏览有关"洋考试"中"雅思"的网页，将该页内容以文本文件的格式保存到考生目录下，文件名为"yasi"。

2. 用 Outlook 2010 编辑电子邮件：

Email 地址：pingd33@sina.com

主题：一级教材

内容：您好！您所需要的一级教材，我们已经到货了，请在工作日来我处领取。

试题三

一、选择题。下列 A、B、C、D 四个选项中，只有一个选项是正确的。（20题，每小题 1 分，共 20 分）

1. 在计算机内部用来传送、存储、加工处理的数据或指令都是以（　　）形式进行的。
   A. 十进制码　　　　B. 二进制码　　　　C. 八进制码　　　　D. 十六进制码

2. 磁盘上的磁道是（　　）。
   A. 一组记录密度不同的同心圆　　　　　　B. 一组记录密度相同的同心圆
   C. 一条阿基米德螺旋线　　　　　　　　　D. 两条阿基米德螺旋线

3. 下列关于世界上第一台电子计算机 ENIAC 的叙述中，不正确的是（　　）。
   A. ENIAC 是 1946 年在美国诞生的
   B. 它主要采用电子管和继电器
   C. 它首次采用存储程序和程序控制使计算机自动工作
   D. 它主要用于弹道计算

4. 用高级程序设计语言编写的程序称为（　　）。
   A. 源程序　　　　　B. 应用程序　　　　C. 用户程序　　　　D. 实用程序

5. 二进制数 011111 转换为十进制整数是（　　）。
   A. 64　　　　　　　B. 63　　　　　　　C. 32　　　　　　　D. 31

6. 将用高级程序语言编写的源程序翻译成目标程序的程序称（　　）。
   A. 连接程序　　　　B. 编辑程序　　　　C. 编译程序　　　　D. 诊断维护程序

7. 微型计算机的主机由 CPU、（　　）组成。
   A. RAM　　　　　　　　　　　　　　　　B. RAM、ROM 和硬盘
   C. RAM 和 ROM　　　　　　　　　　　　　D. 硬盘和显示器

8. 十进制数 101 转换成二进制数是（　　）。
   A. 01101001　　　　B. 01100101　　　　C. 01100111　　　　D. 01100110

9. 下列既属于输入设备又属于输出设备的是（　　）。
   A. 软盘片　　　　　B. CD-ROM　　　　　C. 内存储器　　　　D. 软盘驱动器

10. 已知字符 A 的 ASCII 码是 01000001B，字符 D 的 ASCII 码是（　　）。
   A. 01000011B　　　B. 01000100B　　　C. 01000010B　　　D. 01000111B

11. 1MB 的准确数量是（   ）。

    A. 1024×1024Words   B. 1024×1024Bytes

    C. 1000×1000Bytes   D. 1000×1000Words

12. 一个计算机操作系统通常应具有（   ）。

    A. CPU 的管理；显示器管理；键盘管理；打印机和鼠标器管理等五大功能

    B. 硬盘管理；软盘驱动器管理；CPU 的管理；显示器管理和键盘管理等五大功能

    C. 处理器（CPU）管理；存储管理；文件管理；输入/出管理和作业管理五大功能

    D. 计算机启动；打印；显示；文件存取和关机等五大功能

13. 下列存储器中，属于外部存储器的是（   ）。

    A. ROM   B. RAM   C. Cache   D. 硬盘

14. 计算机系统由（   ）两大部分组成。

    A. 系统软件和应用软件   B. 主机和外部设备

    C. 硬件系统和软件系统   D. 输入设备和输出设备

15. 下列叙述中，错误的一条是（   ）。

    A. 计算机硬件主要包括：主机、键盘、显示器、鼠标器和打印机五大部件

    B. 计算机软件分系统软件和应用软件两大类

    C. CPU 主要由运算器和控制器组成

    D. 内存储器中存储当前正在执行的程序和处理的数据

16. 下列存储器中，属于内部存储器的是（   ）。

    A. CD-ROM   B. ROM   C. 软盘   D. 硬盘

17. 目前微机中所广泛采用的电子元器件是（   ）。

    A. 电子管   B. 晶体管

    C. 小规模集成电路   D. 大规模和超大规模集成电路

18. 根据汉字国标 GB2312—80 的规定，二级次常用汉字个数是（   ）。

    A. 3 000 个   B. 7 445 个   C. 3 008 个   D. 3 755 个

19. 下列叙述错误的是（   ）。

    A. CPU 可以直接处理外部存储器中的数据

    B. 操作系统是计算机系统中最主要的系统软件

    C. CPU 可以直接处理内部存储器中的数据

    D. 一个汉字的机内码与它的国标码相差 8080H

20. 编译程序的最终目标是（   ）。

    A. 发现源程序中的语法错误

    B. 改正源程序中的语法错误

    C. 将源程序编译成目标程序

    D. 将某一高级语言程序翻译成另一高级语言程序

二、基本操作题。Windows 基本操作题，不限制操作的方式。注意：下面出现的所有文件都必须保存在考生文件夹下。（本题共 5 个小题，共 10 分。）

1. 将考生文件夹下 PENCIL 文件夹中的 PET.TXT 文件移动到考生文件夹下 BAG 文件夹中，并改名为 PEN.CIL。

2. 在考生文件夹下创建文件夹 CUN，并设置属性为隐藏。

3. 将考生文件夹下 AUSWER 文件夹中的 BASKET.ANS 文件复制到考生文件夹下 WHAT 文件夹中。

4. 将考生文件夹下 PLAY 文件夹中的 WATER.PLY 文件删除。

5. 在考生文件夹下为 WEEKDAY 文件夹中的 HARD.EXE 文件建立名为 HARD 快捷方式。

三、文字处理（25 分）。请在"答题"菜单下选择"文字处理"命令，然后按照题目要求操作。

注意：下面出现的所有文件都必须保存在考生文件夹下。

请用 Word 2010 对考生文件夹下 Word.docx 文档中的文字进行编辑、排版和保存，具体要求如下：

1. 将标题段（"物价和物价指数"）文字设置为红色、四号楷体、居中，并添加红色边框（"方框"）、黄色文字底纹。

2. 设置正文各段落（"通常所说的……以百分数表示。"）右缩进 1 字符、行距为 1.3 倍；全文分等宽三栏，正文第一段落（"通常所说的……转化形态。"）设置首字下沉 2 行，距正文 0.1 厘米。

3. 设置页眉为"生活与经济"，字体为五号楷体。

4. 将文中后 7 行文字转换成一个 7 行 5 列的表格，设置表格居中、表格列宽为 2 cm、行高为 0.8 cm、表格所有文字靠下居中。

5. 分别计算表格中每人消费额的小计(小计=前三月消费额之和)，并填入对应单元格中。

四、电子表格（20 分）。请在"答题"菜单下选择"电子表格"命令，然后按照题目要求再打开相应的命令，完成下面的内容，具体要求如下：

注意：下面出现的所有文件都必须保存在考生文件夹下。

1. 在考生文件夹下打开 Excel.xlsx 文件，将 Sheet1 工作表中的 A1：D1 单元格合并为一个单元格，内容水平居中；计算人数的"总计"和"所占比例"列的内容（所占比例=各班人数/总人数（百分比型，保留小数点后两位））；按降序次序计算人数的排名（利用 RANK 函数）；将工作表命名为"班级人数情况表"；保存 EXCEL.XLSX 文件，选取"班级人数情况表"的 A2：D12 数据区域，建立"簇状柱形图"，序列产生在列，在图表上方插入图表标题为"班级人数情况图"，图例位置靠上，设置 Y 轴为主要网格线，数据标志为显示值；将图插入到表的 A15：D24 单元格区域内，保存 EXCEL.XLSX 文件。

2. 打开工作簿文件 EXC.XLSX，对工作表"期末考试成绩单内的数据清单"的内容进行分类汇总（提示：分类汇总前先按"班级"升序次序排序），分类字段为"班级"，汇总方式为"平均值"，汇总项为"平均成绩"，汇总结果显示在数据下方，保存 EXC.XLSX 文件。

五、演示文稿（15 分）。请在"答题"菜单下选择"演示文稿"命令，然后按照题目要求再打开相应的命令，完成下面的内容，具体要求如下：

注意：下面出现的所有文件都必须保存在考生文件夹下。

1. 打开考生文件下的演示文稿 yswg.pptx，按照下列要求完成对此文稿的修饰并保存。

2. 在第一张幻灯片的标题中输入"假期郊游计划"，并设置为 54 磅、黑体、加粗、居中；将第二张幻灯片版式设为"两栏内容"，将第一张幻灯片的副标题部分的动画效果设置为"擦除_自左侧"。

附录 A 全国计算机等级考试大纲及样题

3. 全部幻灯片的切换效果都设置为"推进""自右侧"，第 2 张幻灯片背景填充为"波浪线"图案。

六、上网（10 分）。请在"答题"菜单下选择相应的命令，完成下面的内容：

注意： 下面出现的所有文件都必须保存在考生文件夹下。

1. 用 IE 浏览器打开如下地址：HTTP://NCRE/1JKS/INDEX.HTML，浏览有关"洋考试"页面，查找"自考圆我大学梦"页面内容，将该页内容以文本文件的格式保存到考生目录下，文件名为"ziow.txt"。

2. 用 Outlook 2010 编辑电子邮件：向方老师发一个邮件，并将考生文件夹中的 fujian.txt 作为附件一起发出。

收件人 Email 地址：fangbin@sina.com

主题：论文

内容："方老师：您好，寄上论文一篇，见附件，请审阅。"

试题四

一、选择题。下列 A、B、C、D 四个选项中，只有一个选项是正确的。（20 题，每小题 1 分，共 20 分）

1. 在一个非零无符号二进制整数之后添加一个 0，则此数的值为原数的（　　）。

    A. 4 倍　　　　　　　　B. 2 倍　　　　　　　　C. 1/2 倍　　　　　　　　D. 1/4 倍

2. 下列各进制的整数中，值最大的一个是（　　）。

    A. 十六进制数 34　　　　　　　　　　　B. 十进制数 55

    C. 八进制数 63　　　　　　　　　　　　D. 二进制数 110010

3. 在微机中，西文字符所采用的编码是（　　）。

    A. EBCDIC 码　　　　B. ASCII 码　　　　C. 国标码　　　　D. BCD 码

4. 在标准 ASCII 码表中，已知英文字母 D 的 ASCII 码是 01000100，英文字母 B 的 ASCII 码是（　　）。

    A. 01000001　　　　B. 01000010　　　　C. 01000011　　　　D. 01000000

5. 汉字国标码 GB 2312—80 把汉字分成（　　）。

    A. 简化字和繁体字 2 个等级

    B. 一级汉字、二级汉字和三级汉字 3 个等级

    C. 一级常用汉字、二级次常用汉字 2 个等级

    D. 常用字、次常用字、罕见字 3 个等级

6. 计算机的硬件主要包括：中央处理器（CPU）、存储器、输出设备和（　　）。

    A. 键盘　　　　　　　B. 鼠标　　　　　　　C. 输入设备　　　　　　　D. 显示器

7. 在微机的硬件设备中，有一种设备在程序设计中既可以当作输出设备，又可以当作输入设备，这种设备是（　　）。

    A. 绘图仪　　　　　　B. 扫描仪　　　　　　C. 手写笔　　　　　　D. 硬盘

8. 完整的计算机软件指的是（　　）。

    A. 程序、数据与相应的文档　　　　　　B. 系统软件与应用软件

    C. 操作系统与应用软件　　　　　　　　D. 操作系统与办公软件

9. 操作系统管理用户数据的单位是（　　　　）。

    A. 扇区　　　　　　　B. 文件　　　　　　C. 磁道　　　　　　D. 文件夹

10. 随着 Internet 的发展，越来越多的计算机感染病毒的可能途径之一是（　　　　）。

    A. 从键盘上输入数据

    B. 通过电源线

    C. 所使用的光盘表面不清洁

    D. 通过 Internet 的 E-mail，在电子邮件的信息中

11. 配置高速缓冲存储器（Cache）是为了解决（　　　　）。

    A. 内存与辅助存储器之间速度不匹配问题

    B. CPU 与辅助存储器之间速度不匹配问题

    C. CPU 与内存储器之间速度不匹配问题

    D. 主机与外设之间速度不匹配问题

12. 计算机的存储器中，组成一个字节（Byte）的二进制位（bit）个数是（　　　　）。

    A. 4　　　　　　　　B. 8　　　　　　　C. 16　　　　　　　D. 32

13. 操作系统对磁盘进行读/写操作的单位是（　　　　）。

    A. 磁道　　　　　　　B. 字节　　　　　　C. 扇区　　　　　　D. KB

14. 在 CD 光盘上标记有 CD-RW 字样，此标记表明这光盘（　　　　）。

    A. 只能写入一次，可以反复读出的一次性写入光盘

    B. 可多次擦除型光盘

    C. 只能读出，不能写入的只读光盘

    D. RW 是 Read and Write 的缩写

15. 计算机的技术性能指标主要是指（　　　　）。

    A. 计算机所配备语言、操作系统、外部设备

    B. 硬盘的容量和内存的容量

    C. 显示器的分辨率、打印机的性能等配置

    D. 字长、运算速度、内/外存容量和 CPU 的时钟频率

16. 在计算机硬件技术指标中，度量存储器空间大小的基本单位是（　　　　）。

    A. 字节（Byte）　　　　　　　　B. 二进位（bit）

    C. 字（Word）　　　　　　　　　D. 双字（Double Word）

17. 下列哪种操作一般不会感染计算机病毒（　　　　）。

    A. 在网络上下载软件，直接使用

    B. 使用来历不明软盘上的软件，以了解其功能

    C. 在本机的电子邮箱中发现有奇怪的邮件，打开看看究竟

    D. 安装购买的正版软件

18. 为了防止计算机病毒的传染，我们应该做到（　　　　）。

    A. 不接收来历不明的邮件　　　　B. 不运行外来程序或者是来历不明的程序

    C. 不随意从网络上下载来历不明的信息　　　D. 以上说法都正确

19. 已知某汉字的区位码是 1551，则其国标码是（　　　　）。

    A. 2F53H　　　　　　B. 3630H　　　　　C. 3658H　　　　　D. 5650H

20. 下面关于计算机系统的叙述中，最完整的是（　　　　）。

    A. 计算机系统就是指计算机的硬件系统

    B. 计算机系统是指计算机上配置的操作系统

    C. 计算机系统由硬件系统和操作系统组成

    D. 计算机系统由硬件系统和软件系统组成

二、基本操作题（本题共 5 个小题，共 10 分）。Windows 基本操作题，不限制操作的方式。

注意：下面出现的所有文件都必须保存在考生文件夹下。

1. 将考生文件夹下 SONGG 文件夹中的文件 EEEN.TXT 文件复制到考生文件夹下 EN 文件夹中。

2. 考生文件夹下 ERST 文件夹中的文件 IP.TXT 设置属性为隐藏和存档。

3. 在考生文件夹下 SENG 文件夹中建立一个名为 YI 的新文件夹。

4. 将考生文件夹下 DAY\TIME 文件夹中的文件 TODAY.BAS 移动到考生文件夹下 YER 文件夹中，并改名为 TULE.C。

5. 将考生文件夹下 SINGLE 文件夹删除。

三、文字处理（25 分）。请在"答题"菜单下选择"文字处理"命令，然后按照题目要求操作。

注意：下面出现的所有文件都必须保存在考生文件夹下。

请用 Word 2010 对考生文件夹下 Word.docx 文档中的文字进行编辑、排版和保存，具体要求如下：

1. 在考生文件夹下，打开文档 WORD1.DOCX，按要求完成下列操作并保存文档。

（1）将文中所有错词"技术"替换为"技术"；将标题段（"标准化、一体化、工程化和产品化"）设置为黑体、红色、四号，字符间距加宽 2 磅，标题段居中。

（2）将正文各段文字（"标准化：指国家……独占鳌头。"）的中文设置为五号仿宋，英文设置为五号 Arial 字体；各段落左右各缩进 1 字符、段前间距 0.5 行。

（3）正文第一段（"标准化：指国家……趋于集中。"）首字下沉 2 行、距正文 0.1 cm；为正文第二段（"一体化：指中文……成果的结合。"）和第三段（"工程化、产品化：……独占鳌头"）分别添加项目符号"●"。

2. 在考生文件夹下，打开文档 WORD2.DOCX，按要求完成下列操作并保存文档。

（1）在表格最后一行的"学号"列中输入"平均分"；并在最后一行相应单元格内填入该门课的平均分（保留 2 位小数）。

（2）表格中的所有内容设置为五号宋体、水平居中；设置表格列宽为 3 cm、表格居中；设置外框线为 1.5 磅蓝色双实线、内框线为 0.75 磅红色单实线、表格第一行为红色底纹。

四、电子表格（20 分）。请在"答题"菜单下选择"电子表格"命令，然后按照题目要求再打开相应的命令，完成下面的内容，具体要求如下：

注意：下面出现的所有文件都必须保存在考生文件夹下。

1. 在考生文件夹下打开 Excel.xlsx 文件，将 Sheet1 工作表中的 A1：F1 单元格合并为一个单元格，内容水平居中；计算"总分"列的内容（总分=笔试+实践+面试），按降序次序计算每人的总分排名（利用 RANK 函数）；按主要关键字"总分"降序次序，次要关键字"学号"降序次序，第三关键字"笔试"降序次序进行排序；将工作表命名为"干部录用考评表"。选取

"干部录用考评表"中的 A2：D10 数据区域，建立"簇状柱形图"，序列产生在列，在图表上方插入图表标题为"干部录用考评图"，设置 X 轴添加主要网格线，Y 轴添加次要网格线，图例位置位于底部，将图插入到表的 A12：G26 单元格区域内，保存 EXCEL.XLSX 文件。

2. 打开工作簿文件 EXC.XLSX，对工作表"CS 团队对战成绩单"内数据清单的内容按照主要关键字"团队"的升序次序和次要关键字"平均成绩"的降序次序进行排序，对排序后的数据进行自动筛选，条件为平均成绩大于或等于 85，工作表名不变，保存 EXC.XLSX 文件。

五、演示文稿（15 分）。请在"答题"菜单下选择"演示文稿"命令，然后按照题目要求再打开相应的命令，完成下面的内容，具体要求如下：

注意：下面出现的所有文件都必须保存在考生文件夹下。

1. 打开考生文件下的演示文稿 yswg.pptx，按照下列要求完成对此文稿的修饰并保存。

2. 在第二张幻灯片的副标题中输入"唐诗部分"文字，并设置为倾斜、40 磅；将第二张幻灯片移动成演示文稿的第一张幻灯片。

3. 使用"奥斯汀"主题模板修饰全文；全部幻灯片切换效果设置为"随机线条""水平"；第二张幻灯片的文本部分动画设置为"飞入_自底部"。

六、上网（10 分）。请在"答题"菜单下选择相应的命令，完成下面的内容：

注意：下面出现的所有文件都必须保存在考生文件夹下。

1. 用 IE 浏览器打开如下地址：HTTP://NCRE/1JKS/INDEX.HTML，浏览有关"英语考试"页面，查找"英语专业四、八级介绍"页面内容，将该页面内容以文本文件的格式保存到考生目录下，文件名为"yyksjs.txt"。

2. 用 Outlook 2010 编辑电子邮件：向王经理发一个邮件，并将考生文件夹中的 plan.doc 作为附件一起发出。

收件人 Email 地址：wangq@sina.com

抄送：liy@163.com

主题：工作计划

内容："发去全年工作计划草案一份，请审阅。具体计划见附件。"

理论试题一

第一卷　必做模块

模块一　计算机基础知识（每项 1.5 分，14 项，共 21 分）

1. 计算机与其他信息处理机（如计算器、电报机、电话机、电视机等）的根本区别是（　　）。

　　A. 大容量和高速度　　　　　　　　　B. 自动控制功能

　　C. 正确运行　　　　　　　　　　　　D. 程序控制工作方式

2. 下列叙述中，正确的是（　　）。

　　A. 世界上第一台电子计算机 ENIAC 首先实现了"存储程序"方案

　　B. 冯·诺依曼提出的计算机体系结构奠定了现代计算机的结构理论基础

　　C. 按照计算机的规模，人们把计算机的发展过程分为 4 个时代

　　D. 微型计算机最早出现于第三代计算机中

3. 使用计算机控制生产设备的操作，如数控机床、柔性制造系统等属于（　　）。

　　A. CAD　　　　　B. CAM　　　　　C. CAI　　　　　D. CIT

4. 计算机中的数据是指（　　）。

　　A. 一批数字形式的信息　　　　　　　B. 一个数据分析

　　C. 程序、文稿、数字、图像、声音等信息 D. 程序及其有关的说明资料

5. 十进制 36.375 的二进制为（　　）。

　　A. 00100100.1100　　　　　　　　　B. 01000100.1010

　　C. 00100100.0110　　　　　　　　　D. 00110100.1000

6. 有一个数值 110，它与十六进制 6E 相等，该数值是（　　）。

　　A. 二进制　　　　B. 八进制　　　　C. 十六进制　　　　D. 十进制

7. 在微型计算机中，RAM 的特点是（　　）。

　　A. 只能读出信息，不能写入信息　　　B. 能写入和读出信息，但断电后信息就丢失

　　C. 只能写入信息，且断电后就丢失　　D. 能写入和读出信息，断电后信息也不丢失

8. 一个存储容量为 256 MB 的 U 盘，一般存储（　　）字节的数据。

　　A. 2^{20}　　　　　B. 2^{26}　　　　　C. 2^{28}　　　　　D. 2^{21}

9. 冯·诺依曼式的计算机硬件系统主要是由（　　）。

    A. CPU，控制器，输入和输出设备　　B. CPU，运算器，控制器

    C. 主机，显示器，鼠标和键盘　　　　D. CPU，存储器，输入和输出设备

10. 计算机的基本指令是由（　　　）两部分构成的。

    A. 命令和操作数　　　　　　　　　　B. 操作码和操作数

    C. 操作数和地址码　　　　　　　　　D. 操作码和操作数地址码

11. 下面关于机器语言的说法中，正确的是（　　　）。

    A. 不同计算机系统的机器语言都是相同的

    B. 机器语言必须翻译成二进制代码后才能被计算机执行

    C. 机器语言能被计算机直接识别和执行

    D. 机器语言就是计算机指令

12. （　　　）是运行、管理、维护计算机必不可少的最基本的软件。

    A. 应用软件　　　B. 系统软件　　　C. 操作系统　　　D. 语言处理器程序

13. 不同的外围设备必须通过不同的（　　　）才能与主机相连。

    A. 接口电路　　　B. 电脑线　　　　C. 设备　　　　　D. 插座

14. 计算机用于向使用者传递信息和处理结果的设备，称为（　　　）。

    A. 显示设备　　　B. 打印设备　　　C. 外围设备　　　D. 输出设备

模块二　操作系统及应用（每项 1.5 分，14 项，共 21 分）

15. 计算机操作系统的作用是（　　　）。

    A. 把源程序译成目标程序

    B. 方便用户进行数据管理

    C. 管理和调度计算机系统的软件和硬件资源

    D. 实现软、硬件的转接

16. 操作系统种类繁多，根据功能分类，可分为（　　　）、分时操作系统、网络操作系统等。

    A. 服务器操作系统　　　　　　　　　B. 单用户操作系统

    C. 批处理操作系统　　　　　　　　　D. 桌面操作系统

17. 有关文件的特点，下列说法正确的是（　　　）。

    A. 在同一磁盘的同一文件夹中允许有名称相同的文件

    B. 文件中只能存放汉字、英文、数字信息

    C. 可把文件复制或移动到其他存储设备或其他计算机中

    D. 文件的内容可以增加、减少、修改，但不可删除。

18. 在 Windows 7 桌面上，可以建立（　　　）的快捷方式。

    A. 文件或文件夹　　　　　　　　　　B. 应用程序

    C. 打印机　　　　　　　　　　　　　D. 以上 3 种都可以

19. 在 Windows 的回收站中，可以存放（　　　）。

    A. 硬盘上被删除的文件或文件夹　　　B. 软盘上被删除的文件或文件夹

    C. 硬盘或软盘上被删除的文件或文件夹 D. 所有外存储器中被删除的文件或文件夹

20. 下列关于快捷方式的叙述，错误的是（　　　）。

    A. 快捷方式是应用程序或文件的备份

    B. 快捷方式是指针文件

C. 创建或删除快捷方式图标，都不会影响到应用程序或文件本身

D. 快捷方式可以放在桌面、"开始"菜单或文件夹下

21. 若要把当前窗口的全部信息复制到剪贴板中，可按快捷键（　　　）。

    A.【Ctrl+Print Screen】   B.【Print Screen】

    C.【Shift+Print Screen】   D.【Alt+Print Screen】

22. 以下关于菜单的叙述，错误的是（　　　）。

    A. 右击一个对象，通常会弹出该对象的快捷菜单

    B. 暗淡显示的菜单项是不常用的命令

    C. 带向右三角形箭头的菜单项表示有下一级子菜单

    D. 选择带有省略号"…"的菜单项，将弹出一个与该命令相关的对话框

23. 在 Windows 桌面上，不能打开资源管理器的操作是（　　　）。

    A. 单击"开始"按钮，然后从弹出的快捷菜单中选择"打开"命令

    B. 右击"开始"按钮，在弹出的快捷菜单中选择"资源管理器"命令

    C. 右击"计算机"图标，在弹出的快捷菜单中选择"资源管理器"命令

    D. 右击"回收站"图标，在弹出的快捷菜单中选择"资源管理器"命令

24. 在"计算机"或资源管理器窗口的右窗格中，选取若干个连续的文件夹或文件的操作方法是（　　　）。

    A. 用鼠标左键依次单击要选定的文件夹和文件

    B. 按住【Shift】键，然后单击第一个和最后一个文件夹或文件

    C. 按住【Ctrl】键，然后单击第一个和最后一个文件夹或文件

    D. 按住【Tab】键，然后单击第一个和最后一个文件夹或文件

25. 在 Windows 7 操作系统中，要删除一个应用程序，正确的操作应该是（　　　）。

    A. 打开资源管理器窗口，对该程序进行"剪切"操作

    B. 打开"控制面板"窗口，使用"添加／删除程序"程序

    C. 打开"计算机"窗口，选定要删除的一个应用程序，然后按【Delete】键

    D. 打开"开始"菜单，选择"搜索"项，在文本框中输入"Delete"

26. Windows 7 是一个（　　　）的操作系统。

    A. 单用户、单任务   B. 单用户、多任务

    C. 多用户、单任务   D. 多用户、多任务

27. 在 Windows 7 的资源管理器中，若文件名的前面有一个加号"＋"，则显示（　　　）。

    A. 含有子文件夹，尚未打开   B. 含有子文件夹，已经打开

    C. 不含子文件夹，尚未打开   D. 不含子文件夹，已经打开

28. 在"计算机"或资源管理器窗口中，选定 U 盘中的文件夹，并按【Delete】键，所选定的文件夹将（　　　）。

    A. 不能删除也不放入回收站   B. 被删除并放入回收站

    C. 不能删除但放入回收站   D. 被删除但不放入回收站

模块三　字表处理软件使用（每项 1.5 分，14 项，共 21 分）

29. 计算机存储和处理文档的汉字时，使用的是（　　　）。

    A. 字形码   B. 国标码   C. 机内码   D. 输入码

30. 在 Word 主窗口的右上角，有可能同时显示的按钮是（　　　）。

    A. 最小化、还原和最大化　　　　　　B. 还原、最大化和还原

    C. 最小化、还原和关闭　　　　　　　D. 还原和最大化

31. 打开一个文档，没有做任何修改，随后单击"文件"选项卡中的"退出"按钮，则（　　　）。

    A. 仅文档窗口被关闭　　　　　　　　B. 文档和 Word 主窗口全被关闭

    C. 仅 Word 主窗口被关闭　　　　　　D. 文档和 Word 主窗口都未被关闭

32. 对打开的一个已有文档进行编辑修改后，单击（　　　），既可保留修改前的文档，又可得到修改后的文档。

    A. "文件"选项卡中的"保存"按钮　　B. "文件"选项卡中的"全部保存"按钮

    C. "文件"选项卡中的"另存为"按钮　D. "文件"选项卡中的"关闭"按钮

33. 执行"替换"操作时，在对话框指定了"查找内容"，但在"替换为"文本框中未输入任何内容，单击"全部替换"按钮，将（　　　）。

    A. 只做查找不做任何替换　　　　　　B. 将所查找到的内容全部替换为空格

    C. 将所查找的内容全部删除　　　　　D. 每查找到一个，就询问"替换为"

34. 在 Word 2010 中，设置段落缩进后，文本相对于纸的边界的距离等于（　　　）。

    A. 页边距+缩进量　　　　　　　　　B. 页边距

    C. 缩进距离　　　　　　　　　　　　D. 以上都不是

35. 在使用 Word 编辑文本的过程中，遇到突然停电也不会丢失很多数据，这是因为（　　　）。

    A. 在停电的瞬间将被编辑的文本存盘

    B. 在内存保存一个被编辑文本的备份文件，可以代替丢失的文本

    C. 在 cache 中随时保存被编辑文本的最新版本，遇到停电就将最新版本存盘

    D. Word 会按一定的时间间隔自动将被编辑的文本存盘

36. 打印页码 5～10,16,20 表示打印的是（　　　）。

    A. 第 5 页，第 10 页，第 15 页，第 20 页

    B. 第 5 页至第 10 页，第 16 页至第 20 页

    C. 第 5 页，第 10 页，第 16 页至第 20 页

    D. 第 5 页至第 10 页，第 16 页，第 20 页

37. 在 Word 2010 中，文档不能打印的原因不可能是（　　　）。

    A. 没有连接打印机　　　　　　　　　C. 没有设置打印页数

    B. 没有设置打印机　　　　　　　　　D. 没有安装打印驱动程序

38. 在 Word 2010 编辑窗口中，对于封面叙述，正确的是（　　　）。

    A. 不可以插入封面　　　　　　　　　B. 可以插入封面

    C. 可以插入封面，但不能删除封面　　D. 以上都可以

39. 在 Excel 2010 中，若希望确认工作表上输入数据的正确性，可为单元格区域指定输入数据的（　　　）。

    A. 有效性条件　　B. 条件格式　　　C. 无效范围　　　D. 正确格式

40. 如果某单元格输入：=″电子商务″&″EC″，结果为（　　　）。

    A. 电子商务&EC　　　　　　　　　　B. ″电子商务″&″EC″

    C. 电子商务 EC　　　　　　　　　　D. 以上都不是

41. 对图表对象的编辑，下列叙述不正确的是（　　　）。

    A. 图例的位置可以在图表区的任何处

    B. 对图表区对象的字体改变，将同时改变图表区内所有对象的字体

    C. 鼠标指向图表区的 8 个方向控制点之一拖放，可进行对图表的缩放

    D. 不能实现嵌入图表与独立图表的互转

42. 在 Excel 中，利用填充柄可以将数据复制到相邻单元格中，若选择含有数值的左右相邻的两个单元格，左键拖动填充柄，则数据将以（　　）填充。

    A. 等差数列　　　　　B. 等比数列　　　　　C. 左单元格数值　　　D. 右单元格数值

模块四　计算机网络基础（每项 1.5 分，14 项，共 21 分）

43. 局域网拓扑结构主要有（　　　）、星状、环状和总线 4 种。

    A. T 型　　　　　　　B. 树状　　　　　　　C. 链型　　　　　　　D. 关系型

44. 域名 www.sohu.com 表明它是在（　　　）。

    A. 商业机构　　　　　B. 政府部门　　　　　C. 教育机构　　　　　D. 网络机构

45. 下列说法，不正确的是（　　　）。

    A. 电子邮件是 Internet 提供的一项最基本的服务

    B. 电子邮件具有快速、高效、方便、价廉等特点

    C. 通过电子邮件，可向世界上任何一个角落的网上用户发送信息

    D. 可发送的只有文字和图像

46. 电子邮箱的地址由（　　　）。

    A. 主机域名和用户名两部分组成，它们之间用符合 "·" 分隔

    B. 用户名和主机域名两部分组成，它们之间用符号 "·" 分隔

    C. 用户名和主机域名两部分组成，它们之间用符号 "@" 分隔

    D. 主机域名和用户名两部分组成，它们之间用符号 "@" 分隔

47. 以下不属于有线传输介质的是（　　　）。

    A. 电话线　　　　　　B. 光纤　　　　　　　C. 红外线　　　　　　D. 双绞线

48. 计算机病毒的主要特点是（　　　）。

    A. 人为制造，手段隐蔽　　　　　　　　B. 破坏性和传染性

    C. 可以长期潜伏，不易发现　　　　　　D. 危害严重，影响面广

49. （　　　）不是预防计算机病毒的可行方法。

    A. 对系统软件加上写保护　　　　　　　B. 对计算机网络采取严密的安全措施

    C. 将计算机放在无菌的房中　　　　　　D. 不使用来历不明的、未经检测的软件

50. 以下关于 Internet 相关知识，正确的说法是（　　　）。

    A. 中国互联网络信息中心成立于 1995 年，其主页地址是 http://www.cnnic.net.cn

    B. IPv4 被称为下一代互联网协议，其最显著的特征是通过采用 2^{128} 个地址空间替代 IPv6 的 2^{32} 个地址空间来提高下一代互联网的地址容量

    C. 域名系统采用层次型的结构，最右边为级别最高的顶级域名，最左边为主机名

    D. 一个 IP 地址划分为两部分：网络地址和主机地址。其中网络地址标识该网络中一台主机的地址

51. 以下对防火墙的作用，描述不正确的是（　　　）。

A. 防火墙能够记录因特网上的活动

B. 防火墙可以强化网络安全策略

C. 防火墙可以防止内部信息的外泄

D. 防火墙可以减少计算机系统电磁辐射造成的信息泄露

52. 单击 IE 工具栏中"刷新"按钮，下面叙述正确的是（　　　　）。

A. 可以更新当前浏览器的设定

B. 可以中止当前显示的传输，返回空白页面

C. 可以更新当前显示的网页

D. 以上说法都不对

53. 通常情况下，人们在计算机的 IE 浏览器上所看到的信息是来自于（　　　　）。

A. 所访问的网站服务器 　　　　　　 B. 本计算机内部

C. 互联网上的任意一台计算机 　　　　 D. 本局域网中的某台计算机

54. 按照传染方式划分，计算机病毒可划分为（　　　）、引导性病毒和文件型病毒。

A. 良性病毒 　　　 B. 携带型病毒 　　　 C. 混合型病毒 　　　 D. 灾难性病毒

55. 下面（　　　）不是计算机病毒的传播途径。

A. 通过手机传播 　　　　　　　 B. 通过硬盘传染

C. 通过执行程序语句 　　　　　 D. 通过网络传染

56. 计算机病毒传染速度最快的是通过（　　　）。

A. 卫星 　　　　　 B. 无线网络 　　　 C. 计算机网络 　　　 D. 计算机

第二卷　选做模块

模块五　多媒体技术基础（每项 1.6 分，10 项，共 16 分）

57. 多媒体计算机系统的两大组成部分是（　　　）。

A. 多媒体器件和多媒体主机

B. 多媒体输入设备和多媒体输出设备

C. 音箱和声卡

D. 多媒体计算机硬件系统和多媒体计算机软件系统

58. 不属于多媒体基本特性的是（　　　）。

A. 多样性 　　　 B. 稳定性 　　　 C. 交互性 　　　 D. 集成性

59. 下列关于数码照相机的叙述（　　　）是错误的。

A. 数码照相机的关键部件是 CCD 或 COMS

B. 数码照相机有内部存储介质

C. 数码照相机拍照的图像可以通过数据线传送到计算机

D. 数码照相机输出的是模拟数据

60. 以下文件中不是声音文件的是（　　　）。

A. MP3 文件 　　　 B. WMA 文件 　　　 C. WAV 文件 　　　 D. JPEG 文件

61. 常用于网络、传输速度快、可形成动画效果的图像格式是（　　　）。

A. BMP 格式 　　　 B. JPEG 格式 　　　 C. GIF 格式 　　　 D. PSD 格式

62. 目前我国采用视频信号的制式是（　　　）。

A. PAL   B. NTSC   C. SECAM   D. S-Video

63. 在 PowerPoint 中，下列说法正确的是（   ）。

  A. 幻灯片中不能插入视频对象   B. 幻灯片中不能插入 Word 表格

  C. 幻灯片中不能插入 Excel 表格   D. 幻灯片中能插入图片

64. 在 PowerPoint 中，"动画"的作用是（   ）。

  A. 插入 Flash 动画   B. 设置幻灯片的放映时间

  C. 设置幻灯片的放映方式   D. 给幻灯片中的对象添加动画效果

65. 在 PowerPoint 中，在（   ）视图下不可以插入新幻灯片。

  A. 普通   B. 幻灯片放映   C. 备注页   D. 幻灯片浏览

66. 在 PowerPoint 中，如果要从一张幻灯片以"溶解"方式播放下一张幻灯片，应使用"幻灯片放映"选项卡中的（   ）。

  A. 动作设置   B. 预设动画   C. 幻灯片切换   D. 自定义动画

模块六   信息获取与发布（每项 1.6 分，10 项，共 16 分）

67. 关于信息的下列说法，不正确的是（   ）。

（1）在技术层面上，信息素养反映了人们面对信息的心理状态

（2）信息是指加工处理后的有用消息

（3）信息可以独立存在

（4）信息强调含义，数据强调载体

  A.（1）（4）   B.（2）（4）   C.（3）（4）   D.（1）（3）

68. 下列软件中专门用于网页制作的是（   ）。

  A. Flash   B. AutoCAD   C. Photoshop   D. Dreamweaver

69. 个人用户基于因特网发布信息的途径有多种，以下（   ）不属于因特网发布信息的途径。

  A. 即时通信   B. 博客   C. 收看数字电影   D. BBS

70. 浏览某一网站后，为了方便以后能快速地访问该网站，我们可以利用网络浏览器中的收藏夹功能来实现。收藏夹的主要功能是收藏（   ）。

  A. 网址   B. 图片   C. 音乐   D. 文档

71. 因特网的信息资源丰富，获取方便，但是虚假信息也很容易发布，主要原因是（   ）。

  A. 管理无序   B. 分布广泛   C. 格式多样   D. 传播迅速

72. 信息处理的核心是（   ）。

  A. 多媒体技术   B. 通信技术   C. 计算机技术   D. 网络技术

73. 以下关于因特网搜索引擎的说法，正确的是（   ）。

  A. 无论什么信息都可以用搜索引擎找到

  B. 输入相同的关键词，不同的搜索引擎查找到的信息不完全相同

  C. 不同用户使用相同的目录索引搜索引擎得到的搜索结果相同

  D. 搜索引擎每次搜索得到的信息越多，其性能越好

74. 以下（   ）不是信息发布方式。

  A. 报刊   B. 新闻发布会   C. 公告栏   D. 软件下载

75. 科技查新必须由（   ）进行。

A. 重点大学   B. 国家级图书馆

C. 用户自己   D. 具有查新业务资质的查新机构

76. 网站与网页的区别在于（   ）。

     A. 网站必须由专业人员建立和维护，网页可以由业余用户制作

     B. 网页可以存放在任何 PC 上，网站必须存放在服务器上

     C. 网页是一种 HTML 格式的文件，一个网站包含很多网页

     D. 网站必须注册登记，网页不必注册登记

理论试题二

第一卷　必做模块

模块一　计算机基础知识（每项 1.5 分，14 项，共 21 分）

1. 有关第一台电子计算机 ENIAC，下面说法正确的是（   ）。

     A. ENIAC 是在第二次世界大战初期问世的

     B. ENIAC 是以晶体管为逻辑元件

     C. ENIAC 的中文含义是电子数字积分计算机

     D. ENIAC 的体积太小了，所以它的功能也有限

2. 第三代电子计算机使用的逻辑器件是（   ）。

     A. 晶体管   B. 电子管

     C. 中、小规模集成电路   D. 大规模和超大规模集成电路

3. 人造卫星、导弹、宇宙飞船飞行轨迹的计算属于计算机应用领域中的（   ）。

     A. 科学计算   B. 实时控制   C. 数据处理   D. 人工智能

4. 把英文大写字母 "A" 的 ASCII 码当作二进制数，转换成十进制数，其值是 65，英文大写字母 "F" 的 ASCII 码如果转换成十进制数，其值是（   ）。

     A. 67   B. 68   C. 69   D. 70

5. 按对应的 ASCII 码值来比较，下列不正确的是（   ）。

     A. "b" 比 "a" 大   B. "Q" 比 "q" 大   C. 逗号比空格大   D. "f" 比 "Q" 大

6. 运行计算机系统所需的关键程序和数据（如开机自检程序等）一般存放在（   ）中。

     A. 硬盘   B. 寄存器   C. RAM   D. ROM

7. 衡量存储器容量的基本单位是（   ）。

     A. 字节   B. 位   C. 兆字节   D. 千兆字节

8. CPU 的主频指的是_____。

     A. CPU 的运算速度   B. 控制器执行指令的速度

     C. CPU 内核工作时的时钟频率   D. 运算器每秒钟的次数

9. 一个 52 倍速的 CD-ROM 光盘驱动器的数据传输速率是（   ）。

     A. 7.8 Mbit/s   B. 2.9 Mbit/s   C. 52 Mbit/s   D. 78 Mbit/s

10. 下面关于显示器的主要指标叙述中，错误的是（   ）。

     A. 分辨率越高，像素点就越多，显示的图像就越清晰

B. 屏幕尺寸越大，其显示的图像尺寸越大，图像越精美

C. 颜色位数越多，色彩层次越丰富，图像就越精美

D. 刷新率越高，画面就越平稳，人的眼睛就会感觉越舒服

11. 下面所列出的设备中，（　　　）属于输入设备。

A. 打印机　　　　　　B. 扫描仪　　　　　　C. 绘图仪　　　　　　D. 音箱

12. 下面关于磁盘格式化的说法中，正确的是（　　　）。

A. 新磁盘不用格式化也可以使用，只不过数据存放时杂乱无章罢了

B. 新磁盘格式化后可以存放更多的数据

C. 只有新磁盘可以格式化，旧磁盘（使用过的）不能进行格式化

D. 新磁盘在首次使用前必须格式化，旧磁盘也可以格式化，格式化后所存的数据被清除

13. 使用高级语言编写的源程序需要经过（　　　）翻译成目标程序后，计算机才能被执行。

A. 汇编程序　　　　　B. 解释程序　　　　　C. 编译程序　　　　　D. 调试程序

14. 下面列出的软件中，不属于系统软件的是（　　　）。

A. 调试程序　　　　　B. IE 浏览器　　　　　C. 操作系统　　　　　D. 语言处理器

模块二　操作系统及应用（每项 1.5 分，14 项，共 21 分）

15. 下列不属于操作系统的是（　　　）。

A. UNIX　　　　　　B. Netware　　　　　C. Fireworks　　　　D. Windows

16. 气象预报系统、飞机订票系统和股票交易系统属于（　　　）。

A. 分时操作系统　　　　　　　　　B. 服务器操作系统

C. 实时控制系统　　　　　　　　　D. 实时信息处理系统

17. 在 Windows 中，下列文件名错误的是（　　　）。

A. My_love.docx　　　　　　　　　B. win.ini.txt

C. A*B.exe　　　　　　　　　　　D. 计算机&jsj.xlsx

18. 在 Windows 中，任务栏（　　　）。

A. 只能改变位置不能改变大小　　　B. 只能改变大小不能改变位置

C. 既不能改变位置也不能改变大小　D. 既能改变位置也能改变大小

19. 在 Windows 中，当一个应用程序窗口被关闭后，该应用程序将（　　　）。

A. 仅保留在内存中　　　　　　　　B. 同时保留在内存和外存中

C. 从外层中清除　　　　　　　　　D. 仅保留在外存中

20. 在 Windows 中，移动非最大化窗口的操作是（　　　）。

A. 用鼠标拖动窗口的标题栏　　　　B. 用鼠标拖动窗口的边框

C. 使用"编辑"菜单中的"移动"命令　D. 用鼠标拖动窗口的滚动条

21. 以下关于窗口和对话框的叙述，正确的是（　　　）。

A. 窗口和对话框的大小和位置都可以改变

B. 窗口的大小和位置都可以改变，而对话框的位置可以移动，大小不能改变

C. 窗口和对话框都可以最小化为任务栏中的一个按钮

D. 窗口中可以有滚动条，对话框中没有滚动条

22. 在 Windows 中，下列不能运行一个应用程序的操作是（　　　）。

A. 选择"开始"菜单中的"运行"命令，在弹出的对话框中输入程序文件名

B. 双击查找到的程序文件名

C. 在"开始"菜单中选择"搜索"命令，在弹出的对话框中输入程序文件名

D. 右击查找到的程序文件名，然后在弹出的快捷菜单中选择"打开"命令

23. 资源管理器的窗口被分成两部分，其中左部显示的内容是（　　）。

  A. 当前打开的文件夹的内容   B. 系统的树状文件夹结构

  C. 当前打开的文件夹名称及其内容 D. 当前打开的文件夹名称

24. 在"计算机"或资源管理器窗口中，若已选定某文件，不能将该文件复制到同一文件夹下的操作是（　　）。

  A. 用鼠标右键将该文件拖放到同一文件夹下，然后从弹出的快捷菜单中选择"复制到当前位置"

  B. 先执行"编辑"菜单中的"复制"命令，再执行"粘贴"命令

  C. 用鼠标左键将该文件拖放到同一文件夹下

  D. 按住【Ctrl】键不放，用鼠标左键将该文件拖放到同一文件夹下

25. 在输入中文时，下列不能进行中英文切换的操作是（　　）。

  A. 单击中英文切换按钮   B. 用【Ctrl+Space】组合键

  C. 用语言指示器菜单   D. 用【Shift+ Space】组合键

26. 在 Windows 中，磁盘碎片整理程序的作用是（　　）。

  A. 删除无用的文件，以释放硬盘空间

  B. 将文件存储在连续的扇区，合并可用的磁盘空间，从而提高计算机的读写速度

  C. 检测并修复存盘中的错误

  D. 维护文件分配表

27. 在 Windows 中，对"剪贴板"的描述中，错误的是（　　）。

  A. 只有经过"剪切"或"复制"操作后，才能将选定的内容存入"剪贴板"

  B. "剪贴板"作为文件内部或文件之间进行信息交换的中转站

  C. "剪贴板"占用硬盘上的一块区域

  D. 一旦断电，"剪贴板"中的内容将不复存在

28. 为了重新安排磁盘中文件的位置，将文件的数据连续放置，合并可用的硬盘空间，提高系统的性能，可使用（　　）。

  A. "格式化"命令   B. 磁盘清理程序

  C. 磁盘碎片整理程序   D. 磁盘扫描程序

模块三　字表处理软件使用（每项 1.5 分，14 项，共 21 分）

29. 在汉字字模库中，24×24 点阵字形码用（　　）个字节存储一个汉字。

  A. 48   B. 32   C. 64   D. 72

30. 在 Word 2010 中对内容不足一页的文档分栏时，如果要分两栏显示，首先应（　　）。

  A. 选定全部文档

  B. 在文档末尾添加一空行，再选定除空行以外的全部内容

  C. 将插入点置于文档中部

  D. 以上都可以

31. Word 2010 提供了多种文档视图以适应不同的编辑需要，若要显示分栏效果，必须进入（　　）视图。

    A. 页面   B. 大纲   C. 草稿   D. 阅读版式

32. 在 Word 2010 编辑状态，若选定整个表格，按【Delete】键后（　　）。

    A. 表格中的内容全部被删除，但表格还在   B. 表格和内容全部被删除

    C. 表格被删除，但表格中的内容未被删除   D. 表格中插入点所在的行被删除

33. 在 Word 2010 中输入文字到达行尾而不是一段结束时，换行（　　）。

    A. 不要按【Enter】键   B. 必须按【Enter】键

    C. 必须按【Space】键   D. 必须按【Shift】键

34. 在 Word 2010 窗口中，若选定文本中有几种字体的字，则"字体"框中呈现（　　）。

    A. 排在前面字体   B. 首字符的字体   C. 空白   D. 使用最多的字体

35. 在 Word 2010 中，下面有关文档分页的叙述，错误的是（　　）。

    A. 可以自动分页，也可以人工分页   B. 分页符也能打印出来

    C. 按【Delete】键可以删除人工分页符   D. 分页符标志着新一页的开始

36. 关闭正在编辑的 Word 2010 文档时，文档从屏幕上予以清除，同时也从（　　）中清除。

    A. 外存   B. 内存   C. 磁盘   D. CD-ROM

37. 如果将 B3 单元格中的公式"=C3+$D5"复制到同一工作表的 D8 单元格中，该单元格公式为（　　）。

    A. =C3+$D5   B. =E8+$E10   C. =E8+$D10   D. =E8+$D5

38. 在 Excel 2010 中，选中单元格后，按【Delete】键，将（　　）。

    A. 删除选中单元格   B. 清除选中单元格中的内容

    C. 清除选中单元格中的格式   D. 删除选中单元格中的内容和格式

39. 设 A2 单元格为文字"300"，A3 与 A4 单元格中分别为数值"200"和"500"，则"=Count(A2:A4)"值为（　　）。

    A. 1000   B. 700   C. 2   D. 3

40. 在 Excel 2010 中，有关数据列表的说法正确的是（　　）。

    A. 数据列表中不能含有空行   B. 数据列表中不能有空单元格

    C. 数据列表就是工作表   D. 每一行称为一个字段

41. 在 Excel 中，若想选定多个间隔的单元格，方法是选定第一个单元格后（　　）。

    A. 按住【Shift】键，单击最后一个单元格   B. 按住【Shift】键，逐个单击其他单元格

    C. 按住【Ctrl】键，单击最后一个单元格   D. 按住【Ctrl】键，逐个单击其他单元格

42. 在 Excel 2010 中，选中单元格后，按【Delete】键，将（　　）。

    A. 删除选中单元格   B. 清除选中单元格中的内容

    C. 清除选中单元格中的格式   D. 删除选中单元格中的内容和格式

模块四　计算机网络基础（每项 1.5 分，14 项，共 21 分）

43. 计算机网络建立的主要目的是实现资源共享。资源共享是指硬件、软件和（　　）资源的共享。

    A. 程序   B. 文档   C. 数据   D. 信息

44. 最基本的网络拓扑结构有星状结构、环状结构、总线结构、（　　　）。

    A. 同轴结构　　　　　　B. 树状结构　　　　　　C. 关系型结构　　　　D. 层次型结构

45. 计算机网络最主要的功能是（　　　）。

    A. 平衡负载　　　　　　B. 网络计算　　　　　　C. 信息传输　　　　　D. 资源共享

46. 接入 Internet 的计算机，必须使用（　　　）才能相互交换信息。

    A. CSMA/CD　　　　　　B. IEEE 802.5　　　　　C. TCP/IP　　　　　　D. X.25

47. 下列有关调制解调器（MODEM）的说法，正确的是（　　　）。

    A. 调制是将模拟信号转换为数字信号　　　　　B. 具备自动寻址能力

    C. 使模拟信号放大　　　　　　　　　　　　　D. 将模拟信号和数字信号进行转换

48. 从使用地区范围或规模来划分，计算机网络可分成（　　　）。

    A. 全国网和全球网　　　　　　　　　　　　　B. 局域网、城域网和广域网

    C. 高速网与低速网　　　　　　　　　　　　　D. 资源子网与通信子网

49. 根据 TCP/IP 协议，可将计算机网络划分为 4 个层次，其中第三层次是（　　　）。

    A. 链路层　　　　　　　B. 网络层　　　　　　　C. 应用层　　　　　　D. 传输层

50. HTTP 的中文意思是（　　　）。

    A. 布尔逻辑搜索　　　　　　　　　　　　　　B. 电子广告牌

    C. 文件传输协议　　　　　　　　　　　　　　D. 超文本传输协议

51. 计算机信息安全之所以重要，主要是因为（　　　）。

    A. 信息资源的重要性和计算机系统本身固有的脆弱性

    B. 计算机应用范围广，用户多

    C. 用户对计算机信息安全的重要性认识不足

    D. 计算机犯罪增多，危害大

52. 对 IP 地址描述正确的是（　　　）。

    A. 二进制 B 类 IP 地址首位为 0

    B. 193.141.15.163 是一个 B 类地址

    C. IP 地址在整个网络中可以不是唯一

    D. A 类网络比 B 类网络所容纳的主机数量多

53. 匿名 FTP 的用户名是（　　　）。

    A. Guest　　　　　　　B. Anonymous　　　　　C. Public　　　　　　D. Scott

54. 下列传输介质中，抗干扰能力最强的是（　　　）。

    A. 微波　　　　　　　　B. 双绞线　　　　　　　C. 同轴电缆　　　　　D. 光纤

55. 下面是关于计算机病毒的两种论断：①计算机病毒也是一种程序，它在某些条件下被激活，起干扰破坏作用，并能传染到其他程序中去；②杀毒软件并不能杀除所有计算机病毒。经判断（　　　）。

    A. 只有①正确　　　　　　　　　　　　　　　B. 只有②正确

    C. ①、②都正确　　　　　　　　　　　　　　D. ①、②都不正确

56. 文件型病毒传染的对象主要是（　　　）类文件。

    A. .WPS　　　　　　　　B. .PRG　　　　　　　　C. .COM 和.EXE　　　D. .DBF

第二卷　选答模块

模块五　多媒体技术基础（每项1.6分，10项，共16分）

57. 在 PowerPoint 中的超链接可以指向（　　）。

    A. WWW 节点或 FTP 站点　　　　　　　　　B. Html 文档

    C. 电子邮件地址　　　　　　　　　　　　　　D. 以上都可以

58. 在 PowerPoint 中，为了在切换幻灯片时添加声音，可以使用功能选项卡中的（　　）进行设置。

    A. 动画　　　　　　B. 切换　　　　　　C. 幻灯片放映　　　　D. 幻灯片版式

59. PowerPoint 2010 运行于（　　）环境下。

    A. UNIX　　　　　　B. DOS　　　　　　C. Macintosh　　　　D. Windows

60. 在 PowerPoint 2010 中，设置文本段落格式的行距时，设置的行距值是指（　　）。

    A. 文本中行与行之间的距离，用相对的数值表示其大小

    B. 行与行之间的实际距离，单位是 mm

    C. 行间距在显示时的像素个数

    D. 以上答案都不对

61. 将网页内的文本连同所有图片保存在一个单独的网页文件中，这是指（　　）保存类型。

    A. "网页，全部"　　　　　　　　　　　　　B. "Web 档案，单一文件"

    C. "网页，仅 HTML"　　　　　　　　　　　D. "文本文件"

62. 在 PowerPoint 2010 中，关于幻灯片格式化的正确叙述是（　　）。

    A. 幻灯片格式化，是指文字格式化和段落格式化

    B. 幻灯片格式化，是指文字、段落及对象的格式化和对象格式的复制

    C. 幻灯片的对象格式化和对象格式的复制，不属于幻灯片格式化

    D. 幻灯片的文字格式化，不属于幻灯片格式化

63. PowerPoint 2010 模板文件的扩展名为（　　）。

    A. .pptx　　　　　　B. .pps　　　　　　C. .pot　　　　　　D. .htm

64. 在 PowerPoint 2010 中，有关选定幻灯片的说法中，错误的是（　　）。

    A. 在浏览视图中单击幻灯片，即可选定

    B. 如果要选定多张不连续幻灯片，在浏览视图下按【Ctrl】键并单击各张幻灯片

    C. 如果要选定多张连续幻灯片，在浏览视图下，按【Shift】键并单击最后要选定的幻灯片

    D. 在幻灯片放映视图下，也可以选定多个幻灯片

65. 在 PowerPoint 2010 中，设置幻灯片放映时的换页效果为垂直百叶窗，应使用"切换"选项卡下的（　　）选项。

    A. 动作按钮　　　　　B. 切换到此幻灯片　　C. 动画方案　　　　D. 动作设置

66. 在 PowerPoint 2010 中，下列关于表格的说法，错误的是（　　）。

    A. 可以向表格中插入新行和新列　　　　　　B. 不能合并和拆分单元格

    C. 可以改变列宽和行高　　　　　　　　　　D. 可以给表格设置边框

模块六　信息获取与发布（每项 1.6 分，10 项，共 16 分）

67. 有关信息发布的主要途径，以下说法不正确的是（　　　　）。

    A. 信息发布的主要途径包括电子邮件、发布网页、博客和新闻组等

    B. 博客又称"网络日志"，是网络上由个人管理、不定期发表文章的一种交流方式

    C. 新闻组又称"电子公告牌"，是计算机网络上用户发表意见、讨论问题的平台

    D. 即时通信能够在互联网即时发送和接收消息

68. 机器人搜索引擎也称为（　　　　），它是一种由程序自动获取网上信息的自动搜索引擎，其服务方式是面向网页的全文搜索服务，其优点是查询全面而充分。

    A. 元搜索   B. 主题目录搜索

    C. 全文搜索引擎   D. 集成搜索引擎

69. 以下（　　　　）不是信息的基本特性。

    A. 可共享传递性   B. 载体依附性

    C. 可变换性   D. 虚假性

70. 以下关于全文检索搜索引擎的说法，正确的是（　　　　）。

    A. 提供全文检索搜索引擎的网站需要预先在因特网上收集各种信息

    B. 全文检索搜索引擎因为使用用户提供的关键词来检索，得到的信息当然满足用户需要

    C. 全文检索搜索引擎不会得到重复的信息

    D. 全文检索搜索引擎优于目录索引搜索引擎

71. 访问科技文献数据库系统和专题网站比一般的信息网站有着极大的优势，主要体现在（　　　　）。

    A. 可以提高检索的效率

    B. 可以得到与学科、专业密切相关的信息，并且具有专业性、权威性强的特点

    C. 可以节省使用费

    D. 可以定期得到指定类别的信息

72. 站点的发布是指（　　　　）。

    A. 制作网页并建立超链接

    B. 将站点上传到一台运行 Web 服务器程序的计算机上

    C. 给站点申请 IP 地址

    D. 站点到因特网管理机构登记注册

73. HTTP 是一种（　　　　）。

    A. 超文本传输协议   B. 高级语言

    C. 服务器名称   D. 域名

74. HTML 是一种（　　　　）。

    A. 厂商生产协议   B. 高级编程语言

    C. 超文本传输协议   D. 超文本标记语言

75. WWW 浏览器是一种（　　　　）。

    A. 接入因特网的软件   B. 搜索引擎

    C. HTML 文档的解释器   D. 发布信息的工具

76. 所谓可视化网页制作工具，是一种软件工具，它可以（　　　）。
   A. 根据用户的文字描述自动生成用户需要的网页
   B. 在用户输入文字、图片和其他网页元素后，就会生成相应的 HTML 文档
   C. 无需编写代码就可以发布信息
   D. 边编写代码边看网页制作的效果

理论试题三

第一卷　必做模块

模块一　计算机基本知识（每项 1.5 分，14 项，共 21 分）

1. 计算机中对数据进行加工与处理的部件通常称为（　　　）。
   A. 运算器　　　　　　B. 控制器　　　　　　C. 显示器　　　　　　D. 存储器

2. 目前微型计算机中，CPU 进行算术运算和逻辑运算时，可以处理的二进制信息长度是（　　　）。
   A. 32 位　　　　　　B. 16 位　　　　　　C. 8 位　　　　　　D. 以上 3 种都可以

3. 第一台电子计算机使用的逻辑部件是（　　　）。
   A. 集成电路　　　　　B. 大规模集成电路　　C. 晶体管　　　　　　D. 电子管

4. 微型计算机键盘上的【Tab】键称为（　　　）。
   A. 退格键　　　　　　B. 控制键　　　　　　C. 交替换挡键　　　　D. 制表定位键

5. 将十进制数 937.4375 与二进制数 1010101.11 相加，其和数是（　　　）。
   A. 八进制数 2010.14　　　　　　　　　　B. 十六进制数 4123.3
   C. 十进制数 1023.1875　　　　　　　　　D. 十进制数 1022.7375

6. 下列关于计算机硬件组成的描述中，错误的是（　　　）。
   A. 计算机硬件包括主机与外设
   B. 上面选项中的主机指的是 CPU
   C. 外设通常指的是外部存储设备和输入/输出设备
   D. 一台计算机中可能有多个处理器，它们都能执行指令

7. 计算机的功能是由 CPU 一条一条地执行（　　　）来完成的。
   A. 用户命令　　　　　B. 机器指令　　　　　C. 汇编指令　　　　　D. BIOS 程序

8. 针式打印机术语中，24 针是指（　　　）。
   A. 24×24 点阵　　　　　　　　　　　　　B. 信号线插头有 24 针
   C. 打印头内有 24×24 根针　　　　　　　　D. 打印头内有 24 根针

9. 下列不属于扫描仪主要性能指标的是（　　　）。
   A. 扫描分辨率　　　　　　　　　　　　　B. 色彩位数
   C. 与主机接口　　　　　　　　　　　　　D. 扫描仪的时钟频率

10. 当需要携带大约 20 GB 的图库数据时，在下列提供的存储器中，人们通常会选择（　　　）来存储数据。
   A. CD　　　　　　　　B. 软盘　　　　　　　C. 优盘　　　　　　　D. 移动硬盘

11. 用户使用计算机高级语言编写的程序，通常称为（　　　）。

    A. 汇编程序　　　　B. 目标程序　　　　C. 源程序　　　　D. 二进制代码程序

12. 下列关于汇编语言的叙述中，错误的是（　　　）。

    A. 汇编语言属于低级程序设计语言

    B. 汇编语言源程序可以直接运行

    C. 不同型号 CPU 支持的汇编语言不一定相同

    D. 汇编语言也是一种面向机器的编程语言

13. 将高级语言编写的程序翻译成机器语言程序，所采用的两种翻译方式是（　　　）。

    A. 编译和解释　　　B. 编译和汇编　　　C. 编译和链接　　　D. 解释和汇编

14. 以下关于机器语言的描述中，不正确的是（　　　）。

    A. 每种型号的计算机都有自己的指令系统，就是机器语言

    B. 机器语言是唯一能被计算机识别的语言

    C. 计算机语言可读性强，容易记忆

    D. 机器语言和其他语言相比，执行效率高

模块二　操作系统及应用（每项 1.5 分，14 项，共 21 分）

15. 在 Windows 7 操作系统中，下列（　　　）操作能将常用文件夹锁定到任务栏上。

    A. 右击文件夹，拖动它到任务栏的资源管理器

    B. 左击文件夹，拖动它到任务栏的资源管理器

    C. 右击文件夹，选择"复制"，在任务栏上右击，选择"粘贴"

    D. 右击文件夹，选择"剪切"，在任务栏上右击，选择"粘贴"

16. 操作系统为用户提供了操作界面，主要提供（　　　）。

    A. 无线上网　　　　　　　　　　　B. 视频处理

    C. 拨打电话　　　　　　　　　　　D. 用户可以通过操作界面控制和操作计算机

17. 给文件取名时，不允许使用（　　　）。

    A. 下画线　　　　　B. 空格　　　　　C. 汉字　　　　　D. 尖括号

18. 下列关于 Windows 桌面图标的叙述，错误的是（　　　）。

    A. 所有图标都可以重命名　　　　　B. 所有图标可以重新排列

    C. 所有图标都可以删除　　　　　　D. 通过桌面图标可以启动相关任务

19. 在 Windows 中，"添加/删除程序"的功能不包括（　　　）。

    A. 安装或添加新的程序　　　　　　B. 通过 Internet 升级 Windows

    C. 添加/删除驱动程序　　　　　　　D. 安装新的组件

20. 在 Windows 7 操作系统中安装应用程序，错误的操作是（　　　）。

    A. 在"计算机"窗口中，将安装程序 Setup.exe 复制到 Program Files 文件夹下

    B. 在"计算机"窗口中，双击安装程序 Setup.exe

    C. 在"控制面板"窗口中，双击"添加／删除程序"图标

    D. 在"开始"菜单的搜索栏中，运行安装程序 Setup.exe

21. 在 Windows 环境中，显示属性不能改变的是（　　　）。

    A. 桌面背景　　　　　　　　　　　B. 更新显示器的驱动程序

    C. 对窗口和按钮的外观进行设置　　D. 屏幕保护程序

22. 要重新对文件或文件夹的名称进行更名，下列操作方法错误的是（　　）。

    A. 先选定该文件或文件夹，在"文件"菜单中选择"重命名"

    B. 在选中对象上右击，从弹出的快捷菜单中选择"重命名"

    C. 先选定该文件或文件夹，直接按【F2】键

    D. 先选定该文件或文件夹，直接按【Ctrl+Z】组合键

23. 下列关于资源管理器的说法，不正确的是（　　）。

    A. 左窗口显示磁盘的所有文件及文件夹

    B. 右窗口内容的显示方式是文件及文件夹的详细信息

    C. 可以通过窗口分隔条改变左右窗口的大小

    D. 状态栏显示当前文件夹的文件个数、当前驱动器剩余的自由空间等信息

24. 在操作系统中，文件系统的主要功能是（　　）。

    A. 实现文件的显示和打印　　　　　　　　B. 实现对文件的按内容存取

    C. 实现对文件按名存取　　　　　　　　　D. 实现文件压缩

25. 绝对路径和相对路径的区别在于其路径名是否用（　　）开始。

    A. "\"　　　　　　B. 盘符　　　　　　C. ".."　　　　　　D. "."

26. 在 Windows 中，要添加智能 ABC 输入法，正确的操作是（　　）。

    A. 开始→设置→控制面板→区域和语言选项

    B. 右键单击语言指示器→文字服务和输入语言

    C. 双击语言指示器

    D. 单击语言指示器→属性

27. 在 Windows 中，下列不属于"附件"中的是（　　）。

    A. 计算器　　　　　　B. 记事本　　　　　　C. 网上邻居　　　　　　D. 画图

28. 记事本程序的默认文件类型是（　　）。

    A. .txt　　　　　　B. .docx　　　　　　C. .lst　　　　　　D. .exe

模块三　字表处理软件使用（14 项，每项 1.5 分，共 21 分）

29. ASCII 码其实就是（　　）。

    A. 美国标准信息交换码　　　　　　　　　B. 国际标准信息交换码

    C. 欧洲标准信息交换码　　　　　　　　　D. 以上都不是

30. 在 Word 2010 的编辑状态，当前文档中有一个表格，经过拆分表格操作后，表格被拆分成上、下两个表格，两个表格中间有一个回车符，当删除该回车符后（　　）。

    A. 上、下两个表格被合并成一个表格

    B. 两表格不变，插入点被移到下边的表格中

    C. 两表格不变，插入点被移到上边的表格中

    D. 两个表格被删除

31. 以下不是微软公司办公软件 Office 组成部分的是（　　）。

    A. Word 编辑软件　　　　　　　　　　　B. 电子表格软件 Excel

    C. 数据库管理软件 Access　　　　　　　D. WPS 文字处理系统

32. 在 Word 2010 的下列内容中，不属于"打印"设置中的是（　　）。

    A. 打印份数　　　　B. 打印范围　　　　C. 起始页码　　　　D. 页码位置

33. 利用 Word 2010 提供的"模糊查找"功能，查找分散在文档中的"色"前面的一个汉字，可在"查找内容"文本框中输入（　　）。

    A. *色

    B. ?色，同时选择"高级"标签下的"使用通配符"选项

    C. ?色

    D. ?色，同时选择"高级"标签下的"全字匹配"选项

34. 在 Word 中，关于编辑页眉页脚的叙述中，错误的是（　　）。

    A. 文档内容和页眉页脚不能在同一个窗口中编辑

    B. 文档内容和页眉页脚一起打印

    C. 页眉页脚中也可以进行格式设置但不能插入图片

    D. 编辑页眉页脚时不能编辑文档内容

35. 在 Word 中绘制椭圆时，按住（　　）键拖动可绘制出一个圆。

    A. Shift   B. Ctrl   C. Alt   D. Tab

36. Word 中，（　　）能在普通视图中显示出来。

    A. 页眉和页脚   B. 分节符

    C. 图形对象和分页符   D. 表格

37. 在 Excel 2010 中，用来储存并处理工作表数据的文件称为（　　）。

    A. 单元格   B. 工作区   C. 工作簿   D. 工作表

38. 在 Excel 2010 单元格中输入日期时，年、月、日分隔符可以是（　　）（不包括引号）。

    A. /或-   B. .或| C. /或\\   D. \\或-

39. Excel 2010 中提供的图表大致可以分为嵌入图表和（　　）。

    A. 柱形图图表   B. 条形图图表   C. 折线图图表   D. 图表工作表

40. 在 Excel 中，对数据表做分类汇总前必须要先（　　）。

    A. 按任意列排序   B. 按分类列排序

    C. 进行筛选操作   D. 选中分类汇总数据

41. 在 Word 2010 保存文档时，如果要改变文件保存的默认位置，可在"另存为"对话框中单击"工具"按钮，在弹出的列表框中选择（　　）选项。

    A. "保存选项"   B. "常规选项"   C. "保存类型"   D. "图片编辑"

42. 在 Word 2010 表格中，单元格内填写的信息（　　）。

    A. 只能是文字   B. 只能是文字或符号

    C. 只能是图像   D. 文字、符号、图像均可

模块四　计算机网络基础（14 项，每项 1.5 分，共 21 分）

43. 191.193.65.35 是（　　）IP 地址。

    A. D 类   B. C 类   C. B 类   D. A 类

44. 当用户使用局域网接入方式上网时，需要先安装好一块局域网的（　　），再配置 TCP/IP 协议的属性。

    A. 交换机   B. 网卡   C. Modem   D. 显卡

45. 早期的计算机网络是由（　　）组成系统。

    A. 计算机—通信线路—计算机   B. PC—通信线—PC

C. 终端—通信线—终端　　　　　　　　D. 计算机—通信线路—终端

46. 下列关于计算机网络描述中，错误的是（　　　　）。

A. 计算机网络包括资源子网和通信子网

B. 计算机网络的基本功能是实现数据通信和集中式管理

C. 计算机网络按照通信距离可划分为 LAN、MAN 和 WAN

D. 计算机网络是现代计算机技术和通信技术结合的产物

47. 在网络拓扑结构中，（　　　　）结构的缺点是如果某一点断开，所有端点的通信便会终止。

A. 星状　　　　　　B. 网状　　　　　　C. 环状　　　　　　D. 总线

48. Internet 上有许多应用，其中特别适合用来进行远程文件操作（复制、移动、更名、删除等）的一种服务是（　　　　）。

A. E-mail　　　　　　B. Telnet　　　　　　C. WWW　　　　　　D. FTP

49. 以下地址中，不是 C 类地址的是（　　　　）。

A. 201.34.156.222　　B. 192.10.0.0　　C. 188.0.0.1　　D. 195.255.255.255

50. 关于 Internet 的接入方式描述错误的是（　　　　）。

A. 电话拨号接入采用点对点协议是目前最常用的 Internet 接入方式

B. ADSL 是利用电话线来传送高速宽带数字信号的一种网络接入技术

C. Cable MODEM 接入方式是利用有线电视网接入互联网

D. 目前局域网接入方式一般采用专线接入方式

51. TCP/IP 协议的体系结构中分为 4 层，其中 IP 协议属于（　　　　）。

A. HTTP　　　　　　B. TCP/IP　　　　　　C. FTP　　　　　　D. SMTP

52. 下列关于域名系统的说法，（　　　　）是错误的。

A. 域名是唯一的

B. 域名服务器 DNS 用于实现域名地址与 IP 地址的转换

C. 一般而言，网址与域名没有关系

D. 域名系统的结构是层次型的

53. Internet Explorer 是（　　　　）。

A. 拨号软件　　　　B. Web 浏览器　　　　C. HTML 解释器　　　D. Web 页编辑器

54. 通常情况下，人们在计算机的 IE 浏览器上所看到的信息是来自于（　　　　）。

A. 本计算机内部　　　　　　　　　　　　B. 所访问的网站服务器

C. 互联网上的任意一台计算机　　　　　　D. 本局域网中的某台计算机

55. 一台计算机中了特洛伊木马后，下列说法错误的是（　　　　）。

A. 计算机上的有关密码可能被他人窃取

B. 计算机上的文件内容可能被他人篡改

C. 病毒会定时发作，从而破坏计算机上的信息

D. 没有上网时，计算机上的信息不会被窃取

56. 我国于 1994 年颁布的（　　　　）为信息法制化建设奠定了基础。

A. 计算机信息系统安全保护条例　　　　　B. 电子签名法

C. 互联网信息服务管理法　　　　　　　　D. 互联网域名管理方法

模块五　多媒体技术基础（每项 1.6 分，10 项，共 16 分）

57. 在 PowerPoint 任务窗格中选择（　　），可以按照提示快速完成一份演示文稿。

　　A. 空演示文稿　　　　　　　　　　B. 根据设计模板

　　C. 根据内容提示向导　　　　　　　D. 打开演示文稿

58. （　　）是事先定义好格式的一批演示文稿方案。

　　A. 模板　　　　　　　B. 母版　　　　　　C. 版式　　　　　　D. 幻灯片

59. 在 PowerPoint 2010 中，鼠标指针指向当前演示文稿幻灯片中某带下画线的文本时，鼠标指针呈小手状，单击后，可立即显示 Excel 电子表格，这是（　　）效果。

　　A. 设置幻灯片切换　　B. 超链接　　　　C. 设置动画　　　　D. 系统默认

60. 在 PowerPoint 2010 中，建立超链接时，不能作为链接目标的是（　　）。

　　A. 文档中的某一位置　　　　　　　B. 本地计算机中的某一文件

　　C. 局域网中其他主机中共享文件的某一位置　D. Internet 上某一网页

61. PowerPoint 2010 的"设计"选项卡包含（　　）。

　　A. 页面设置、主题方案和背景样式　　B. 幻灯片版式、主题方案和动画方案

　　C. 页面设置、主题方案和动画方案　　D. 幻灯片切换、背景和动画方案

62. PowerPoint 2010 提供了多种（　　），它包含了相应的配色方案、母版和字体样式等，可供用户快速生成风格统一的演示文稿。

　　A. 幻灯片版式　　　　B. 样本模板　　　　C. 母版　　　　　　D. 幻灯片

63. 关于 PowerPoint 2010 的主题配色正确的描述是（　　）。

　　A. 主题方案的颜色用户不能更改

　　B. 主题方案只能应用到某张幻灯片

　　C. 主题方案不能删除

　　D. 应用新主题配色方案，不会改变进行了单独设置颜色的幻灯片颜色

64. "动作设置"对话框中的"鼠标移过"表示（　　）。

　　A. 所设置的按钮采用单击鼠标执行动作的方式

　　B. 所设置的按钮采用双击鼠标执行动作的方式

　　C. 所设置的按钮采用自动执行动作的方式

　　D. 所设置的按钮采用鼠标移过时执行动作的方式

65. "动画"选项卡的功能是（　　）。

　　A. 给幻灯片内的对象添加动画效果　　B. 插入 Flash 动画

　　C. 设置放映方式　　　　　　　　　　D. 设置切换方式

66. 作者名字出现在所有的幻灯片中，应将其加入到（　　）中。

　　A. 幻灯片母版　　　　B. 标题母版　　　　C. 备注母版　　　　D. 讲义母版

模块六　信息获取与发布（每项 1.6 分，10 项，共 16 分）

67. 关于数据和信息，下列说法中错误的是（　　）。

　　A. 数据是信息的载体　　　　　　　B. 信息来自加工过的数据

　　C. 信息是数据的内容　　　　　　　D. 信息与数据无关

68. 信息处理的核心技术是（　　　）。

    A. 计算机技术　　　　B. 通信技术　　　　C. 多媒体技术　　　　D. 网络技术

69. 下列叙述正确的是（　　　）。

    A. 因特网给我们带来了大量的信息，这些信息都是可信的，可以直接使用

    B. 在因特网上，可以利用搜索引擎查找我们所需要的一切信息

    C. 有效获取信息后，要对其进行分类、整理并保存

    D. 保存在计算机中的信息永远不会丢失和损坏

70. 万维网（WWW）是一种（　　　）。

    A. Internet 的连接规则　　　　　　　　　B. Internet 的另一种称呼

    C. 一种上网的软件　　　　　　　　　　　D. Internet 基于超文本的服务方式

71. 站点的基本构成单位是（　　　）。

    A. 主页　　　　　　　B. 网页　　　　　　C. 超链接　　　　　D. 文本

72. 电子公告板又称论坛，是网上学习讨论的一种很好的交流方式。电子公告板的英文简称是（　　　）。

    A. QQ　　　　　　　　B. BBS　　　　　　　C. MSN　　　　　　　D. E-mail

73. 以下关于网页文件命名的说法，错误的是（　　　）。

    A. 使用字母和数字，不要使用特殊字符

    B. 建议使用长文件名或中文文件名以便更清楚易懂

    C. 用英文字母作为文件名的开头，不要使用数字开头

    D. 使用下画线或破折号来模拟分隔单词的空格

74. 文档标题可以在（　　　）对话框中修改。

    A. 首选参数　　　　　B. 页面属性　　　　C. 编辑站点　　　　D. 标签编辑器

75. Dreamweaver 的"文本"（Text）菜单中，选择"格式"→"下画线"表示（　　　）。

    A. 从字体列表中添加或删除字体　　　　　B. 将选定文本变为粗体

    C. 将选定文本变为斜体　　　　　　　　　D. 在选定文本上加下画线

76. 在 Dreamweaver 中不能将文本添加到网页文档的方法是（　　　）。

    A. 直接在主控窗口输入文本

    B. 从现有的文本文档中复制和粘贴

    C. 直接在 Dreamweaver 中打开需要添加的文本文件

    D. 导入 Microsoft Word 内容

理论试题四

第一卷　必做模块

模块一　计算机基本知识（每项 1.5 分，14 项，共 21 分）

1. 晶体管组成的计算机属于现代计算机阶段的（　　　）。

    A. 第一代　　　　　　B. 第二代　　　　　C. 第三代　　　　　D. 第四代

2. 第一台计算机 ENIAC 是由（　　　）在 1946 年研制成功的。

A. 莫奇利　　　　　B. 帕斯卡　　　　　C. 冯·诺伊曼　　　　D. 莱布尼茨

3. 在下面一组无符号数中，其值最小的是（　　　）。

A. 十六进制 1A　　　B. 八进制 306　　　C. 十进制 288　　　D. 二进制 11011110

4. （　　　）是计算机中最核心的部件，它决定了计算机的速度和性能。

A. 运算器和控制器　　　　　　　　　　B. 存储器

C. 主机　　　　　　　　　　　　　　　D. 输入输出设备

5. 断电之后，数据将会丢失的是（　　　）。

A. 只读存储器　　　　　　　　　　　　B. 随机只读存储器

C. 随机存取存储器　　　　　　　　　　D. 只读内部存储器

6. CPU 的两个重要性能指标是（　　　）。

A. 字长和精度　　　B. 主频和速度　　　C. 字长和主频　　　D. 精度和速度

7. 对于冯·诺依曼式计算机而言，一个完整的计算机硬件系统是由（　　　）构成的。

A. CPU、存储器、I/O 设备

B. CPU、运算器、控制器、输入输出设备

C. 主机、显示器、鼠标、键盘、扬声器（俗称音箱）

D. CPU、控制器、输入输出设备

8. 一个存储容量为 4 GB 的 U 盘，一般存储（　　　）字节的数据。

A. 2^{20}　　　　　　　B. 2^{22}　　　　　　　C. 2^{30}　　　　　　　D. 2^{32}

9. 下列说法不正确的是（　　　）。

A. 决定显卡性能的技术指标主要有显示芯片和显存

B. 前端总线是 CPU 和外界交换数据的最主要通道

C. 当用户要运行一个程序时，操作系统可直接从硬盘中直接调用执行

D. 程序是指挥计算机实现某一特定功能的一组命令序列

10. 某个磁盘只有一个磁面可以用来记录信息，每个磁面划分为 80 磁道，每磁道再划分为 18 个扇区，每个扇区可以存储 512 个字节的数据。该磁盘的容量为（　　　）。

A. 0.72 MB　　　B. 1.44 MB　　　C. 0.72 GB　　　D. 1.44 GB

11. 用机器语言编写的程序（　　　）。

A. 也必须经过编译或解释程序翻译

B. 无需经过编译或解释，即可被计算机直接执行

C. 具有通用性和可移植性

D. 几乎不占用内存空间

12. 显示器的（　　　）越高，显示的文字和图像就越清晰。

A. 价格　　　　　　　B. 分辨率　　　　　　C. 刷新率　　　　　　D. 色彩位数

13. 下列计算机语言中，（　　　）计算机执行起来，速度最快。

A. 汇编语言　　　　　B. 编译语言　　　　　C. 高级语言　　　　　D. 机器语言

14. 下列字符中，ASCII 码值最小的是（　　　）。

A. A　　　　　　　　　B. a　　　　　　　　　C. Z　　　　　　　　　D. 空格

模块二　操作系统及应用（每项 1.5 分，14 项，共 21 分）

15. 下列关于操作系统的概念，说法正确的是（　　　）。

A. 操作系统只负责管理计算机系统的硬件部分

B. 操作系统只负责管理计算机系统的软件部分

C. 操作系统负责管理计算机系统的硬件部分和软件部分

D. 操作系统什么都不负责管理

16. 可以从不同的观点来观察操作系统的作用。从（　　　）的观点，可把操作系统视为计算机系统资源的管理者。

A. 一般用户　　　　　B. 特殊用户　　　　　C. 系统调用　　　　　D. 资源管理

17. 在 Windows 7 操作系统中，中/英文标点切换的快捷键是（　　　）。

A.【Ctrl+Space】　　B.【Shift+Space】　　C.【Ctrl+Shift】　　D.【Ctrl+. 】

18. 下列关于操作系统的叙述，错误的是（　　　）。

A. 操作系统的功能是管理计算机系统所有的软、硬件资源

B. 操作系统是系统软件，是用户与计算机接口的软件

C. 操作系统为用户提供了一个良好的工作环境和友好的图形界面

D. 没有操作系统，应用程序则无法工作

19. 窗口的控制按钮中，不可能同时出现的是（　　　）。

A. 最小化和还原按钮　　　　　　　　　　B. 最大化和还原按钮

C. 还原和关闭按钮　　　　　　　　　　　D. 最小化和关闭按钮

20. 在 Windows 菜单栏中，若某个菜单后有省略号，表示（　　　）。

A. 还有下一级子菜单

B. 该选项在目前状态下不能使用

C. 选择该命令后，计算机需要等待时间

D. 将弹出一个对话框

21. 下面是对回收站和剪贴板进行比较的叙述，正确的是（　　　）。

A. 回收站和剪贴板都用于暂存信息，剪贴板可将信息长期保存，回收站则不能

B. 回收站是硬盘中的一块区域，而剪贴板是内存中的一块区域

C. 回收站所占的空间由系统控制，而剪贴板所占的空间可由用户设定

D. 回收站和剪贴板都用于文件内部或文件之间的信息交换

22. 在不同驱动器上，用鼠标直接拖动，将选定的文件拖到目标位置，能实现（　　　）操作。

A. 移动　　　　　　　B. 复制　　　　　　　C. 重命名　　　　　　D. 删除

23. 在带有打印机的计算机系统中，启动 Windows 7 操作系统时，报告发现新硬件，这是因为（　　　）。

A. 打印机没有注册　　　　　　　　　　　B. 没有安装打印机驱动程序

C. 打印机的数据线没有连接好　　　　　　D. 打印机的电源没有接通

24. 以下说法，不正确的是（　　　）。

A. 分区就是为了便于管理硬盘中的文件

B. 必须把硬盘的主分区设定为活动分区，这样才能通过硬盘启动系统

C. 一个硬盘可以有多个磁盘主分区

D. 硬盘分区后，还不能直接使用，必须进行格式化

25. 下面关于快捷菜单的描述，不正确的是（　　　）。

    A. 快捷菜单可以显示与某一对象相关的命令组

    B. 选定需要操作的对象，单击即弹出快捷菜单

    C. 选定需要操作的对象，右击即弹出快捷菜单

    D. 按【Esc】键或单击桌面或窗口中的任意空白区域，都可以关闭快捷菜单

26. 下列说法，正确的是（　　　）。

    A. 桌面上图标数量的多少，跟计算机的开机速度无关

    B. 通过快捷键【Ctrl+Tab】，可以在多个已打开的窗口中进行切换

    C. 双击窗口左上角的控制框，可以关闭该窗口

    D. 【Ctrl+Space】组合键可以实现英文和各种中文输入法之间的切换

27. *J?.JPEG 表示（　　　）。

    A. 文件名以 J 开头，第二个字符为任意字符，扩展名为 JPEG 的文件

    B. 文件名以 J 开头，扩展名为 JPEG 的文件

    C. 文件名倒数第二个字符为 J，扩展名为 JPEG 的文件

    D. 文件名倒数第二个字符为 J，第一个和最后一个字符为任意字符，扩展名为 JPEG
的文件

28. 以下（　　　）操作，不能完成重命名文件或文件夹操作。

    A. 先选中该文件或文件夹，在"文件"菜单中选择"重命名"命令

    B. 在选中对象上右击

    C. 先选中该文件或文件夹，在选中对象上慢慢地双击鼠标左键两次

    D. 先选中该文件或文件夹，直接按【F2】键

模块三　字表处理软件使用（每项 1.5 分，14 项，共 21 分）

29. 文字处理的全过程大致分为 3 个环节，即信息输入、（　　　）、文字信息输出。

    A. 数字、字符的转换　　　　　　　　　B. ASCII 码

    C. 国标码　　　　　　　　　　　　　　D. 文字信息处理加工

30. 在半角状态下输入字符串"广西农业职业技术学院 ABCD1234"（不包括两边的双引
号），则该字符串共占用（　　　）个字节。

    A. 18　　　　　　　B. 20　　　　　　　C. 28　　　　　　　D. 30

31. 当打开 Word 中的（　　　）状态，输入的文字将覆盖原有的文字。

    A. 录制　　　　　　B. 修订　　　　　　C. 扩展　　　　　　D. 改写

32. 在（　　　）视图下，无法显示文档中的文字环绕方式为四周型的图片。

    A. 打印预览视图　　B. Web 视图　　　　C. 页面视图　　　　D. 大纲视图

33. 在 Word "文件"选项卡下，最多保存（　　　）个最近使用过的文档。

    A. 4　　　　　　　　B. 8　　　　　　　C. 15　　　　　　　D. 16

34. 在默认情况下，一般新建的 Word 文件被命名为（　　　）。

    A. 没有名字　　　　B. docx1，docx2　　C. 文件 1，文件 2　D. 文档 1，文档 2

35. 在 Word 中，如要选定整个文档，有几种方法，方法一：按【Ctrl+A】组合键；方法
二：将鼠标指针移到文本的选定栏，（　　　）击鼠标左键。

    A. 单　　　　　　　B. 双　　　　　　　C. 三　　　　　　　D. 四

36. 若要在相同的文档中，使用不同的页面设置、页眉页脚，可以使用（　　　）。

    A. 段落标记   B. 分栏符   C. 分页符   D. 节

37. 如果某单元格显示为一串"######"号，这表示（　　　）。

    A. 公式错误   B. 格式错误   C. 行高不够   D. 列宽不够

38. 设 A1 单元格中为文字"3"，A2 和 A3 单元格中分别为数值"2"和"5"，则"=Count(A1:A3)"的值为（　　　）。

    A. 10   B. 7   C. 3   D. 2

39. 在 Excel 2010 中，在工作表中 C5 单元格内输入公式 "=A5+$B$4"并确定后，将 C5 单元格的公式复制到 E6 单元格，则 E6 单元格中的公式为（　　　）。

    A. =A6+D5   B. =C6+D5   C. =A5+$B$4   D. =C6+$B$4

40. 在 Excel 2010 中，高级筛选需要定义单元格区域，单元格区域是（　　　）。

    （1）筛选的数据区域   （2）筛选的条件区域

    （3）存放筛选处理的记录区域   （4）存放整个表格记录的区域

    A.（1）（2）（3）   B.（2）（3）（4）   C.（1）（3）（4）   D.（1）（2）（4）

41. 在 Excel 中可以创建各类图表如柱形图、条形图等。为了显示数据系列中每一项占该系列数值总和的比例大小，应该使用的图表为（　　　）。

    A. 柱形图   B. 条形图   C. 折线图   D. 饼图

42. Excel 2010 中，可以使用（　　　）选项卡中的"分级显示"选项组上的"分类汇总"命令来对记录进行统计分析。

    A. 编辑   B. 格式   C. 数据   D. 工具

模块四　计算机网络基础（每项 1.5 分，14 项，共 21 分）

43. （　　　）是目前单机通过电话线联网所必需的设备。

    A. 网关   B. 交换机   C. 网桥   D. 调制解调器

44. 从（　　　）来划分，可分成局域网、城域网和广域网。

    A. 使用地区范围或规模   B. 通信方式

    C. 计算机网络体系结构   D. 网络拓扑结构

45. 计算机网络最重要的功能是（　　　）。

    A. 计算   B. 运算速度快

    C. 资源共享和数据通信   D. 网络游戏

46. 网络软件通常包括网络操作系统、网络应用软件和（　　　）。

    A. 网络登录客户软件   B. 网络通信协议

    C. 浏览器   D. 下载软件

47. 决定局域网特性的主要技术要素有（　　　）。

    A. 使用地区范围或规模

    B. 服务器、传输介质、传输速率

    C. 传输速率、传输质量、传输介质

    D. 网络拓扑结构、传输介质与介质访问控制方法

48. 利用网络的（　　　）功能，用户计算机就可以登录远程主机，并使用其提供的服务。

    A. E-mail   B. WWW   C. Telnet   D. Ftp

49. 新浪的网址是 http://www.sina.com.cn，其中 com 表示（　　　）。

    A. 政府部门   B. 国际组织   C. 商业机构   D. 非盈利机构

50. IP 地址 202.103.224.68 是（　　　）类地址。

    A. A   B. B   C. C   D. D

51. 常见的有线传输介质有电话线、双绞线、（　　　）和光纤。

    A. RJ–45   B. 广播   C. 微波   D. 同轴电缆

52. （　　　）用于连接多个逻辑上分开的子网。

    A. 中继器   B. 网桥   C. 路由器   D. 网关

53. 计算机病毒是_____。

    A. 人为制造出来的具有破坏性的程序

    B. 由于使用计算机的方法不当产生的软硬件故障

    C. 由于使用计算机内数据存放不当而产生的软硬件故障

    D. 计算机自身产生的软硬件故障

54. 下列关于计算机病毒的叙述，错误的是（　　　）。

    A. 计算机病毒具有破坏性和传染性   B. 计算机病毒会破坏计算机的显示器

    C. 计算机病毒是一种程序   D. 杀毒软件并不能杀除所有计算机病毒

55. 浏览电子邮件时要给对方快速回信，可以使用邮件中的（　　　）。

    A. 抄送   B. 回复   C. 写信   D. 发送

56. 以下关于 E-mail 的描述，正确的是（　　　）。

    A. E-mail 专用于传输文件

    B. 要接收电子邮件，必须有一个放在本地计算机的电子信箱

    C. 电子邮件要写好主题才能发送

    D. 电子邮件地址的格式为"用户名@邮件服务器名"

第二卷　选做模块

模块五　多媒体技术基础（每项 1.6 分，10 项，共 16 分）

57. 在 PowerPoint 中，为了在切换幻灯片时添加切换效果，可以使用（　　　）选项卡"切换到此幻灯片"组中的命令。

    A. 编辑   B. 格式   C. 插入   D. 切换

58. 设置 PowerPoint 中的背景颜色，应选择（　　　）选项卡。

    A. 视图   B. 编辑   C. 工具   D. 格式

59. 在 PowerPoint 中实现艺术字的文字修改，下列做法正确的是（　　　）。

    A. 将鼠标指针移到添加文字的地方，单击鼠标左键即可进行修改

    B. 将鼠标指针移到添加文字的地方，双击鼠标右键即可进行修改

    C. 双击要编辑的艺术字，在弹出的编辑艺术字对话框中进行修改

    D. 和普通文本一样编辑

60. 在编辑演示文稿时，要进行"替换"操作，应当使用（　　　）。

    A. "工具"选项卡中的命令   B. "视图"选项卡中的命令

    C. "格式"选项卡中的命令   D. "编辑"选项卡中的命令

61. 如果要选择不连续的若干张幻灯片，需先按住（　　　）键，然后用鼠标依次单击要选择的幻灯片。

    A.【Ctrl】   B.【Alt】   C.【Shift】   D.【Insert】

62. 在 PowerPoint 中，要给已有的文字、图片添加动画效果，应选择"动画"选项卡下的（　　　）命令。

    A. 动作设置   B. 高级动画   C. 动画   D. 幻灯片切换

63. 幻灯片的切换方式是指（　　　）。

    A. 在编辑新幻灯片时的过渡形式

    B. 在编辑幻灯片时切换不同视图

    C. 在编辑幻灯片时切换不同的设计模板

    D. 在幻灯片放映时两张幻灯片间的过渡形式

64. 在 PowerPoint 2010 中，安排幻灯片对象的布局可选择（　　　）来设置。

    A. 应用设计模板   B. 幻灯片版式   C. 背景样式   D. 主题方案

65. 在 PowerPoint 2010 中，"页面设置"对话框可以设置幻灯片的（　　　）。

    A. 大小、颜色、方向、起始编号

    B. 大小、宽度、高度、起始编号、方向

    C. 大小、页眉页脚、起始编号、方向

    D. 宽度、高度、打印范围、介质类型、方向

66. 在 PowerPoint 2010 中设置动画效果时，有（　　　）两种不同的动画设置。

    A. 有声音和无声音   B. 活动幻灯片和静止幻灯片

    C. 幻灯片内和幻灯片间   D. 文字效果和图片效果

模块六　信息获取与发布（每项 1.6 分，10 项，共 16 分）

67. 搜索引擎是目前性能最为复杂、全面的检索工具，它包含了数据库检索工具的功能，一般由 3 个部分组成：（　　　）、检索数据库、检索代理。

    A. Agent   B. Robots   C. SNMP   D. Search

68. 网络浏览器中收藏夹的主要功能是收藏（　　　）。

    A. 文档   B. 网址   C. 图片   D. 背景音乐

69. 非屏蔽双绞线的英文简称是（　　　）。

    A. STP   B. UTP   C. OPF   D. TM

70. "打包"演示文稿的含义是（　　　）。

    A. 压缩演示文稿便于携带和保存

    B. 将嵌入的对象与演示文稿压缩在同张软盘上

    C. 压缩演示文稿便于播放

    D. 将播放器与演示文稿压缩在同张软盘上

71. 全文搜索引擎以（　　　）方式搜索信息。

    A. 全自动   B. 人工方式或半自动

    C. 全人工方式   D. 半自动

72. Dreamweaver 主控窗口的"插入"工具栏实际上是（　　　）。

    A. 由"常用""布局""表单""文本""HTML"等组成的一组工具栏

B. 只能插入文本

C. 很少使用的

D. 用来导入 Microsoft Word 内容

73. Dreamweaver 主控窗口有"设计视图"和"代码视图"，（　　）。

A. 单击菜单栏的"查看"→"代码"可以看到"设计视图"和"代码视图"

B. 默认打开"设计视图"

C. 单击菜单栏的"查看"→"代码和设计"可以切换到"代码视图"

D. 单击菜单栏的"查看"→"代码和设计"可以切换到"设计视图"

74. 不属于 GIF 图像格式的优点是（　　）。

A. CIF 图像格式支持动画展示　　　　　B. GIF 图像格式支持透明背景

C. GIF 图像格式支持无损方式压缩　　　D. GIF 图像格式支持 24 位真彩色

75. 表示空链接可采用（　　）。

A. ?　　　　　　　B. #　　　　　　　C. Del　　　　　　　D. $

76. 在 Internet 中发布网站，以下（　　）是行不通的。

A. 实体主机　　　　　　　　　　　　B. 主机托管

C. 虚拟主机　　　　　　　　　　　　D. 将本地计算机在网络中的共享

附录C

➡ 实训及计算机等级考试试题参考答案

实训一

单项选择题

1. A 2. B 3. A 4. A 5. C 6. D 7. B 8. C
9. A 10. A 11. C 12. C 13. A

实训二

单项选择题（一）

1. A 2. B 3. D 4. D 5. D 6. B 7. B 8. A
9. B 10. C 11. A 12. D

单项选择题（二）

1. C 2. B 3. C 4. A 5. A 6. A 7. B 8. C
9. C 10. D 11. B 12. B 13. C 14. B 15. C 16. A
17. C 18. B 19. D 20. B 21. A 22. C 23. A 24. C
25. C 26. D 27. C 28. D 29. C 30. C 31. B 32. C
33. C 34. C 35. B 36. C 37. C 38. C 39. C 40. B
41. D 42. D 43. B 44. D 45. B 46. B 47. B 48. A
49. C 50. B 51. D 52. C 53. C 54. C 55. D 56. A
57. C 58. D 59. D 60. B 61. D

单项选择题（三）

1. B 2. A 3. B 4. C 5. C 6. A 7. D 8. A
9. D 10. B 11. D 12. D 13. B 14. C 15. A 16. B
17. D 18. A 19. D 20. A 21. C 22. C 23. C 24. A
25. B 26. C 27. A 28. B 29. D 30. D 31. B 32. A
33. B 34. D 35. C 36. D 37. C 38. B 39. B 40. A
41. B 42. C 43. B 44. A 45. C 46. A 47. B 48. C
49. B 50. D 51. A 52. C 53. D 54. C 55. D 56. D
57. C 58. B 59. D 60. A 61. D 62. C 63. C 64. C
65. D 66. D 67. C 68. D 69. C 70. D 71. C 72. A
73. D 74. D 75. C 76. B 77. D 78. B 79. A 80. B

81. D 82. C 83. B 84. B 85. B 86. C 87. B 88. D

实训三

单项选择题

1. D 2. C 3. C 4. A 5. C 6. D 7. D 8. C

9. D 10. D 11. B 12. C 13. B 14. C 15. A 16. C

17. A 18. B 19. A 20. B 21. B 22. B 23. C 24. D

25. D 26. C 27. C

实训四

单项选择题

1. B 2. A 3. B 4. D 5. C 6. D 7. C 8. A

9. A 10. B 11. A 12. A 13. D 14. C 15. A 16. C

17. B 18. C 19. D 20. D 21. A 22. C 23. B 24. C

25. D 26. A 27. C

实训五

单项选择题（一）

1. D 2. C 3. B 4. B 5. A 6. B 7. A 8. A

9. A 10. C 11. B 12. D

单项选择题（二）

1. A 2. A 3. A 4. B 5. B 6. C 7. B 8. C

9. D 10. D 11. B

实训六

（一）填空题

1. 开始　所有程序　Microsoft office　Microsoft office Word 2010
2. 剪贴板、字体、段落、样式、编辑
3. 页、表格、插图、链接、页眉和页脚、文本、符号
4. 页面　普通
5. 标尺

（二）单项选择题

1. B 2. D 3. C 4. D 5. C 6. C 7. B 8. C

9. D 10. A

实训七

（一）填空题

1.【Ctrl+A】　【Ctrl+C】　【Ctrl+V】　【Ctrl+X】

2. 【Backspace】 【Delete】

3. 插入点

4. 插入点光标 【Enter】

5. 选定栏 双击

（二）单项选择题

1. C　　2. B　　3. A　　4. D　　5. C　　6. B　　7. D　　8. D

9. B　　10. C

实训八

（一）填空题

1. 字体 高级

2. 左对齐 两端对齐 居中对齐 右对齐 分散对齐

3. 双击

4. 宋体、五号 小

5. 页面 按【Enter】键添加一空行

（二）单项选择题

1. A　　2. B　　3. C　　4. A　　5. B　　6. C　　7. C　　8. D

9. C　　10. C　　11. C　　12. B　　13. D　　14. B　　15. C

实训九

（一）填空题

1. 利用对话框创建表格 利用按钮创建表格

2. "合并单元格"按钮 快捷菜单

3. Delete Backspace

4. 控制点图标 右击表格，在快捷菜单中单击"选择"→"表格"命令

5. 转换为文本

（二）单项选择题

1. A　　2. C　　3. D　　4. A　　5. B　　6. B　　7. C　　8. C

9. D　　10. B　　11. B　　12. A　　13. C　　14. A　　15. C

实训十

（一）填空题

1. 艺术字

2. 嵌入式 四周型 紧密型 衬于文字下方 浮于文字上方

3. 组织结构图 循环图 射线图 凌锥图 维恩图 目标图

4. 线条 矩形 基本形状 箭头总汇 公式形状 流程图 星与旗帜 标注

5. 插入 页眉 编辑页眉 关闭页眉和页脚 正文文本区

（二）单项选择题

1. D　　2. C　　3. A　　4. B　　5. C　　6. D　　7. B　　8. B

9. C　　10. B

实训十一

（一）填空题

1. 页边距　纸张　版式　文档网格
2. 文件　打印
3. 引用　目录　目录　目录
4. 更新域　只更新页码　更新整个目录
5. 引用　题注　插入题注　新建标签

（二）单项选择题

1. C　　2. A　　3. C　　4. B　　5. A　　6. D　　7. B　　8. A

9. C　　10. A　　11. D　　12. A　　13. C　　14. D　　15. D

实训十二

（一）填空题

1. 填充　　　　　　　　2. 工作簿　工作表
3. Ctrl+;　　　　　　　4. 右　左　科学记数法　截断
5. 0 2/5　　　　　　　6. .xlsx

（二）单项选择题

1. B　　2. B　　3. C　　4. D　　5. C　　6. B　　7. C　　8. C

9. D　　10. B　　11. C　　12. A　　13. D　　14. B　　15. A　　16. D

实训十三

单项选择题

1. C　　2. A　　3. D　　4. C　　5. A　　6. B　　7. D　　8. B

9. C　　10. D　　11. C　　12. B　　13. C　　14. A　　15. C

实训十四

（一）填空题

1. 排序　　　　　　　　2. 自动
3. A3:C6　　　　　　　4. =Max(A2:E8)
5. 数据筛选

（二）单项选择题

1. D　　2. B　　3. C　　4. D　　5. A　　6. B　　7. B　　8. C

9. B　　10. C

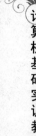

实训十五

填空题

1. 独立 嵌入式   2. 视图

3. 设置打印区域   4. 拆分窗口

5. 设计 布局 格式

单项选择题

1. D   2. C   3. D   4. A   5. C   6. B   7. C   8. B

9. A   10. D

实训十六

填空题

1. "批注"   2. 筛选   3. 文本运算符

单项选择题

1. B   2. B   3. D   4. B   5. A   6. A   7. C   8. C

9. A   10. B

实训十七

单项选择题

1. B   2. D   3. C   4. A   5. A   6. C   7. A   8. C

9. A   10. A   11. D   12. A   13. B   14. C   15. C   16. D

17. B   18. D   19. C   20. D   21. D   22. B   23. D   24. D

25. C

实训二十二

单项选择题

1. A   2. D   3. D   4. C   5. B   6. B   7. B   8. D

9. B   10. C   11. B   12. D   13. C   14. D   15. D   16. C

17. D   18. A   19. D   20. C

附录 A   试题一

1. B   2. D   3. C   4. A   5. A   6. A   7. A   8. B

9. C   10. B   11. A   12. D   13. A   14. D   15. D   16. B

17. D   18. D   19. B   20. B

试题二

1. B   2. D   3. C   4. A   5. A   6. D   7. C   8. B

9. A   10. C   11. A   12. B   13. A   14. A   15. D   16. A

17. C   18. B   19. A   20. B

试题三

1. B	2. A	3. C	4. A	5. D	6. C	7. C	8. B
9. D	10. B	11. B	12. C	13. D	14. C	15. A	16. B
17. D	18. C	19. A	20. C				

试题四

1. B	2. B	3. B	4. B	5. C	6. C	7. D	8. A
9. B	10. D	11. C	12. B	13. C	14. B	15. D	16. A
17. D	18. D	19. A	20. D				

附录 B 理论试题一

1. D	2. B	3. B	4. C	5. C	6. D	7. B	8. C
9. D	10. D	11. B	12. C	13. A	14. D	15. C	16. C
17. C	18. D	19. A	20. A	21. D	22. B	23. A	24. B
25. B	26. D	27. A	28. D	29. C	30. C	31. B	32. C
33. C	34. A	35. D	36. D	37. C	38. B	39. A	40. C
41. D	42. A	43. B	44. A	45. D	46. C	47. C	48. B
49. C	50. C	51. D	52. C	53. A	54. C	55. A	56. C
57. D	58. B	59. D	60. D	61. C	62. A	63. D	64. D
65. B	66. C	67. D	68. D	69. C	70. A	71. A	72. C
73. B	74. D	75. D	76. C				

附录 B 理论试题二

1. C	2. C	3. A	4. D	5. B	6. D	7. A	8. C
9. A	10. B	11. B	12. D	13. C	14. B	15. C	16. D
17. C	18. D	19. D	20. A	21. B	22. C	23. B	24. C
25. D	26. B	27. C	28. C	29. D	30. B	31. A	32. A
33. A	34. C	35. B	36. B	37. C	38. B	39. C	40. B
41. D	42. D	43. C	44. B	45. D	46. C	47. D	48. C
49. D	50. D	51. A	52. D	53. B	54. D	55. C	56. C
57. D	58. B	59. D	60. A	61. D	62. B	63. C	64. D
65. B	66. B	67. C	68. C	69. D	70. A	71. B	72. B
73. A	74. D	75. C	76. B				

附录 B 理论试题三

1. A	2. D	3. D	4. D	5. C	6. B	7. D	8. D
9. D	10. C	11. C	12. B	13. A	14. C	15. B	16. D
17. D	18. C	19. C	20. A	21. B	22. D	23. A	24. C

25. B	26. A	27. C	28. A	29. A	30. A	31. D	32. D
33. B	34. C	35. A	36. D	37. C	38. A	39. D	40. B
41. A	42. D	43. C	44. B	45. D	46. B	47. C	48. D
49. C	50. A	51. C	52. C	53. B	54. B	55. C	56. A
57. C	58. A	59. B	60. C	61. A	62. B	63. D	64. D
65. A	66. A	67. D	68. A	69. C	70. D	71. B	72. B
73. B	74. B	75. D	76. C				

附录 B　理论试题四

1. B	2. A	3. A	4. A	5. C	6. C	7. A	8. D
9. C	10. C	11. B	12. B	13. D	14. D	15. C	16. D
17. D	18. C	19. B	20. D	21. B	22. B	23. B	24. C
25. B	26. C	27. C	28. B	29. D	30. C	31. D	32. D
33. A	34. D	35. C	36. D	37. D	38. D	39. D	40. A
41. D	42. C	43. D	44. A	45. C	46. B	47. D	48. C
49. C	50. C	51. D	52. C	53. A	54. B	55. B	56. D
57. D	58. D	59. C	60. D	61. A	62. C	63. D	64. B
65. B	66. C	67. B	68. B	69. B	70. A	71. A	72. A
73. B	74. D	75. B	76. D				